教育部高等学校计算机类专业教学指导委员会–华为ICT产学合作项目

数据科学与大数据技术专业系列规划教材

**华为信息与网络
技术学院指定教材**

大数据
分析与挖掘

石胜飞 ◉ 编著

U0382331

人民邮电出版社

北　京

图书在版编目（CIP）数据

大数据分析与挖掘 / 石胜飞编著. -- 北京 : 人民
邮电出版社，2018.8（2024.7重印）
数据科学与大数据技术专业系列规划教材
ISBN 978-7-115-48305-8

Ⅰ. ①大… Ⅱ. ①石… Ⅲ. ①数据处理－教材 Ⅳ.
①TP274

中国版本图书馆CIP数据核字(2018)第162492号

内 容 提 要

本书是大数据分析与挖掘领域的入门教材，全书共 6 章，内容主要涵盖大数据分析与挖掘过程中用到的基本算法，目的是通过算法原理的介绍，使学生能更高效地将它们运用于数据分析与挖掘的实践中。第 1 章主要介绍大数据分析与挖掘技术发展与应用的特点，以及三种主流的工具。第 2 章主要讲解数据特征分析与预处理，详细介绍了数据各种特征的描述方法、预处理技术，以及 Spark 机器学习库中的数据预处理功能。第 3 章详细介绍频繁模式挖掘的几种经典算法，并结合 Spark 机器学习库进行实践，对序列模式挖掘进行了讲解。第 4 章详细介绍几种基本的分类与回归算法，并结合 Sklearn 和 Spark 机器学习库进行实践。第 5 章详细介绍主流的聚类算法。第 6 章综合运用多种数据挖掘算法进行异常检测。

本书可作为高等院校数据科学与大数据技术、计算机科学与技术等相关专业的本科生教材，也可作为大数据分析与挖掘技术初学者的参考书。

◆ 编　著　石胜飞
　　责任编辑　李　召
　　责任印制　彭志环

◆ 人民邮电出版社出版发行　　北京市丰台区成寿寺路 11 号
　　邮编　100164　电子邮件　315@ptpress.com.cn
　　网址　http://www.ptpress.com.cn
　　三河市兴达印务有限公司印刷

◆ 开本：787×1092　1/16
　　印张：17.75　　　　　　　2018 年 8 月第 1 版
　　字数：459 千字　　　　　2024 年 7 月河北第 13 次印刷

定价：49.80 元
读者服务热线：(010)81055256　印装质量热线：(010)81055316
反盗版热线：(010)81055315
广告经营许可证：京东市监广登字 20170147 号

教育部高等学校计算机类专业教学指导委员会-华为 ICT 产学合作项目
数据科学与大数据技术专业系列规划教材

编　委　会

毫无疑问，我们正处在一个新时代。新一轮科技革命和产业变革正在加速推进，技术创新日益成为重塑经济发展模式和促进经济增长的重要驱动力量，而"大数据"无疑是第一核心推动力。

当前，发展大数据已经成为国家战略，大数据在引领经济社会发展中的新引擎作用更加突显。大数据重塑了传统产业的结构和形态，催生了众多的新产业、新业态、新模式，推动了共享经济的蓬勃发展，也给我们的衣食住行带来根本改变。同时，大数据是带动国家竞争力整体跃升和跨越式发展的巨大推动力，已成为全球科技和产业竞争的重要制高点。可以大胆预测，未来，大数据将会进一步激起全球科技和产业发展浪潮，进一步渗透到我们国计民生的各个领域，其发展扩张势不可挡。可以说，我们处在一个"大数据"时代。

大数据不仅仅是单一的技术发展领域和战略新兴产业，它还涉及科技、社会、伦理等诸多方面。发展大数据是一个复杂的系统工程，需要科技界、教育界和产业界等社会各界的广泛参与和通力合作，需要我们以更加开放的心态，以进步发展的理念，积极主动适应大数据时代所带来的深刻变革。总体而言，从全面协调可持续健康发展的角度，推动大数据发展需要注重以下五个方面的辩证统一和统筹兼顾。

一是要注重"长与短结合"。所谓"长"就是要目标长远，要注重制定大数据发展的顶层设计和中长期发展规划，明确发展方向和总体目标；所谓"短"就是要着眼当前，注重短期收益，从实处着手，快速起效，并形成效益反哺的良性循环。

二是要注重"快与慢结合"。所谓"快"就是要注重发挥新一代信息技术产业爆炸性增长的特点，发展大数据要时不我待，以实际应用需求为牵引加快推进，力争快速占领大数据技术和产业制高点；所谓"慢"就是防止急功近利，欲速而不达，要注重夯实大数据发展的基础，着重积累发展大数据基础理论与核心共性关键技术，培养行业领域发展中的大数据思维，潜心培育大数据专业人才。

三是要注重"高与低结合"。所谓"高"就是要打造大数据创新发展高地，要结合国家重大战略需求和国民经济主战场核心需求，部署高端大数据公共服务平台，组织开展国家级大数据重大示范工程，提升国民经济重点领域和标志性行业的大数据技术水平和应用能力；所谓"低"就是要坚持"润物细无声"，推进大数据在各行各业和民生领域的广泛应用，推进大数据发展的广度和深度。

四是要注重"内与外结合"。所谓"内"就是要向内深度挖掘和深入研究大数据作为一门学科领域的深刻技术内涵，构建和完善大数据发展的完整理论体系和技术支撑体系；所谓"外"就是要加强开放创新，由于大数据涉及众多学科领域和产业行业门类，也涉及国家、社会、个人等诸多问题，因此，需要推动国际国内科技界、产业界的深入合作和各级政府广泛参与，共同研究制定标准规范，推动大数据与人工智能、云计算、物联网、网络安全等信息技术领域的协同发展，促进数据科学与计算机科学、基础科学和各种应用科学的深度融合。

　　五是要注重"开与闭结合"。所谓"开"就是要坚持开放共享，要鼓励打破现有体制机制障碍，推动政府建立完善开放共享的大数据平台，加强科研机构、企业间技术交流和合作，推动大数据资源高效利用，打破数据壁垒，普惠数据服务，缩小数据鸿沟，破除数据孤岛；所谓"闭"就是要形成价值链生态闭环，充分发挥大数据发展中技术驱动与需求牵引的双引擎作用，积极运用市场机制，形成技术创新链、产业发展链和资金服务链协同发展的态势，构建大数据产业良性发展的闭环生态圈。

　　总之，推动大数据的创新发展，已经成为了新时代的新诉求。刚刚闭幕的党的十九大更是明确提出要推动大数据、人工智能等信息技术产业与实体经济深度融合，培育新增长点，为建设网络强国、数字中国、智慧社会形成新动能。这一指导思想为我们未来发展大数据技术和产业指明了前进方向，提供了根本遵循。

　　习近平总书记多次强调"人才是创新的根基""创新驱动实质上是人才驱动"。绘制大数据发展的宏伟蓝图迫切需要创新人才培养体制机制的支撑。因此，需要把高端人才队伍建设作为大数据技术和产业发展的重中之重，需要进一步完善大数据教育体系，加强人才储备和梯队建设，将以大数据为代表的新兴产业发展对人才的创新性、实践性需求渗透融入人才培养各个环节，加快形成我国大数据人才高地。

　　国家有关部门"与时俱进，因时施策"。近期，国务院办公厅正式印发《关于深化产教融合的若干意见》，推进人才和人力资源供给侧结构性改革，以适应创新驱动发展战略的新形势、新任务、新要求。教育部高等学校计算机类专业教学指导委员会、华为公司和人民邮电出版社组织编写的《教育部高等学校计算机类专业教学指导委员会-华为ICT产学合作项目——数据科学与大数据技术专业系列规划教材》的出版发行，就是落实国务院文件精神，深化教育供给侧结构性改革的积极探索和实践。它是国内第一套成专业课程体系规划的数据科学与大数据技术专业系列教材，作者均来自国内一流高校，且具有丰富的大数据教学、科研、实践经验。它的出版发行，对完善大数据人才培养体系，加强人才储备和梯队建设，推进贯通大数据理论、方法、技术、产品与应用等的复合型人才培养，完善大数据领域学科布局，推动大数据领域学科建设具有重要意义。同时，本次产教融合的成功经验，对其他学科领域的人才培养也具有重要的参考价值。

我们有理由相信，在国家战略指引下，在社会各界的广泛参与和推动下，我国的大数据技术和产业发展一定会有光明的未来。

是为序。

中国科学院院士　郑志明

2018 年 4 月 16 日

在 500 年前的大航海时代，哥伦布发现了新大陆，麦哲伦实现了环球航行，全球各大洲从此连接了起来，人类文明的进程得以推进。今天，在云计算、大数据、物联网、人工智能等新技术推动下，人类开启了智能时代。

面对这个以"万物感知、万物互联、万物智能"为特征的智能时代，"数字化转型"已是企业寻求突破和创新的必由之路，数字化带来的海量数据成为企业乃至整个社会最重要的核心资产。大数据已上升为国家战略，成为推动经济社会发展的新引擎，如何获取、存储、分析、应用这些大数据将是这个时代最热门的话题。

国家大数据战略和企业数字化转型成功的关键是培养多层次的大数据人才，然而，根据计世资讯的研究，2018 年中国大数据领域的人才缺口将超过 150 万人，人才短缺已成为制约产业发展的突出问题。

2018 年初，华为公司提出新的愿景与使命，即"把数字世界带入每个人、每个家庭、每个组织，构建万物互联的智能世界"，它承载了华为公司的历史使命和社会责任。华为企业 BG 将长期坚持"平台+生态"战略，协同生态伙伴，共同为行业客户打造云计算、大数据、物联网和传统 ICT 技术高度融合的数字化转型平台。

人才生态建设是支撑"平台+生态"战略的核心基石，是保持产业链活力和持续增长的根本，华为以 ICT 产业长期积累的技术、知识、经验和成功实践为基础，持续投入，构建 ICT 人才生态良性发展的使能平台，打造全球有影响力的 ICT 人才认证标准。面对未来人才的挑战，华为坚持与全球广大院校、伙伴加强合作，打造引领未来的 ICT 人才生态，助力行业数字化转型。

一套好的教材是人才培养的基础，也是教学质量的重要保障。本套教材的出版，是华为在大数据人才培养领域的重要举措，是华为集合产业与教育界的高端智力，全力奉献的结晶和成果。在此，让我对本套教材的各位作者表示由衷的感谢！此外，我们还要特别感谢教育部高等学校计算机类专业教学指导委员会副主任、北京大学陈钟教授以及秘书长、北京航空航天大学马殿富教授，没有你们的努力和推动，本套教材无法成型！

同学们、朋友们，翻过这篇序言，开启学习旅程，祝愿在大数据的海洋里，尽情展示你们的才华，实现你们的梦想！

华为公司董事、企业 BG 总裁　阎力大

2018 年 5 月

随着互联网+、物联网的广泛应用，以及生命科学、工业 4.0 等领域的快速发展，在越来越多的应用中数据量将达到 Terabyte、Petabyte 甚至更高量级。如何快速、准确、实时、方便地从庞大的、分散的数据中获取所需要的知识，是当前科技领域面临的重要问题，也是科学技术及产业领域研究的前沿课题之一。面对这一挑战，数据分析与挖掘技术显示出强大的生命力。数据挖掘使数据处理技术进入了一个更高级的阶段，能够找出过去数据之间的潜在联系，进行更高层次的分析，以便更好地决策、预测各种问题。麻省理工学院的《科技评论》提出，数据挖掘技术是对人类未来产生重大影响的十大新兴技术之一。数据挖掘也必将成为支撑大数据分析的重要及核心技术。

2018 年 3 月，教育部公布在 283 所高校设立数据科学与大数据技术专业。数据科学与大数据技术专业旨在培养具有大数据思维、运用大数据思维及分析应用技术的高层次大数据人才。本教材编写的目的是培养学生掌握大数据分析与挖掘技术，提升学生解决实际问题的能力。

"大数据分析与挖掘"是面向本科高年级的课程。这门课程覆盖的知识面较广，和其他课程的衔接也比较密切，同时，这门课程又具有其明显的应用特点。

本教材的编写符合"大数据分析与挖掘"课程自身的特点。从"厚基础、强实践、严过程、求创新"的人才培养目标出发，能够促进学生对于相关专业基础课程的掌握和提升，如数据库原理、数据结构、算法原理，以及相关的数学基础课程等，使得学生能够将所学的基础知识用于前沿的研究领域，加深对基础课程的理解和掌握。另外，本教材突出大数据计算框架下的实践特点，深入浅出地讲述数据挖掘的基本算法，要求学生进行算法的实践，增强实践动手能力。同时，引导学生找出算法存在的问题，勇于对其进行改进，从而促进学生创新能力的培养。

本教材针对以往在课程教学过程中发现的问题，确立教材的主要编写目标是大数据分析与挖掘的入门级教材。通过简单易学的例子，让学生快速入门，并在动手实践的过程中培养学生对大数据分析与挖掘技术的兴趣。通过教材的介绍，努力弥合理论与实践之间的缝隙，夯实理论基础，强调基本概念与算法的学习。教材在内容组织上，注重提高学生的实践能力。通过单机环境 Python Sklearn 工具的实践，体验在"小数据"上如何"算"的过程，理解算法的基本原理以及各个参数设置对算法的影响；通过 Spark 机器学习库的实践，体验如何在"大数据"计算平台上对大数据集合也能"算得快"。

本教材的教学计划为 50 学时。通过课程的学习，学生能够掌握大数据分析与挖掘的基础理论，能够运用 Sklearn 数据挖掘软件包从事基本的数据分析与挖掘任务，能够利用 Spark 机器学习库在大数据集合上进行分析与挖掘工作，并为学生从事大数据分析与挖掘领域的更深层次的工作打下坚实的基础。

最后，感谢李克果、李东升、李天禹和范佳欢同学在本书文献整理和示例代码撰写方面所提供的大量帮助；感谢教育部高等学校计算机类专业教指委-华为 ICT 产学合作项目对本教材出版提供的帮助；感谢读者选择本教材，并欢迎读者对本教材内容提出批评和改进建议。

编者

2018 年 5 月

目 录 CONTENTS

第1章　绪论

　　学习大数据分析与挖掘技术，首先要对大数据有一个基本的认识，了解大数据产生的背景以及它所带来的挑战。在充分掌握数据分析与挖掘的原理基础上，结合大数据处理技术，才能有效地完成大数据分析与挖掘的任务。本章介绍了完成上述学习过程的三种主流技术。在学习数据分析与挖掘的算法过程中，可以通过 Sklearn 这个数据挖掘工具包，在小规模数据上完成各种基本的分析与挖掘任务，并且通过实践，加深对各种基本算法的理解。在此基础上，运用 Spark 平台所提供的机器学习组件（ML）来完成大数据集合的高效分析与挖掘任务，并加深对大数据计算平台的理解。最后，本章也详细介绍了华为云所提供的机器学习服务（MLS），可以为企业用户提供更加高效的大数据分析与挖掘功能。

1.1　大数据分析与挖掘简介

　　大数据研究机构高德纳（Gartner）将大数据（Big Data）定义为需要新处理模式才能具有更强的决策力、洞察发现力和流程优化能力的海量、高增长率和多样化的信息资产。

　　大数据不仅意味着数据的大容量，还具有一些区别于海量数据（Mass Data）和非常大的数据（Very Large Data）的特点。

　　国际数据中心（IDC）也定义了大数据："大数据技术描述了一个技术和体系的新时代，被设计用于从大规模、多样化的数据中通过高速捕获、发现和分析技术提取数据的价值"。这个定义刻画了大数据的 4 个显著特点，即容量（Volume）、多样性（Variety）、速度（Velocity）和价值（Value），这个由 "4V" 描述的大数据定义使用最为广泛。

　　既然大数据是一种资产，人们自然希望从中挖掘出更多有价值的信息，因此大数据分析与挖掘越来越引起人们广泛的关注。

　　数据分析是用适当的统计分析方法，对收集来的大量数据进行分析，提取有用信息和形成结论并对数据加以详细研究和概括总结的过程。在这个过程中，用户会有一个明确的目标，通过 "数据清理、转换、建模、统计" 等一系列复杂的操作，获得对数据的洞察，从而协助用户进行决策。数据分析可以分为三个层次，即描述分析、预测分析和规范分析。大数据分析是指对规模巨大的数据进行分析是从大数据到信息、再到知识的关键步骤。

数据挖掘（Data Mining）是指从数据集合中提取人们感兴趣的知识，这些知识是隐含的、事先未知的、潜在有用的信息。提取出来的知识一般可表示为概念（Concepts）、规则（Rules）、规律（Regularities）、模式（Patterns）等形式。

在大数据的背景下，知识的获取与传统的学习方式有了很大不同。在很多情况下，只要数据足够多，不再需要通过具体问题的专业知识建模，就可以直接从数据中发现事先未知的知识。以对流感疫情的预测为例，在大数据时代之前，我们要根据数理统计的要求，通过对人群和医院的抽样调查获得数据，然后根据其抽样分布和经验模型来进行预测。谷歌公司则另辟蹊径，运用大数据分析的方法来展开预测。谷歌搜索引擎每天会执行超过数十亿次的搜索，公司从搜索记录中筛选出 5000 万条频繁词，然后与美国疾控中心公布的流感数据进行相关性分析，挖掘出高度相关的 45 种搜索词组合，构建流感预测的挖掘算法。在 2007 年～2008 年，公司根据网民的搜索记录进行了准确的预测。由此可见，与数理统计相比，大数据分析不需要具备概率分布的先验知识，限制条件更少，更为灵活高效。

1.2　大数据应用及挑战

大数据无处不在，已被应用于各个领域，包括宏观经济、金融、电力系统、医疗服务、电子商务以及社交网络等。

在宏观经济领域，淘宝网根据网上成交额比较高的 390 个类目的商品价格得出的 CPI（Consumer Price Index，居民消费价格指数）数据，比国家统计局公布的 CPI 数据更早地预测到经济状况。国家统计局统计的 CPI 数据主要根据的是刚性物品，如食品，百姓都要买，但差别不大；而淘宝网是利用化妆品、电子产品等购买量受经济影响较明显的商品进行预测，因此其 CPI 数据更能反映价格走势。美国印第安纳大学利用谷歌公司提供的心情分析工具，从近千万条的短信和网民留言中归纳出六种心情，来预测道琼斯工业指数，准确率高达 87%。

社交网络近几年突飞猛进的发展，大数据在其中也发挥了巨大的作用。随着互联网用户数量的迅速增加，产生的社交数据也呈现了几何式的增长。对社交网络进行大数据挖掘是当前数据挖掘领域的一个热点，商家通过数据挖掘可以获得与消费者之间更好的互动。越来越多的商家开始将推广渠道转向社交媒体，因为通过社交网络用户之间的转发会产生巨大的社会影响力。

大数据在农业领域也被广泛应用，已经对传统的农业模式产生了巨大的影响。美国推出政府数据开放平台，该平台融合了农业、商业、气候等领域的数据，并且全部免费公开。美国农业部启动土壤数据实时监控项目，建立交互式系统，为农户提供最全面、最新的农业数据，已经成功帮助农民节省了生产成本，同时提高了农产品的质量。英国则发布了《英国农业技术战略》，该战略高度重视利用"大数据"和信息技术来提升农业生产效率，改变农业发展模式。我国的农业也正在向大数据化、精准化农业发展。近年来，国内有关农业大数据的服务类平台相继被开发使用，支持农业大数据的管理、分析、可视化的技术也相继成熟。

大数据在商业模式创新领域发挥了巨大的作用。大数据使商业企业能通过整合网站浏览、购物历史、位置等信息，获取客户的购物偏好，从而为不同的客户定制个性化服务，提供更加精细的产品和服务，提高购买率，实现更大的商业利润。

　　大数据在医疗服务领域也正发挥巨大的作用，提高医疗效率和效果。大数据分析技术使临床决策支持系统更加智能。利用图像分析和识别技术，识别医疗影像数据，挖掘医疗文献数据建立医疗专家系统，为医生提出诊疗建议，使医生从重复的咨询工作中解脱出来，提高治疗效率。

　　日益增长迅速并且繁杂的数据资源，给传统的数据分析、处理技术带来了巨大的挑战。大数据的"4V"特征在数据存储、传输、分析、处理等方面带来本质变化。数据量的快速增长，对存储技术提出了更大的挑战，需要有高速信息传输能力的支持，同时具有对数据的快速分析、处理能力。

　　为了应对不断涌现的新任务，与大数据相关的大数据技术、大数据工程、大数据科学和大数据应用等迅速成为信息科学领域的热点问题，得到了政府部门、经济领域以及科学领域有关专家的广泛关注。大数据时代的基本特征，决定了其在技术与商业模式上有着巨大的创新空间，将对全球的可持续发展起到关键作用。

　　大数据还不能全面、准确、真实地反映所有的事物。即使获得了某一事物的所有数据，要挖掘出其中的信息也还存在一定的难度，还取决于数据挖掘的方法和手段。因此，需要将大数据分析与数理统计学相结合，利用数理统计思想优化后的大数据分析，要优于单纯依靠大数据技术分析所得的结果，能有效提高预测的精准度。例如，谷歌公司利用大数据对流感的预测，2008 年的结果与美国疾控中心的数据高度吻合，但在 2009 年、2013 年则出现了很大的偏差，而借助数理统计理论，利用多元线性回归模型改进算法之后则有效消除了这种偏差，从而得到了更加准确的结果。

1.3　大数据分析与挖掘主要技术

　　大数据分析与挖掘的过程一般分为如下几个步骤。

　　（1）任务目标的确定

　　这一步骤主要是进行应用的需求分析，特别是要明确分析的目标，了解与应用有关的先验知识和应用的最终目标。

　　（2）目标数据集的提取

　　这一步骤是要根据分析和挖掘的目标，从应用相关的所有数据中抽取数据集，并选择全部数据属性中与目标最相关的属性子集。

　　（3）数据预处理

　　这一步骤用来提高数据挖掘过程中所需数据的质量，同时也能够提高挖掘的效率。数据预处理过程包括数据清洗、数据转换、数据集成、数据约减等操作。

　　（4）建立适当的数据分析与挖掘模型

　　这一步骤包含了大量的分析与挖掘功能，如统计分析、分类和回归、聚类分析、关联规则挖掘、异常检测等。

　　（5）模型的解释与评估

　　这一步骤主要是对挖掘出的模型进行解释，可以用可视化的方式来展示它们以利于人们理解。对模型的评估可以采用自动或半自动方式来进行，目的是找出用户真正感兴趣或有用的模型。

　　（6）知识的应用

　　将挖掘出的知识以及确立的模型部署在用户的应用中。但这并不代表数据挖掘过程的结束，还需要一个不断反馈和迭代的过程，使模型和挖掘出的知识更加完善。

数据挖掘主要包括如下的功能。

（1）对数据的统计分析与特征描述

统计分析与特征描述是对数据的本质进行刻画的方法。统计分析包括对数据分布、集中与发散程度的描述，主成分分析，数据之间的相关性分析等。特征描述的结果可以用多种方式进行展现，例如，散点图、饼状图、直方图、函数曲线、透视图等。

（2）关联规则挖掘和相关性分析

在超市或者网店的商品交易过程中，经常发现有些商品会被同时购买。例如，在购买牛奶时也会购买面包，这些经常一起购买的商品就构成了关联规则。有些商品的购买则是相继出现的。例如，很多消费者先购买一台笔记本电脑，隔了一段时间会接着购买内存卡、蓝牙音箱等。这称为频繁序列模式。

（3）分类和回归

分类是通过对一些已知类别标号的训练数据进行分析，找到一种可以描述和区分数据类别的模型，然后用这个模型来预测未知类别标号的数据所属的类别。分类模型的形式有多种，例如，决策树、贝叶斯分类器、KNN 分类器、组合分类算法等。回归则是对数值型的函数进行建模，常用于数值预测。

（4）聚类分析

分类和回归分析都有处理训练数据的过程，训练数据的类别标号为已知。而聚类分析则是对未知类别标号的数据进行直接处理。聚类的目标是使聚类内数据的相似性最大，聚类间数据的相似性最小。每一个聚类可以看成是一个类别，从中可以导出分类的规则。

（5）异常检测或者离群点分析

一个数据集可能包含这样一些数据，它们与数据模型的总体特性不一致，称为离群点。在很多应用中，例如，信用卡欺诈这类稀有的事件可能更应该引起关注。离群点可以通过统计测试进行检测，即假设数据集服从某一个概率分布，然后看某个对象是否在该分布范围之内。也可以使用距离测量，将那些与任何聚类都相距很远的对象当作离群点。除此之外，基于密度的方法可以检测局部区域内的离群点。

1.4　大数据分析与挖掘工具

目前有很多种大数据分析与挖掘工具，本书重点对三种工具进行介绍。在单机环境下，Sklearn是高效的数据分析与挖掘工具。在处理大数据的时候，可以采用 Spark 的机器学习模块 Spark ML。对于企业用户，华为云提供的机器学习服务（Machine Learning Service，MLS）则是一个很好的选择。

1.4.1　Sklearn

为了便于初学者实践各种基本算法，本书大部分示例都采用 Sklearn 模块进行演示。

Sklearn 是机器学习中一个常用的 Python 第三方模块，对一些常用的机器学习方法进行了封装，只需要简单地调用 Sklearn 里的模块就可以实现大多数机器学习任务。机器学习任务通常包括分类（Classification）、回归（Regression）、聚类（Clustering）、数据降维（Dimensionality Reduction）、数据预处理（Preprocessing）等。常用的分类器包括 KNN、贝叶斯、线性回归、逻辑回归、决策树、随机森林、GBDT 等。

1.4.2　Spark ML

Spark 是加州大学伯克利分校 AMP（Algorithms Machines and People）实验室开发的通用内存并行计算框架，常用于构建大型的、低延迟的数据分析应用程序。Spark 提供了对 Scala、Python、Java（包括 Java 8）和 R 语言的支持，是 Apache 的顶级项目。

Spark 立足内存计算，适合迭代计算。Spark 提供了一个机器学习库（MLlib），MLlib 提供了常用机器学习算法的分布式实现。开发者只需具有 Spark 基础，并且了解机器学习算法的原理，以及方法相关参数的含义，就可以通过调用相应的 API 来实现基于海量数据的 ML 过程。

Spark 提供的各种高效的工具使得机器学习过程更加直观便捷。目前，Spark 已经拥有了实时计算、批处理、机器学习算法库、SQL、流计算等模块，功能越来越强大。

MLlib 由一些通用的学习算法和工具组成，包括分类、回归、聚类、降维等，同时还包括底层的优化原语和高层的管道 API。它主要包含以下具体内容。

（1）算法：常用的机器学习算法，如分类、回归、聚类和关联规则挖掘等。

（2）特征处理工具：特征提取、转化、降维和属性选择工具。

（3）管道：用于构建、评估和调整机器学习流程的工具。

（4）持久性：保存和加载算法、模型和管道。

（5）实用工具：线性代数、统计、数据处理等。

Spark MLlib 从 1.2 版本以后提供了基于 DataFrame 的高层次的 API，可以用来构建机器学习工作流（Pipeline）。ML Pipeline 弥补了原始 MLlib 库的不足，向用户提供了一个基于 DataFrame 的 ML 工作流式 API 套件。使用 ML Pipeline API 可以很方便地进行数据处理、特征转化、正则化，以及将多个 ML 算法联合起来，构建一个单一完整的 ML 流水线。这种方式提供了更灵活的方法，更符合机器学习过程的特点，也更容易从其他语言迁移。Spark 官方推荐使用 spark.ml。Spark 在机器学习方面发展很快，目前已经支持主流的统计和机器学习算法。表 1-1 列出了目前 Spark 支持的主要机器学习算法。

表 1-1　　　　　　　　　　Spark 目前支持的主要机器学习算法

	离散数据	连续数据
监督学习	Classification、Logistic Regression、SVM、Decision Tree、Random Forest、GBT、Naïve Bayes、Multilayer Perceptron、OneVsRest	Regression、Linear Regression、Decision Tree、Random Forest、GBT、AFT Survival Regression、Isotonic Regression
无监督学习	Clustering、KMeans、Gaussian Mixture、LDA、Power Iteration Clustering、Bisecting KMeans	Dimensionality Reduction、Matrix Factorization、PCA、SVD、ALS、WLS

1.4.3　华为云的机器学习服务

华为公司开发的机器学习服务（Machine Learning Service，MLS）是一项数据挖掘分析平台服务，旨在帮助用户通过机器学习技术发现已有数据中的规律，从而创建机器学习模型，并基于机器学习模型处理新的数据，为业务应用生成预测结果。

华为机器学习服务可降低机器学习使用门槛，提供可视化的操作界面来编排机器学习模型的训练、评估和预测过程，无缝衔接数据分析和预测应用，降低机器学习模型的生命周期管理难度，为用户的数据挖掘分析业务提供易用、高效、高性能的平台服务。

机器学习服务常应用于以下海量数据挖掘的分析场景。

（1）市场分析

商场从顾客消费记录中找出某类顾客群的共有特征（如兴趣、收入水平和消费习惯等），分析出什么样的顾客购买什么产品，从而调整市场策略。

（2）定向推荐

银行从客户的个人财务状况信息中分析客户特征，定向推荐合适的产品（如贷款项目、理财产品等），以小代价获取大收益。

（3）欺骗检测

保险公司分析投保人的历史行为数据，建立欺骗行为模型，识别出假造事故骗取保险赔偿的投保人。

机器学习服务的算法概念指的是一系列规则和运算公式。将这些规则和运算公式作用到数据集上，能够得到一个分析结果，通常就是一个模型。模型保存着使用数据进行预测的方法，系统中的模型则按照 PMML（Predictive Model Markup Language）格式存储管理。

用户可以在机器学习服务实例的工作界面训练模型，并通过"保存 PMML 模型文件"节点保存成通用的 PMML 格式。用户还可以通过机器学习服务的模型管理功能，对已发布的 PMML 模型进行管理。模型的管理包含如下的功能。

（1）模型构建，是指选择数据和算法，执行算法生成模型的过程。

（2）模型可视，是指将模型信息以图形化方式展示。

（3）模型评估，是指模型通过准确率、召回率等指标进行评价，并对这些指标进行求解。

（4）模型应用，是指将模型作用到一份数据上的各步骤作为计算任务，下发到系统中执行的过程。

（5）模型预测，是将已有的模型作用到数据上，针对每一条样本数据给出其对应结果的过程。

在机器学习服务中，数据分析是通过使用适当的统计方法、机器学习方法等，对收集的大量数据进行计算、分析、汇总和整理，以求最大化地开发数据价值，发挥数据作用。目的是将隐藏在一大批杂乱无章的数据背后的信息集中处理并进行提炼，从而得到研究对象的内在规律。

在机器学习服务中，数据挖掘是指从大量的数据中自动搜索隐藏于其中并有着特殊关系的信息的过程。可以通过统计、在线分析处理、情报检索、机器学习和模式识别等诸多方法来实现上述目标。

对于企业用户来说，华为云提供的机器学习服务具有非常好的交互界面，下面简单介绍机器学习服务丰富的可视化交互功能。

首先介绍各种功能节点，如表 1-2 所示。

表 1–2　　　　　　　　　　　　机器学习服务节点一览

节点类型	图标	节点名称	功能
输入		读取模型	从数据源读取模型（此模型指机器学习算法训练得到的模型）

续表

节点类型	图标	节点名称	功能
输入		读取 PMML 模型文件	用于载入用户之前保存的 PMML 格式模型文件,将持久化在 PMML 格式文件中的模型导入工作流中,参与建模
		读取 Hive 表	从数据源读取 Hive 表格数据
		读取 HDFS 文件	从数据源读取 HDFS 文件数据
数据转换(记录操作)		聚合	对表格数据分组,再按组进行汇总
		去重	删除表格数据中重复的行,即数据相同的行,只保留一行
		过滤	对表格数据按指定条件进行过滤,最终保留符合过滤条件的数据
		连接	将两张不同结构的表格,按照指定的连接条件,连接成一张新表格
		抽样	从表格数据集中抽取部分数据作为样本数据
		排序	对表格数据按指定规则进行排序
		拆分	将一个表格数据集横向切割成两个结构跟原表相同的新表格数据集。此节点的一个典型应用场景是将原始数据集分割成两份,一份用来训练模型,一份用来验证模型
		时序抽取	对时间序列数据进行过滤,例如,获取指定日期之前三个月内的数据
		追加	将两张结构完全相同的表格合成一张新表,新表的数据行数等于两张旧表的数据行数之和
		离散化	将连续型的特征列的值转换成离散型的值。例如,可以将连续的"交易时间"值转换成离散的"季度"值
		二值化	将枚举型的特征列转换成二值化的形式
		派生	按照指定的规则,对指定的特征列值进行运算,并将运算结果写入到新特征列

节点类型	图标	节点名称	功能
数据转换 （记录操作）		标准化	对一个特征或多个特征在指定范围内进行标准化。将具有不同的量纲和数量级的特征，用相同的标准去衡量，使得具有不同的量纲和数量级的特征能够进行比较和加权
		重命名	用于修改一个或多个属性名称
		替换	将指定的特征列中满足条件的值替换成新值
		选择	选取指定的特征列
		重建	用于将输入的行列式数据集，按照指定的规则进行转置，生成新的行列式数据集
		修改元数据	修改表格数据集的元数据信息（即表格中的字段信息，如字段数据类型、描述等）
建模 （异常检测）		基于 PCA 的异常检测	基于主成分分析（PCA）的异常检测是一种利用矩阵分解的异常点检测方法。利用主成分分析算法将原始样本空间映射到主成分样本空间，进而重构为新的样本空间，通过对比原始样本空间和主成分样本空间之间的距离衡量样本异常值，并基于此异常值检测异常样本
建模 （分类）		梯度提升树	用于产生分类模型或回归模型，GBT 算法采用迭代的思想不断地构建决策树模型，每次迭代建立的模型都是在前次建立模型的损失函数的梯度下降方向
		逻辑回归	用于数据二分类，它通过 Logistic 函数将线性回归的输出映射到[0，1]，再根据阈值判断进行数据二分类
		随机决策森林	用于产生分类模型或回归模型。随机决策森林是用随机的方式建立一个森林模型，森林由很多的决策树组成，每棵决策树之间没有关联。当有一个新的样本输入时，森林中的每一棵决策树分别进行判断，看该样本对应哪一类（分类）或哪一个值（回归）。对于分类问题，哪一类被选择最多，就预测这个样本属于哪一类；对于回归问题，该样本取值为所有决策树的预测值的平均值
		支持向量机	找到一个超平面，对不同类别的数据进行有效的划分。该节点只支持二分类
建模 （聚类）		K-均值	用于产生聚类模型，用户在使用时需要指定聚类个数。K-均值算法是基于距离的算法，将所有数据归类到其最邻近的中心。被设置为 Input 角色的列会参与计算
建模 （回归）		线性回归	用于产生线性回归模型。它是利用数理统计中的回归分析，来确定两种或两种以上变量间相互依赖的定量关系的统计分析方法

续表

节点类型	图标	节点名称	功能
建模 （推荐）		交替最小二乘	交替最小二乘是基于矩阵分解原理的推荐算法，它能通过获取用户给物品的打分，推断每个用户的喜好，并向用户推荐适合的物品
评估		模型应用	用于使用已生成的模型对数据进行预测，支持回归模型、分类模型、聚类模型、推荐模型和特征提取模型
		分类模型评估	对分类算法训练得到的模型进行评估
		回归模型评估	对回归问题的预测结果进行评估
输出		保存 HDFS 文件	将数据保存到 HDFS 文件中
		保存模型	将机器学习算法训练得到的模型保存到数据源
		保存 PMML 模型文件	用于将用户自定义的模型持久化到 PMML 格式文件中，方便后续的使用
		保存 Hive 表	将表格数据保存到 Hive 表中

【示例 1-1】使用华为机器学习服务进行客户分群。

（1）问题描述

在数据挖掘应用中，客户分群是一项重要的商业应用。通过数据挖掘来给用户做科学的分群，依据不同分群的特点制定相应的策略，从而为用户提供适配的产品、制定针对性的营销活动和管理用户，最终提升产品的客户满意度，实现商业价值。

在本示例中，每个客户在不同类别产品（六种类别：生鲜类、奶制品、杂货、冷冻品、洗涤类和熟食类）上有各不相同的年进货开销。

批发商需要对所有的客户进行分群，按各客户的进货开销情况可分为以下三类。

① 大客户：大部分产品类别的年进货量都很大。

② 中客户：大部分产品类别的年进货量都居中。

③ 小客户：大部分产品类别的年进货量都很小。

（2）数据挖掘流程

在机器学习服务中，完成一个数据挖掘的基本流程如图 1-1 所示。

图 1-1　数据挖掘基本流程

本例采用 *K*-均值聚类方法，整个流程如图 1-2 所示。

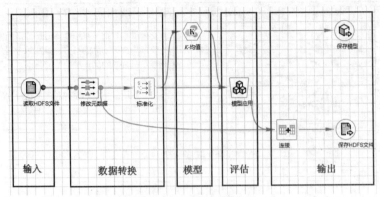

图 1-2　*K*-均值聚类流程

（3）输入

步骤 1：单击项目"Customer"，进入此项目页面。

步骤 2：在此项目的"工作流"页签中，单击工作流"CustomerModel"的名称，进入"CustomerModel"工作流编排界面。

步骤 3：将"输入"展开目录中的"读取 HDFS 文件"节点拖曳至画布中，单击该节点，在右侧参数配置区域按照表 1-3 所示配置参数。

表 1-3　　　　　　　　　　　"读取 HDFS 文件"节点参数配置样例

参数名称	样例值
数据格式	CSV
数据文件	"/user/omm/customer/wholesale_customer_data_withTitle.csv"
导入元数据	不勾选
是否包含表头	勾选
字段分隔符	","
保存元数据文件	不勾选
处理异常值	null 替代值
保存异常记录	不勾选

（4）数据转换

步骤 1：将"数据转换 > 字段操作"展开目录中的"修改元数据"节点拖曳至画布中，和"读取 HDFS 文件"节点连接，如图 1-3 所示。

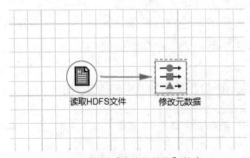

图 1-3　连接"修改元数据"节点

步骤 2：单击"修改元数据"节点，在右侧参数配置区域按照表 1-4 所示配置"字段"和"角色"，其他参数保持默认。

表 1-4　　　　　　　　　　　　　"修改元数据"节点参数配置样例

字段	角色	说明
id	None	为数据记录设置的 ID 值，不作为特征值
channel	None	渠道参数，不作为特征值
region	None	区域参数，不作为特征值
fresh	Input	特征值
milk	Input	特征值
grocery	Input	特征值
frozen	Input	特征值
detergents_paper	Input	特征值
delicatessen	Input	特征值

步骤 3：将"数据转换 > 字段操作"展开目录中的"标准化"节点拖曳到画布中，与"修改元数据"节点连接。如图 1-4 所示。

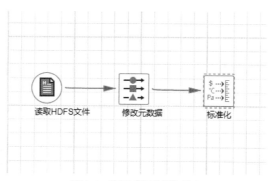

图 1-4　连接"标准化"节点

步骤 4：选择"标准化"节点，对其所有的特征值进行归一化。按照表 1-5 所示配置参数。

表 1-5　　　　　　　　　　　　　"标准化"节点参数配置样例

参数名称	值
特征	选择所有特征参数
方法	极差变换
最小值	0
最大值	1

（5）建模

步骤 1：将"建模 > 聚类"展开目录中的"K-均值"节点拖曳到画布中，和"标准化"节点连接，如图 1-5 所示。

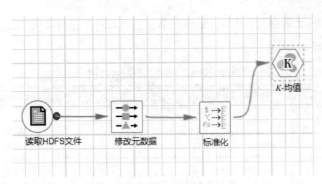

图1-5 连接"K-均值"节点

步骤2："单击"K-均值"节点，在右侧参数配置区域按照表1-6所示配置参数。

表1-6   "K-均值"节点参数配置样例

参数名称	值
聚类数	3
迭代次数	20
初始模式	K-MeansII
初始模式步数	5

（6）评估

步骤1：将"评估"展开目录中的"模型应用"节点拖曳到画布中，将"K-均值"节点与"模型应用"节点相连接。如图1-6所示。

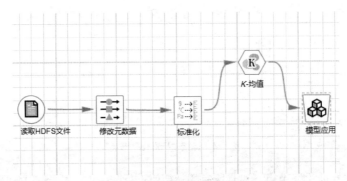

图1-6 连接"模型应用"节点

步骤2：单击"模型应用"节点，在右侧参数配置区域按照表1-7所示"模型应用"节点参数配置样例配置参数。

表1-7   "模型应用"节点参数配置样例

参数名称	值
预测类型	聚类

（7）输出

步骤1：将"数据转换 > 记录操作"展开目录中的"连接"节点拖曳到画布中，将"修改元数据"节点和"连接"节点连接。"修改元数据"节点的输出数据集设置为"连接"节点的左输入数据集，如图1-7所示。

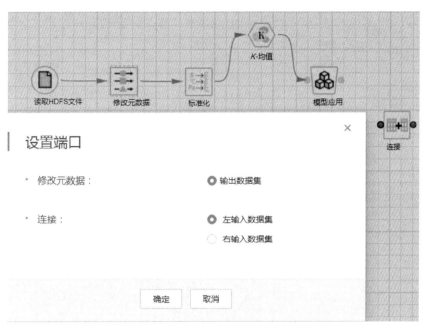

图1-7 端口设置

步骤2：将"模型应用"节点和"连接"节点连接。"模型应用"节点的输出会自动作为"连接"节点的右输入数据集，如图1-8所示。

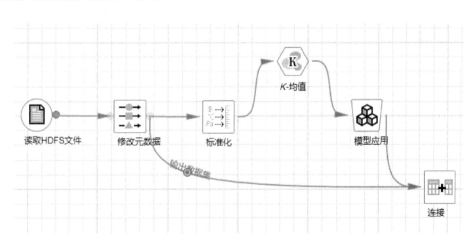

图1-8 连接"连接"节点

步骤3：单击"连接"节点，在右侧参数配置区域按照表1-8所示"连接"节点参数配置样例配置参数。

表1-8 "连接"节点参数配置样例

参数名称	值
连接类型	Inner
关联字段	id，说明，对于关联字段，选择"id"字段对原始数据和聚类结果数据进行连接
合并关联字段	勾选
合并重名的字段	勾选

步骤 4：将"输出"展开目录中的"保存 HDFS 文件"节点拖曳到画布中，将"连接"节点和"保存 HDFS 文件"节点连接，如图 1-9 所示。

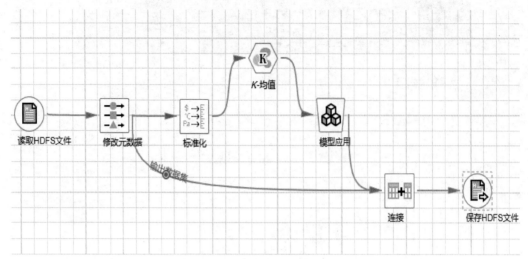

图 1-9　连接"保存 HDFS 文件"节点

步骤 5：单击"保存 HDFS 文件"节点，在右侧参数配置区域按照表 1-9 所示"保存 HDFS 文件"节点参数配置样例配置参数。

表 1-9　　　　　　　　　　　"保存 HDFS 文件"节点参数配置样例

参数名称	值
文件目录	保存标准化结果文件的路径
文件名	KMeans_Result_InSourceData
文件格式	CSV
字段分隔符	","
允许覆盖	勾选

02 第2章 数据特征分析与预处理

数据是大数据分析和挖掘的基础。近年来人工智能之所以能够快速发展，除了算法与计算能力的快速提升外，大数据也是一个重要的因素。因此，在介绍各种数据挖掘的算法之前，必须先对"数据"进行一个全面的了解，才能够做好后续的"挖掘"工作。

2.1 数据类型

数据挖掘的对象种类繁多，描述这些对象的数据类型也形式各异，如关系数据、结构化的文本文件、半结构化的网页、更复杂的多媒体数据文件等。这些数据都是用来刻画对象的各种特征，数据挖掘就是从这些特征中发现新的知识。在一个特定的数据挖掘任务中，输入数据的类型一般是由其应用的性质决定的。例如，在智能商务领域中，数据集往往是关系型的数据；在工业领域中，数据集含有大量的时间序列数据；在网络应用中，数据集是大量非结构化的文本数据，如网页或者日志文件等。

不同的算法对所处理的数据都有特定的要求，如对数据的格式、数据属性的类型、量纲、值域等都有其适应性要求。

下面首先介绍几种常见的数据集类型，然后再介绍数据所具有的各种属性及其特有的操作。

2.1.1 数据集类型

1. 结构化数据

大部分的应用都将数据存储在关系数据库中，因此很多数据挖掘算法都是针对由记录类型构成的数据集合，每条记录包含若干个属性。在实际的数据挖掘任务中，很多结构化的数据通常以文本文件存储。

例如，在 UCI 数据集中用于鸢尾花分类的训练集就是结构化的数据，如表 2-1 所示。

表 2-1　　　　　　　　　　　　　　鸢尾花数据集

Sepal length	Sepal width	Petal length	Petal width	Species
5.1	3.5	1.4	0.2	Iris-setosa
7.0	3.2	4.7	1.4	Iris-versicolor
6.3	3.3	6.0	2.5	Iris-virginica

每一条记录都由五个属性构成，也就是说所有的数据都具有相同的模式。

2. 半结构化数据

与结构化数据相比，半结构化数据也具有一定的结构，但是没有像关系数据库中那样严格的模式定义，因此也被称为"自描述"。半结构化数据使用标签来标识数据中的每个元素，通常数据组织成有层次的结构。常见的半结构化数据主要有 XML 文档和 JSON 数据。

【示例 2-1】一个 XML 文档。

```
<bookstore>
<book category="COOKING">
  <title lang="en">Everyday Italian</title>
  <author>Giada De Laurentiis</author>
  <year>2005</year>
  <price>30.00</price>
</book>
<book category="CHILDREN">
  <title lang="en">Harry Potter</title>
  <author>J K. Rowling</author>
  <year>2005</year>
  <price>29.99</price>
</book>
<book category="WEB">
  <title lang="en">Learning XML</title>
  <author>Erik T. Ray</author>
  <year>2003</year>
  <price>39.95</price>
</book>
</bookstore>
```

上面的示例文档是一个树状的层次结构：树根元素是<bookstore>，下一层是所有<book>元素，再下一层是<title>、<author>、<year>、<price>四个元素。

另外一个常见的半结构化数据代表是 JSON 数据，它是一种轻量级的数据交换格式，如示例 2-2 所示。

【示例 2-2】描述客户信息的 JSON 数据。

```
{
  "firstName": "John",
  "lastName": "Smith",
  "isAlive": true,
  "age": 27,
  "address": {
    "streetAddress": "21 2nd Street",
    "city": "New York",
    "state": "NY",
    "postalCode": "10021-3100"
```

```
    },
    "phoneNumbers": [
      {
        "type": "home",
        "number": "212 555-1234"
      },
      {
        "type": "office",
        "number": "646 555-4567"
      },
      {
        "type": "mobile",
        "number": "123 456-7890"
      }
    ],
    "children": [],
    "spouse": null
}
```

在 JSON 中，对象表示为键值对，数据由逗号分隔，花括号保存对象，方括号保存数组。可以看出，与 XML 格式相比，JSON 表达方式更加简洁，有利于信息的压缩。

3. 非结构化数据

不同于上述两种数据，非结构化数据没有预定义的数据模型，因此它覆盖的数据范围更加广泛，涵盖了各种文档（邮件、客户评价反馈、财务报表、计算机系统的各种日志等）、音频、图像（医学影像、卫星遥感图像等）、视频（监控录像、电视节目等）。

非结构化数据的挖掘有着广泛的应用。例如在文本挖掘中，基于产品评论的情感分析，可帮助购买某种产品的客户了解该产品的口碑。对计算机系统日志的分析，可以预测系统发生故障的时间。从图像的视觉和空间特性中可以抽取有意义的语义信息，即知识。在视频数据挖掘中，通过挖掘视频数据中所含有的对象的外观、时序模式、运动特性等信息可以获取有意义的知识。例如从交通监视视频中分析出交通拥塞的趋势，从安全监控视频中发现具有某种特定行为模式的对象。

2.1.2　数据属性的类型

对于结构化和半结构化的数据来说，我们很容易得到用来刻画对象的各种属性信息，属性也被称为维或者特征等。在鸢尾花数据集中，每一条记录都有四个数值型的属性和一个表示类别的属性，每个属性都有具体的用于描述对象某种特征的含义，例如，花瓣的长度、宽度等。半结构化数据虽然其数据模式不固定，但是可以提取出描述对象的各种属性信息，对于非结构化数据来说，数据集本身并没有包含属性信息，但是为了对这样的数据进行分析与挖掘，通常要进行特征提取，然后用这些特征来描述不同的对象。对于一幅图像，通常要提取很多特征，例如表示图像颜色特征的颜色直方图、表示图像中物体纹理特征的局部二值模式向量、表示图像中物体的形状特征的边缘特征值等。通过特征提取，原来非结构化的数据也具有了结构特征，可以用于后续的数据挖掘过程。

这些对象的属性（维）具有不同的数据类型，下面介绍几种常见的属性类型。

1. 标称属性（Nominal Attribute）

标称属性类似于标签，其中的数字或符号只是用来对物体进行识别和分类，取值往往是枚举类型的，无论是否用数字作为属性值，都不具有顺序关系，也不存在比较关系，故经常称为**分类属性**（**Categorical**），在统计学中称为**定类变量**。在设计标称属性值的时候，要注意所有可能取值之间的互斥性和完备性。UCI 数据集 Balloons 如表 2-2 所示。

表 2-2 标称属性举例

Color	Size	Act	Age	Inflated
yellow	small	stretch	adult	T
yellow	small	dip	child	F
purple	small	stretch	adult	T
purple	large	dip	adult	F

属性 Color 就是标称属性，表示颜色，取值可能为 yellow、purple，但这些取值之间是没有顺序关系的。类似的，属性 Act 的取值可能为 stretch、dip，也是标称属性。

对标称属性不能做加减乘除运算，常用的统计分析方法有分析各个属性值出现的次数（频数分析）、统计各个属性值出现次数在总样本数中所占的比例（比率分析）、出现次数最多的属性值（众数）。

当标称属性的类别或者状态数为两个的时候，称为**二元属性**。因为只有两种状态，可以用 0 或 1 来表示，所以二元属性也被称为**布尔属性**。表 2-3 给出的是在 UCI 数据集中，心脏 SPECT 图像经过特征提取后，形成的二元属性数据集。

表 2-3 心脏 SPECT 数据集

Overall_Diagnosis	F1	F2	F3	F4	F5	...	F22
1	0	0	0	1	0		0
0	0	0	0	0	0	...	0
0	1	1	1	0	1		0

在上述数据集中，每个属性都是二元属性，分别取值 0 或 1。其中第一列是诊断结果，其余 22 列分别对应 22 个局部诊断结果。可以看出，上述每个二元属性取值 0 或 1 的重要程度是不相同的，通常把诊断结果不正常编码为 1，正常编码为 0。在这种情况下，二元属性称为**非对称的**。如果二元属性的两种状态具有相同的重要程度，则称为**对称的**。例如性别这个二元属性就是对称的。

2. **序数属性**（Ordinal Attribute）

在 UCI 数据集 Car Evaluation 中，很多属性与前面的标称属性类似，取值都是分类的，如表 2-4 所示。

表 2-4 序数属性实例

Buying	Maint	Doors	Persons	Lug_boot	Safety	Class
vhigh	vhigh	2	2	small	low	unacc
vhigh	med	2	4	small	high	acc
med	low	2	4	small	high	good
med	med	5more	more	big	high	vgood

属性 Buying 描述汽车的购买价格，取值为 vhigh、high、med、low 四个值之一，分别表示很高、高、中等以及低。和标称属性不同的是，这种属性值之间是有顺序关系的，也就是说它不仅包含了

标称属性的全部特征，还能反映对象之间的等级和顺序。表 2-4 中，类似的属性还有 Lug_boot，其取值 small 和 big 分别表示小和大，也具有顺序关系。这样的属性称为**序数属性**，在统计学中也称为**定序变量**。序数属性值中的数字和符号不仅代表类别，而且表示按某种特征或属性排列的高低、大小和先后顺序。

还有很多序数属性的例子：学生成绩可以分为优秀、良好、中等、及格和不及格；产品质量可以分为优等、合格和不合格。

可以看出，标称、二元和序数属性的取值都是**定性的**，它们只描述对象的特征，如高、低等定性信息，并不给出实际的大小，因此这类属性值可以用数字进行编码，可用来比较大小，但还不能反映不同等级间的差异程度，不能进行加减乘除等数学运算。

3. 数值属性（Numeric Attribute）

在客观世界中对象的很多属性是可以定量的，这也是使用度量衡单位对事物进行测量的结果，其结果表现为具体数值。数值属性是可以度量的，通常用实数来表示。

数值属性可以分为区间标度（Interval Scaled）属性和比率标度（Ratio Scaled）属性。

（1）区间标度属性

在讲区间标度属性的概念之前，我们先来看一个现实中的例子。常用的摄氏温度值是这样规定的：在 1 个标准大气压下，水的沸点定为 100℃，冰水混合物的温度定为 0℃，它们的区间分成 100 等分，1 等分为 1℃。在此定义下，摄氏温度的值有序，可以为正、零或负。两个温度之间的差是有意义的，我们可以说 35℃比 15℃高 20℃。

那么我们能否说 20℃是 10℃的两倍呢？答案是否定的。这得从绝对零度的定义进行解释。从摄氏度的定义可以看出，0℃并不是"绝对零度"，此时的物体并不是没有温度，而是人为制定的一个参考标准而已，只具有相对意义。摄氏度的值都是相对 0℃增加或者减少的度数，如果 0 值的位置改变，那么摄氏度的值也发生变化，比例关系就会发生变化，因此两个摄氏温度值的比例没有意义。

物理学上的绝对零度是热力学的最低温度，是理论上的下限值，绝对零度是开氏温度定义的零点。0K 约等于-273.15℃，在此温度下，物体分子没有动能和势能，动能势能为 0，故此时物体内能为 0，可以说是"没有温度"，20℃是 293.15K，而 10℃是 283.15K，它们之间不是两倍的关系。

考试成绩也是一个区间标度属性的例子，成绩为 0 并不表示一点知识没有，也不能认为 100 分同学的数学水平是 50 分同学的两倍。因为换一张考卷的话，零点就变化了，成绩也可能发生变化。因此在零点不固定的条件下，区间标度属性值不能进行比率运算。

类似的区间标度属性还有日历日期、华氏温度、智商、用户满意度打分等。这些区间标度属性共同的特点是：用相等的单位尺度度量，属性的值有序，可以为正、零或负。相等的数字距离代表所测量的变量相等的数量**差值**，在统计学上也称为**定距变量**。

区间标度属性包含序数属性提供的一切信息，并且可以比较对象间的差别：等于区间标度属性值之差。没有"真正的零值"，零值是测量尺度上的一个测量点，并不代表"没有"，所以区间标度属性值之间的比率没有意义。

（2）比率标度属性

如果数值属性有固定零点的话，那么属性值之间的比率关系就有意义了。例如，开氏温度、年龄、长度、重量、收入、销售额等很多数值属性，除了具有区间标度属性的所有特性外，由于存在绝对零点，因此可以进行比率的计算，即它可进行加减乘除运算。这一类数值属性称为比率标度属性，在统计学中称为**定比变量**，是应用最广泛的一类数值属性。

4. 总结

概括来说，标称属性仅用于命名或标记一系列属性值，在此基础上序数属性又提供了关于顺序的信息，而区间标度属性不仅提供了关于顺序的信息，还进一步量化了属性值之间的差异，比率标度属性最强大：能提供关于顺序、差异以及比率关系的信息，关键之处在于"真正零值"能够被定义。属性类型总结如表 2-5 所示。

表 2-5 属性类型总结

	标称属性	序数属性	区间标度属性	比率标度属性
频数统计	✓	✓	✓	✓
众数	✓	✓	✓	✓
顺序关系		✓	✓	✓
中位数		✓	✓	✓
平均数			✓	✓
量化差异			✓	✓
加减运算			✓	✓
乘除运算				✓
定义"真正零值"				✓

2.2 数据的描述性特征

2.2.1 描述数据集中趋势的度量

给定一个数值型数据集合，很多时候需要给出这个集合中数据集中程度的概要信息。数据集中趋势（Central Tendency）是指这组数据向某一中心值靠拢的程度，它反映了一组数据中心点的位置所在。在中心点附近的数据数量较多，而在远离中心点的位置数据数量较少。对数据的集中趋势进行描述就是寻找数据的中心值或代表值。这个概要信息可用来代表集合中所有的数据，并能刻画它们共同的特点。因此用概要信息来表达整个数据集合具有更高的效率。下面介绍几种常用的表示数据集中趋势的度量。

1. **算术平均数**（Arithmetic Mean）

一个包含 n 个数值型数据的集合，其算术平均数的定义是：

$$\bar{x} = \frac{1}{n}\sum_{i=1}^{n} x_i \qquad （公式 2-1）$$

算术平均数是我们最早接触的一个概要性信息，是概括一个数值型数据集合简单而又实用的指标。虽然简单，但其在数据分析与挖掘过程中的应用还是很广泛的。如果我们知道了几个班级考试成绩的算术平均数，那就可以大致了解各个班级的学习情况，在现实中很多学校也是这样评价各个班级成绩高低的。

算术平均数的性质如下。

（1）一个集合中的各个数据与算术平均数离差之和等于零，即：$\sum_{i=1}^{n}(x_i-\overline{x})=0$。这个性质在数据的规范化中会被用到。

（2）一个集合中的各个数据与算术平均数的离差平方之和是最小的，即：令 $f(c)=\sum_{i=1}^{n}(x_i-c)^2$，当 $c=\overline{x}$ 时，$f(c)$ 取最小值。根据这个性质，在聚类分析中，它可以用来刻画一个聚类的中心位置，称为"质心"，从而将聚类中大量的数据对象用一个"点"来概括。

算术平均数的缺点也很明显，容易受到集合中极端值或离群点的影响。例如某个班级里面有少数同学的成绩过低，拉低了平均分，从而造成班级整体成绩不好的"假象"，因此还需要引入更多的描述数据集中趋势的度量。

2. 中位数（Median）

在一个数据集合中，中位数是按一定顺序排列后处于中间位置上的数据，它是唯一的。中位数是由位置确定的，是典型的**位置平均数**。

中位数比算术平均数对于离群点的敏感性要低。当数据集合的分布呈现偏斜的时候，采用中位数作为集中趋势的度量更加有效。

中位数的计算参见 k 百分位数的计算方法，即 50 百分位数。

3. 众数（Mode）

数据呈现多峰分布的时候，中位数也不能有效地描述集中趋势，这时可以采用众数，也就是在数据集合中出现最多的数据。众数还可以用于分类数据。

当数据的数量较大并且集中趋势比较明显的时候，众数更适合作为描述数据代表性水平的度量。有的数据无众数或有多个众数。

4. k 百分位数（Percentile）

将一组数据从小到大排序，并计算相应的累计百分比，处于 $k\%$ 位置的值称为第 k 百分位数，用 $x_{k\%}$ 表示。在一个集合里，有 $k\%$ 的数小于或者等于 $x_{k\%}$，有 $1-k\%$ 的数大于它。

有很多种计算 k 百分位数的方法，当 $x_{k\%}$ 位于第 i 个与第 j 个数据之间时（$i<j$），可以使用几种插值方法来计算 $x_{k\%}$：线性插值（Linear）、下界（Lower）、上界（Higher）、中点（Midpoint）和最近邻（Nearest）。

【示例2-3】设有一组数据：[-35，10，20，30，40，50，60，100]，求它的 25 百分位数，即 $x_{25\%}$。

首先将数据从小到大排序，先确定 $x_{k\%}$ 的位置，一般有两种方法，分别是 $(n+1)\times k\%$ 或者 $1+(n-1)\times k\%$，这里我们采用 Python 的 numpy，使用的是第二种方式。$x_{25\%}$ 所在的位置是 $1+(8-1)\times25\%=2.75$，处于第 2 个和第 3 个数之间，即 10 与 20 之间。如果采用线性插值的话，$x_{25\%}=10+(20-10)\times0.75=17.5$。而采用下界、上界、中点和最近邻的方法，$x_{25\%}$ 分别为 10、20、15 和 20。

【示例2-4】计算 k 百分位数。

```
(1) import numpy as np
(2) X = np.array([-35,10,20,30,40,50,60,100])
(3) k=25
(4) Xk = np.percentile(X,k,interpolation='linear')
(5) Nx = X.shape[0]
(6) indices = 1+(Nx - 1)*k/100.0
```

```
(7) print indices,Xk
```

5. 四分位数（Quartiles）

四分位数是一种特殊的百分位数。

（1）第一四分位数 Q_1，又称"较小四分位数"，即 25 百分位数。

（2）第二四分位数 Q_2，就是中位数。

（3）第三四分位数 Q_3，又称"较大四分位数"，即 75 百分位数。

四分位数是比较常用的分析数据分布趋势的度量，在很多数据可视化的方法中都会用到它。

2.2.2 描述数据离中趋势的度量

与描述数据集中趋势的度量相反，数据离中趋势（Tendency of Dispersion）是指在一个数据集合中，各个数据偏离中心点的程度，是对数据间的差异状况进行的描述分析。

1. 极差（Range）

极差是指一组数据中最大值与最小值之差，又称范围误差或全距，用 R 表示。

2. 四分位数极差（InterQuartile Range，IQR）

四分位数极差也称内距，计算公式为 $IQR=Q_3-Q_1$，即第三四分位数减去第一四分位数的差，反映了数据集合中间 50%数据的变动范围。

在探索性数据分析（Exploratory Data Analysis）方法中，IQR 可用于发现离群点（Outlier）。约翰·图基（John Tukey）在 1977 年给出了一个判定方法：超过 $Q_3+1.5\times IQR$ 或者低于 $Q_1-1.5\times IQR$ 的数据，可能是离群点。下面给出这种方法的依据。

假设数据 X 的样本足够大，并且符合正态分布，即 $X \sim N(\mu,\ \sigma^2)$。计算 Q_1 偏离平均值的距离，可用标准差来表示。因为 $\Phi\left(\dfrac{Q_1-\mu}{\sigma}\right)=25\%$，可得 $\dfrac{Q_1-\mu}{\sigma}=-0.6745$，即 $Q_1-\mu=-0.6745\sigma$，类似可得 $Q_3-\mu=0.6745\sigma$，从而可知 $IQR=Q_3-Q_1=1.3490\sigma$，$Q_3+1.5\times IQR-\mu=2.6980\sigma$，$Q_1-1.5\times IQR-\mu=-2.6980\sigma$。可以计算落在上下两个边界内的概率，即 $P(Q_1-1.5\times IQR<x<Q_3+1.5\times IQR)=0.9930$，那么落在上下限之外的概率仅为 1−0.993=0.7%，因此可能是离群点。上述关于 IQR 与正态分布的关系分析如图 2-1 所示。

【示例 2-5】计算与 IQR 有关的概率。

```
(1)  # coding: utf-8
(2)  import scipy.stats
(3)  Q1=scipy.stats.norm(0,1).ppf(0.25)
(4)  Q3=scipy.stats.norm(0,1).ppf(0.75)
(5)  Upperfence=scipy.stats.norm(0,1).cdf(Q3+1.5*(Q3-Q1))
(6)  Lowerfence=scipy.stats.norm(0,1).cdf(Q1-1.5*(Q3-Q1))
(7)  probUL=round(Upperfence-Lowerfence,4)
(8)  probOutliers=1-probUL
(9)  print (u'Q1-μ=%.4fσ,Q3-μ=%.4fσ'%(Q1,Q3))
(10) print (u'IQR=Q3-Q1=%.4fσ'%(Q3-Q1))
(11) print (u'Q3+1.5×IQR-μ=%.4fσ'%(Q3+1.5*(Q3-Q1)))
(12) print (u'Q1-1.5×IQR-μ=%.4fσ'%(Q1-1.5*(Q3-Q1)))
(13) print (u'P(Q1-1.5×IQR<x<Q3+1.5×IQR)=%.4f'%(probUL))
(14) print (u'在上下限之外的概率=%.4f%%'%(100*probOutliers))
```

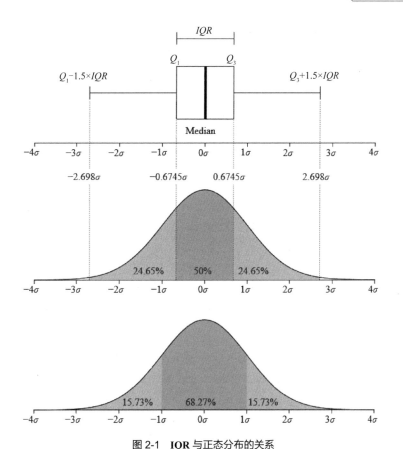

图 2-1　**IQR 与正态分布的关系**

如果数据不服从正态分布，那么这种方法受数据偏斜程度的影响较大，在使用中应该注意。

3. 平均绝对离差（Median Absolute Deviation，MAD）

计算数据集合中各个数值与平均值的距离总和，然后取其平均数。

$$MAD = \frac{1}{n}\sum_{i=1}^{n}\left|x_i - \overline{x}\right|$$ （公式 2-2）

公式 2-2 带有绝对值符号，对于统计推断的过程不是很方便，因此在实际应用中较少使用，而是广泛采用方差和标准差。

4. 方差和标准差（Variance and Standard Deviation）

给定一组数据样本，计算每个样本值与全体样本平均数之差的平方和的平均数，用来衡量这组数据的离散程度或者离中趋势，称为**方差**。

样本方差的计算公式：

$$s^2 = \frac{\sum_{i=1}^{n}(x_i - \overline{x})^2}{n-1}$$ （公式 2-3）

可以看出，方差改变了原始数据的量纲，而**标准差**则与原始数据的量纲相同，其定义如下：

$$s = \sqrt{\frac{\sum_{i=1}^{n}(x_i - \overline{x})^2}{n-1}}$$ （公式 2-4）

通常，**总体标准差用符号** σ 表示，**样本标准差用** s 表示。

从上述方差和标准差的定义来看，它们的大小与数据本身的大小密切相关，并且都带有量纲。这样具有不同量纲的数据集合或者刻画对象的不同属性之间，就很难比较离散程度的大小。下面介绍的离散系数可以避免上述问题。

5. 离散系数（Coefficient of Variation）

离散系数又称**变异系数**，样本变异系数是样本标准差与样本平均数之比：

$$C_v = \frac{s}{\bar{x}} \qquad\qquad （公式 2\text{-}5）$$

需要注意的是，离散系数只对由比率标度属性计算出来的数值有意义。

【示例 2-6】在表 2-6 中，给定两组身高数据（cm），分别来自成人组和幼儿组，现在要分析哪一组的身高差异更大。

表 2-6 两组身高数据

组别	数据（cm）										均值（cm）	标准差	离散系数
成人	166	167	169	169	169	170	170	171	171	171	171.85	3.33	0.0194
	171	172	173	173	173	175	175	176	177	179			
幼儿	67	68	69	70	70	71	71	71	72	72	72.00	2.64	0.0366
	72	72	72	72	73	74	75	76	76	77			

从结果来看，两组数据由于平均值相差很大，利用标准差难以判断各自数据差异的大小。通过计算离散系数可以看出，虽然成人组的标准差大于幼儿组，但是幼儿组的离散系数明显大于成人组，因此可以说明，幼儿组的身高差异比成人组大。

【示例 2-7】离散系数计算。

```
(1) # coding: utf-8
(2) import numpy as np
(3) Adult_group = np.array([177, 169, 171, 171, 173, 175, 170, 173, 169, 172, 173, 175,
179, 176, 166, 170, 167, 171, 171, 169])
(4) Children_group = np.array([72, 76, 72, 70, 69, 76, 77, 72, 68, 74, 72, 70, 71, 73,
75, 71, 72, 72, 71, 67])
(5) print (u'成人组标准差: %.2f    幼儿组标准差: %.2f'
(6)        % (np.std(Adult_group, ddof=1), np.std(Children_group, ddof=1)))
(7) print (u'成人组均值: %.2f    幼儿组均值: %.2f'
(8)        % (np.mean(Adult_group), np.mean(Children_group)))
(9) print (u'成人组离散系数: %.4f 幼儿组离散系数: %.4f'
(10)       % ((np.std(Adult_group, ddof=1) / np.mean(Adult_group), np.std(Children_
group, ddof=1) / np.mean(Children_group))))
```

2.2.3 数据分布形态的度量

1. 数据的偏态分布及度量

给定一个数据样本集合，可以画出它的频数分布图，如果图形不对称，这样的数据分布形态称为偏态分布。对于连续型变量，它的概率密度函数曲线相对于平均值（数学期望）如果不对称，也称为偏态分布。

我们以连续型随机变量的概率密度函数曲线为例，讲述数据分布形态的类型。离散型数据的分布形态，会在 2.2.4 节中进行介绍。

首先看一下数据分布对称的情况，如图 2-2 所示，这时均值、中位数与众数是相同的。如果众数出现在均值的左边，说明集合中大的极端值在右边，使得数据分布的曲线向右偏斜，如图 2-3 所示。此时，均值与众数之差为正数，所以称右向偏态为正偏态分布。偏态的方向是长尾的方向，而不是高峰的位置。

如果众数出现在均值的右边，那么数据中的极端值在左侧，使得分布曲线向左呈不对称延伸，称为左向偏态或者负偏态，如图 2-4 所示。

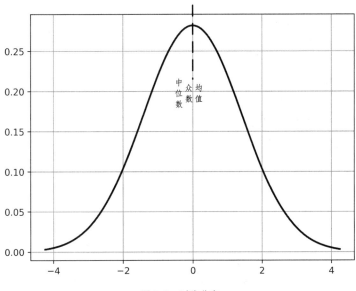

图 2-2　对称分布

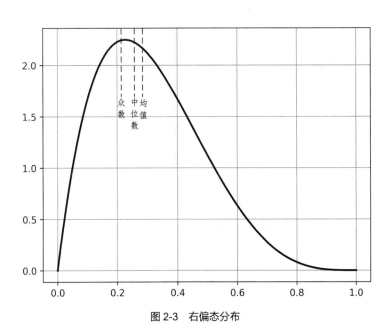

图 2-3　右偏态分布

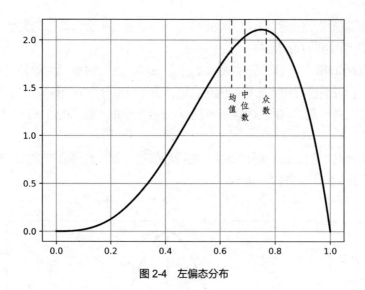

图 2-4　左偏态分布

针对上述非对称分布的数据，描述其分布偏斜方向和程度等数字特征的度量称为**偏度**。常用于测定偏度的指标是**偏态系数**（**Coefficient of Skewness**）。

对于数据总体来说，**偏态系数**的计算公式如下：

$$g_1 = \frac{\dfrac{\sum\limits_{i=1}^{n}(x_i - \overline{x})^3}{n}}{(\dfrac{\sum\limits_{i=1}^{n}(x_i - \overline{x})^2}{n})^{3/2}}$$ （公式 2-6）

如果是样本数据，则**样本偏态系数**的计算采用如下公式：$-SK = \dfrac{\sqrt{n(n-1)}}{n-2}g_1$，根据样本标准差的计算公式，可以得到如下常用的**样本偏态系数**公式：

$$SK = \frac{n}{(n-1)(n-2)}\sum_{i=1}^{n}(\frac{x_i - \overline{x}}{s})^3$$ （公式 2-7）

其中，$\overline{x}$ 是样本平均数，s 是样本标准差。从公式 2-7 中可以看出，样本中的极端值对于偏态系数的影响很大。

SK 给出了数据偏斜的方向，即 $SK > 0$ 表示正偏态，而 $SK < 0$ 表示负偏态。如果 $|SK| > 1$，认为数据的偏斜程度很高；如果 $0.5 \leqslant |SK| \leqslant 1$，则认为数据的偏斜程度中等；若 $|SK| < 0.5$，则近似认为数据的分布对称，即 SK 越接近于 0，分布的偏斜程度越小。

下面给出一个比较简单的偏态系数计算公式，即**皮尔逊偏态系数**（**Pearson's Coefficient of Skewness**）。

$$Sk_1 = \frac{\overline{X} - M_o}{s} \text{ 或者 } Sk_2 = \frac{3(\overline{X} - M_d)}{s}$$ （公式 2-8）

其中，$\overline{X}$ 是平均数，M_o 是众数，M_d 是中位数，s 是样本标准差。

需要指出的是，在图 2-3 与图 2-4 中的偏态分布情况下，均值、中位数与众数之间的位置关系，在绝大多数连续分布和离散分布的数据中是正确的，但在有些分布情况下，它们之间的关系与上述情况不符合。

2. 数据峰度及度量

峰度用于衡量数据分布的平坦度（Flatness），它以标准正态分布作为比较的基准。峰度的度量使用峰度系数（Kurtosis）：

$$K = \frac{\frac{1}{n}\sum_{i=1}^{n}(x_i - \overline{x})^4}{\left(\frac{1}{n}\sum_{i=1}^{n}(x_i - \overline{x})^2\right)^2} - 3 \qquad （公式 2-9）$$

上述定义被称为**超值峰度（Excess Kurtosis）**，减 3 是为了让正态分布的峰度值为 0。有些软件或者函数库直接采用超值峰度作为峰度值。

$K \approx 0$ ，称为常峰态（Mesokurtic），接近于正态分布。

$K < 0$ ，称为低峰态（Platykurtic）。

$K > 0$ ，称为尖峰态（Leptokurtic）。

3. 数据偏度和峰度的作用

给定一个数据集合，通过计算它的偏度和峰度，可以估计数据分布与正态分布的差异，结合前面介绍的数据集中和离中趋势度量，就能够大致判断数据分布的形状等概要性信息，增加对数据的理解程度。

2.2.4　数据分布特征的可视化

前面介绍了主要的数据统计特征，如果通过图形化的方法，将一个数据集合的各种分布特征在一个图形中表现出来，可以更直观地了解数据的整体特征。

1. 箱形图（Boxplots）

前面介绍数据两种趋势的度量中，三个四分位数 Q_1、Q_2 和 Q_3 能够刻画出集合中间 50%的数据分布范围以及中位数的值，如果知道最小值和最大值，那么就可以求出极差，这五个度量值（最小值、Q_1、中位数、Q_3、最大值）称为**五数概括法**。另外，我们可以根据 *IQR* 的值估计集合中离群点的范围，将这些信息用可视化的方式表现出来，就是**箱形图**，如图 2-5 所示。

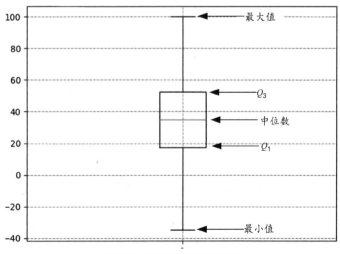

图 2-5　没有离群点的箱形图

我们使用示例 2-3 中的数据：[-35，10，20，30，40，50，60，100]，箱形图的绘制步骤如下。

（1）计算出五数概括法中的五个值：最小值为-35，Q_1 为 17.5，中位数为 35，Q_3 为 52.5，最大值为 100。

（2）画一个矩形，两边的位置分别对应数据 Q_3 和 Q_1。在矩形内部中位数位置画一条线段作为中位线。

（3）在最小值和最大值的位置分别画两个线段，并与矩形的上下两条边相连接，这两条连线称为"胡须（Whisker）"。

（4）形成的箱形图如图 2-5 所示。

前面介绍四分位数极差（**IQR**）的时候指出，在数据集中，大于 $Q_3+1.5 \times IQR$ 或者小于 $Q_1-1.5 \times IQR$ 的数据，可能是"离群点"，下面我们修改上述箱形图的绘制步骤，引入离群点的表示方法。

首先将数据修改为：[-35，10，20，30，40，50，60，**106**]，注意到最大值变为 106，其他数据并没有变化。容易看出，新的数据集合中除了最大值以外，其他五数概括法中的值都没有受到影响。

一般来说，将 $Q_3+1.5 \times IQR$ 和 $Q_1-1.5 \times IQR$ 的值称为"内限"。在箱形图中，在内限以内的数据的最小值和最大值的位置处，分别画两条线段，并与矩形相连。而在大于 $Q_3+1.5 \times IQR$ 或者小于 $Q_1-1.5 \times IQR$ 的数据位置处，画上"○"，作为可能的"离群点"标记出来，形成的箱形图如图 2-6 所示。由于离群点的存在，使得与前面的箱形图相比较，上胡须变短。离群点标记的引入，使得箱形图对于数据整体分布的刻画更加直观清晰。

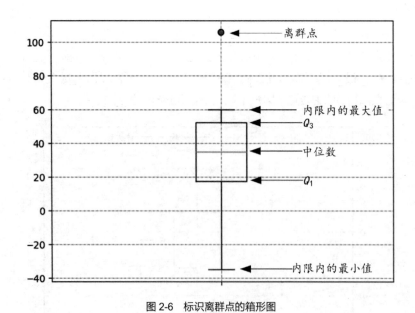

图 2-6 标识离群点的箱形图

【**示例 2-8**】使用 Python 画箱形图。

```
(1) import matplotlib.pyplot as plt
(2) data=[-35,10,20,30,40,50,60,106]
```

```
(3)  flierprops = {'marker':'o','markerfacecolor':'red','color':'black'}
(4)  plt.grid(True, linestyle = "-.", color = "black", linewidth = "0.4")
(5)  plt.boxplot(data, notch=False, flierprops=flierprops)
(6)  plt.show()
```

2. 数据偏度和峰度计算与可视化

随机生成满足正态分布的数据集合，它的偏度和峰度值标注在频数直方图中，如图 2-7 所示。

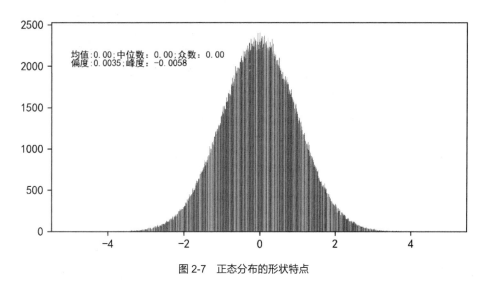

图 2-7 正态分布的形状特点

可以看出，如果样本数据符合正态分布，则它们的均值、中位数和众数基本是重合的，而偏度和峰度都可以认为是 0。

【示例 2-9】正态分布特点。

```
(1)  # coding: utf-8
(2)  import numpy as np
(3)  import matplotlib.pyplot as plt
(4)  import scipy.stats as sts
(5)  plt.rcParams['font.sans-serif']=['SimHei']
(6)  plt.rcParams['axes.unicode_minus']=False
(7)  samples = np.around(np.random.normal(loc=0.0, scale=1.0, size=580000),2)
(8)  plt.figure(num=1,dpi=300)
(9)  plt.ylabel(u'频数', size=14)
(10) plt.hist(samples, bins=1300, range=(-5,5))
(11) n_mean=np.round(np.mean(samples),2)
(12) n_median=np.round(np.median(samples),2)
(13) n_mode=sts.mode(samples)
(14) n_Skewness,n_kurtosis=sts.describe(samples)[4:]
(15) plt.text(-5,2100,u'均值:%.2f;中位数: %.2f;众数: %.2f' %(n_mean, n_median, n_mode.mode),
size=8)
(16) plt.text(-5,2000,u'偏度:%.4f;峰度: %.4f' %(n_Skewness,n_kurtosis), size=8)
(17) plt.show()
```

下面给出一个左偏斜的样本集合，如图 2-8 所示。

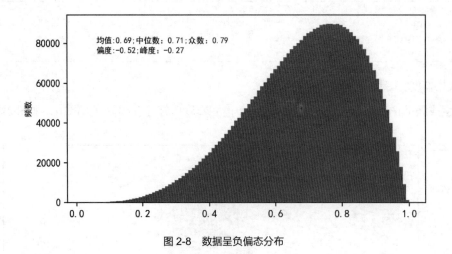

图 2-8　数据呈负偏态分布

可以看出，在这个样本中，大部分数据集中在右侧，左侧的"尾部"比较长，呈现中度的负偏态，偏度值为-0.52。示例 2-10 给出生成样本数据的主要代码，其他部分与示例 2-9 相同。

【示例 2-10】负偏态分布。

```
(1) samples = np.around(np.random.beta(4.4, 2, 4000000), 2)
(2) plt.hist(samples,99)
```

图 2-8 的样本符合 β 分布，将生成函数稍加变换，得到如图 2-9 所示的数据分布。数据形状与图 2-8 相反，呈现正偏态，峰态系数相同。与正态分布相比，它们都是"低峰态"。

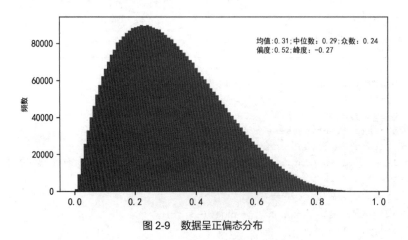

图 2-9　数据呈正偏态分布

【示例 2-11】正偏态分布。

```
(1) samples = 1-np.around(np.random.beta(4.4, 2, 4000000), 2)
(2) plt.hist(samples,99)
```

2.3　数据的相关分析

前面介绍的数据的描述性特征分析，都是针对单个属性内的数据特征进行描述与分析。在实际应用中，很多属性之间是具有联系的，往往表现为在属性的取值上互相影响，对这类关系的分析，可以使用相关分析方法。

2.3.1 相关分析

1. 散点图

判断两个属性之间是否具有相关性，首先可以通过**散点图**进行直观判断。散点图是将两个属性的成对数据，绘制在直角坐标系中得到的一系列点，可以直观地描述属性间是否相关、相关的表现形式以及相关的密切程度。

【示例 2-12】用散点图直观判断相关性。

```
(1)  import numpy as np
(2)  import matplotlib
(3)  import matplotlib.pyplot as plt
(4)  np.random.seed(1)
(5)  x = np.random.randint(0, 100, 50)
(6)  y1 = 0.8*x + np.random.normal(0, 15, 50)
(7)  y2 = 100 - 0.7*x + np.random.normal(0, 15, 50)
(8)  y3 = np.random.randint(0, 100, 50)
(9)  r1=np.corrcoef(x, y1)
(10) r2=np.corrcoef(x, y2)
(11) r3=np.corrcoef(x, y3)
(12) fig = plt.figure()
(13) plt.subplot(131)
(14) plt.scatter(x, y1,color='k')
(15) plt.subplot(132)
(16) plt.scatter(x, y2,color='k')
(17) plt.subplot(133)
(18) plt.scatter(x, y3,color='k')
(19) print r1
(20) print r2
(21) print r3
(22) plt.show()
```

示例 2-12 生成的数据散点图如图 2-10 所示。图 2-12（a）中两个属性的数据表现出很强的正相关，即两个属性在数量上的变化同向。图 2-12（b）中则相反，一个属性的数量随着另一个属性的数量变大而减小，呈现明显的负相关。图 2-12（c）中则看不出两个属性间有明显的关系。

散点图可以直观表现两个属性间的关系，但如何定量分析相关性呢？下面将介绍相关系数的计算。

2. 相关系数

数据的各个属性之间关系密切程度的度量，主要是通过相关系数的计算与检验来完成的。

在讲述相关系数的计算之前，首先介绍一下**协方差**的概念。给定 n 个样本，属性 X 和 Y 之间的**样本协方差**的计算公式：

$$\text{cov}(X,Y) = \frac{\sum_{i=1}^{n}(X_i - \bar{X})(Y_i - \bar{Y})}{n-1}$$

（公式 2-10）

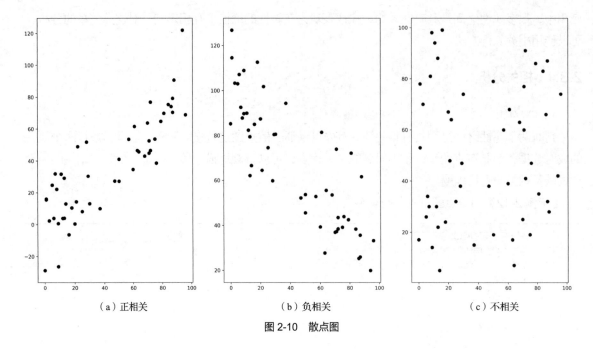

图 2-10 散点图

协方差可以反映两个属性在变化过程中是同方向变化，还是反方向变化，其同向或反向的共同变化程度如何？如果同时变大，说明两个属性是同向变化的，这时协方差就是正的。如果一个属性变大，而另一个属性值变小，这时协方差就是负的。协方差的正负代表两个属性相关性的方向，而协方差的绝对值代表它们之间关系的强弱。

可以看出，协方差可以刻画两个属性之间的相关性。但是协方差的大小与属性的取值范围、量纲都有关系，构成不同的属性对之间的协方差难以进行横向比较。为了解决这个问题，把协方差归一化，就得到**样本相关系数**的计算公式：

$$r(X,Y) = \frac{\text{cov}(X,Y)}{s_X s_Y}$$

（公式 2-11）

相关系数消除了两个属性量纲的影响，它是无量纲的。相关系数可以反映两个属性变化时是同向的还是反向的，同向变化就为正，反向变化就为负。它消除了两个属性变化幅度的影响，只反映两个属性每单位变化时的相似程度。

相关系数的取值范围：$-1 \leqslant r \leqslant 1$。若 $0 < r \leqslant 1$，表明 X 和 Y 之间存在正线性相关关系；若 $-1 \leqslant r < 0$，表明 X 和 Y 之间存在负线性相关关系。若 $r = 0$，说明二者之间不存在线性相关关系，但并不排除二者之间存在非线性相关性。

【思考】如果把示例 2-12 中的 $y1$ 改写成 $y1 = 0.8 \times x$ 后（去掉公式后的随机噪声），再计算 x 和 $y1$ 的相关系数，会得到什么结果？

2.3.2 卡方（χ^2）检验

可以用相关系数来分析两个数值型属性之间的相关性。对于两个标称属性（分类属性），它们之间的独立性检验可以使用卡方检验来推断。

独立性检验是对两个属性的不同分类的计数进行分析，以判断它们是相互关联，还是彼此独立。

一般首先建立一个假设，即这两个属性彼此独立而无关联，然后根据这个假设，由实测次数推算出理论次数，再与相应的实测次数比较，求出 χ^2 值，最后检验两个属性是否确实彼此独立，从而决定拒绝或接受彼此独立而无关联的假设。

【示例 2-13】某冰淇淋厂商为了调查性别与冰淇淋口味的偏好之间是否存在相关性，对 1000 个人进行了问卷调查，得到的数据如表 2-7 所示。

表 2-7　　　　　　　　　　　　性别与冰淇淋口味偏好的关系

ID	性别	口味偏好
1	男	巧克力
2	男	巧克力
3	女	香草
⋮	⋮	⋮
1000	女	草莓

性别和口味偏好属性都是标称属性，不能直接使用相关系数，可以使用卡方独立性检验来分析两个属性间是否存在关联。性别属性有两个值：男和女，口味偏好有三个值：巧克力、香草和草莓。

表 2-8 给出上述数据的列联表（Contingency Table）形式。

表 2-8　　　　　　　　　　　　性别与口味偏好的统计数据

性别 ＼ 口味偏好	巧克力	香草	草莓	总计
男	110	130	70	310
女	370	210	110	690
总计	480	340	180	1000

如果性别和口味偏好之间是独立的话，那么单元格(男，巧克力)的理论值应该是 $480 \times \dfrac{310}{1000} \approx 149$，而实际的观测值是 110，二者之差是 39，其他单元格也是这样。如果假设成立，所有单元格的观测值与理论值的差异都应该比较小。为了衡量这种差异的大小，引入卡方统计量：

$$\chi^2 = \sum \frac{(Observed - Expected)^2}{Expected}$$　　　　　（公式 2-12）

χ^2 就是统计样本的实际观测值与理论推算值之间的偏离程度。实际观测值与理论推算值之间的偏离程度决定 χ^2 值的大小。理论值与实际值之间偏差越大，χ^2 值就越大，越不符合；偏差越小，χ^2 值就越小，越趋于符合；若两值完全相等，χ^2 值就为 0，表明理论值与实际值完全符合。图 2-11 给出了自由度为 3 的卡方分布曲线，横坐标为卡方值。分布曲线以下、卡方值以上的区域的面积大于此卡方值的概率，这些概率值、卡方值，以及对应的自由度构成了卡方分布表。

χ^2 检验的基本步骤如下。

（1）零假设与备择假设。

H_0：性别与口味偏好无关，即二者相互独立。

H_A：性别与口味偏好有关，即二者彼此相关。

（2）确定显著性水平 α，一般确定为 0.05 或 0.01。

（3）计算样本的 χ^2 值。

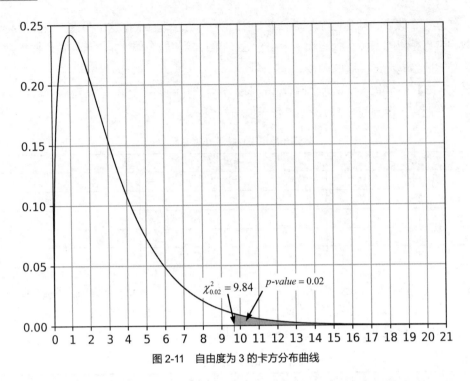

图 2-11　自由度为 3 的卡方分布曲线

（4）根据自由度 $dof = (r-1)(c-1)$，进行统计推断，判断原假设是否可接受。其中，r 和 c 分别是两个属性各自分类值的个数。如果 $\chi^2 > \chi^2_\alpha$，则拒绝假设 H_0。χ^2_α 的值可以查卡方分布表获得。

由表 2-8 的数据计算得 χ^2=28.22，自由度为 2，根据卡方分布表，$\chi^2_{0.01}$=9.21，可以得出结论，这两个属性不是独立的，具有较强的相关性。也可以计算出 $p(\chi^2 > 28.22) = 7.45 \times 10^{-7}$，这个概率通常被称为 $p\text{-}value$，它越接近于 0，越说明两个属性具有相关性。

示例 2-14 给出了对上述数据进行卡方检验的计算代码。

【示例 2-14】卡方检验。

```
(1) import numpy as np
(2) from scipy. stats import chi2_contingency
(3) observed= np.array([[110, 130, 70], [370, 210, 110]])
(4) chi2, p_value, dof, expected = chi2_contingency(observed)
(5) print chi2, p_value, dof, expected
```

2.4　数据预处理

现实世界的数据规模越来越大，数据中出现噪声、缺失值和不一致等现象越来越突出，低质量的数据将导致低质量的挖掘结果，这就需要进行数据预处理。数据预处理是指在进行数据挖掘的主要工作之前，对原始数据进行必要的清洗、集成、转换和归约等一系列处理，使数据达到进行知识获取所要求的规范和标准。

每一个数据挖掘任务都必须包括数据预处理步骤，这一步骤为算法提供干净、准确、更有针对性的数据，从而减少挖掘过程中的数据处理量，提高挖掘效率，提高知识发现的起点和知识的准确度。

工业界普遍认同的一个事实是："在一个数据挖掘的项目中，50%～70%的时间和努力都放在了数据预处理阶段"。

2.4.1 数据变换、离散化与编码

1. 零均值化

给定一个数值型数据集合，将每一个属性的数据都减去这个属性的均值后，形成一个新数据集合，变换后各属性的数据之和与均值都为零。多个属性经过零均值化（Mean Removal）变换后，都以零为均值分布，各属性的方差不发生变化，各属性间的协方差也不发生变化。

零均值化变换在很多场合中得到应用，如对信号数据零均值化，可以消除直流分量的干扰。在图像数据的预处理过程中，以及后面讲的主成分分析中也会用到。

如果将多个属性构成的数据看成是空间中的点，那么经过零均值化的数据就是在空间上进行了平移，分布形状没有发生改变。下面给出一个例子来说明这个变换过程。

给定一个数据集合，它有两个属性 x 和 y，将每个数据的两个属性值作为直角坐标系的坐标，在二维空间上标记为一个点，所有的数据点构成了图 2-12（a）的曲线，两个维度的均值所构成的点在图中标记出来。图 2-12（b）则是两个属性的值分别减去均值后形成的数据所构成的曲线，可以看出两个属性的均值都为零，在图中已经标记出来，而曲线的形状并没有发生变化，两个属性的方差也没有改变。将变化前后的曲线画在同一坐标轴上，可以看出零均值化的过程就是在空间中沿着各个属性的坐标，对数据进行平移使均值为零的过程。

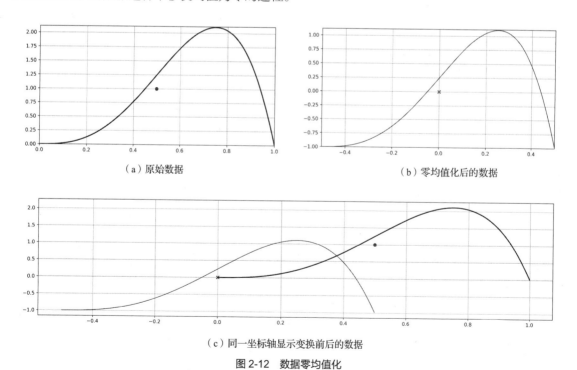

（a）原始数据　　　　　　　　　　　（b）零均值化后的数据

（c）同一坐标轴显示变换前后的数据

图 2-12　数据零均值化

【示例 2-15】零均值化示例。

```
(1)  import numpy as np
```

```
(2)    import matplotlib.pyplot as plt
(3)    from scipy import stats
(4)    x = np.arange(0,1,0.001)
(5)    y = stats.beta.pdf(x,4,2)
(6)    mean_x=np.mean(x)
(7)    mean_y=np.mean(y)
(8)    x1=x-mean_x
(9)    y1=y-mean_y
(10)   plt.subplot(221)
(11)   plt.plot(x, y, "k-", linewidth=2)
(12)   plt.scatter(mean_x,mean_y,c='k',marker='o')
(13)   plt.grid(True)
(14)   plt.xlim(0,1)
(15)   plt.ylim(0,2.12)
(16)   plt.subplot(222)
(17)   plt.plot(x1, y1, "k-", linewidth=1)
(18)   plt.scatter(np.mean(x1),np.mean(y1),c='k',marker="x")
(19)   plt.grid(True)
(20)   print np.min(y1),np.max(y1)
(21)   plt.xlim(-0.5,0.5)
(22)   plt.ylim(-1,1.12)
(23)   plt.subplot(212)
(24)   plt.plot(x, y, "k-", linewidth=2)
(25)   plt.scatter(mean_x,mean_y,c='k',marker="o")
(26)   plt.plot(x1, y1, "k-", linewidth=1)
(27)   plt.scatter(np.mean(x1),np.mean(y1),c='k',marker="x")
(28)   plt.grid(True)
(29)   plt.show()
```

2. Z 分数变换

标准分数（Standard Score）也叫 z 分数（z-score），用公式表示为：

$$z = \frac{x - \bar{x}}{s} \qquad\text{（公式 2-13）}$$

其中 x 为原始数据，$\bar{x}$ 为样本均值，s 为样本标准差。变换后数据的均值为 0，方差为 1。

z 值表示原始数据和样本均值之间的距离，是以标准差为单位计算的。在原始数低于平均值时，z 为负数，反之则为正数。

标准分数可以回答这样一个问题："以标准差为度量单位，一个原始分数与整体平均数的距离是多少？"在平均数之上的分数会得到一个正的标准分数，在平均数之下的分数会得到一个负的标准分数。

对满足不同正态分布的多个属性进行 z 分数变换，可以将这些正态分布都化成标准正态分布，充分利用标准正态分布的性质，可以对不同属性的数据进行分析和相互比较。根据正态分布的性质，如果以标准差为度量单位，我们可以计算数据偏离均值超过标准分数的概率。前面计算四分位数偏离均值多少个标准差的过程，其实就是这个变换的应用。我们也可以通过计算标准分数，对来自不同属性或者数据集合的数据进行比较。下面我们看一个例子。

给定两个长度为 100 的满足正态分布的序列，变换前后的数据分别如图 2-13（a）和图 2-13（b）所示。那么对于不同序列中同为 60 的两个数值，它们在各自的集合里处于什么样的水平呢？如何使得两个集合的数具有可比性？为了显示清晰，在图 2-13（c）和图 2-13（d）中，将变换后的序列数据进行放大。通过 z 分数变换为标准分数后，可以定量地分析上述问题。图 2-13（a）中的 60 化为标准分是 $\frac{60-55.74}{19.12}=0.22$，图 2-13（b）中的 60 则变换为 $\frac{60-59.83}{6.51}=0.03$。根据标准正态分布表，可得 $p(X \leqslant 0.22) = 58.71\%$ 以及 $p(X \leqslant 0.03) = 51.20\%$。由此可知，图 2-13（a）中的 60 大约处于 58.71% 的位置，而图 2-13（b）中的 60 则处于 51.20% 的位置。

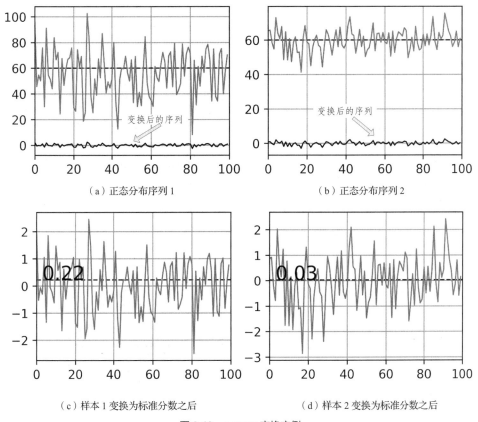

（a）正态分布序列 1　　　　　　（b）正态分布序列 2

（c）样本 1 变换为标准分数之后　　　　　　（d）样本 2 变换为标准分数之后

图 2-13　z-score 变换实例

当数据的各个属性值范围差异较大，或者数据挖掘算法假设数据服从正态分布的情况下，z 分数变换很有用，如线性回归、逻辑回归以及线性判别分析等算法。

z 分数变换的缺点在于假如原始数据并没有呈高斯分布，标准化的数据分布效果并不好。

3. 最小—最大规范化

最小—最大规范化（Min-Max Normalization）又称离差标准化，是对原始数据的线性转化，将数据按比例缩放至一个特定区间。假设原来数据分布在区间 $[min, max]$，要变换到区间 $[min', max']$，公式如下。

$$v' = min' + \frac{v - min}{max - min}(max' - min') \qquad （公式 2-14）$$

当多个属性的数值分布区间相差较大时，使用最小—最大规范化可以将这些属性值变换到同一个区间，这对于属性间的比较以及计算对象之间的距离很重要。

下面是一组序列数据变换前后的对比情况，如图 2-14 所示。

给定一个长度为 100 的序列数据集合，图 2-14（a）显示它的取值范围是[20,80]，均值为 48，方差为 189，同时显示经过变换后的序列图形，可以明显看出其被向下平移，压缩到区间[0,1]内，均值为 0.5，方差为 0.05。图 2-14（b）的直方图给出原始数据的分布情况，图 2-14（c）的图形是等比例放大了经过变换后序列的形状，图 2-14（d）是分布直方图。虽然变换后序列的取值范围在[0,1]，但等比例放大后，形状并没有发生变化，说明最小—最大规范化只是对原始数据进行了线性变换，即对原始数据经过平移以及缩放操作，方差和均值均会改变，但数据分布形态（直方图）不变。

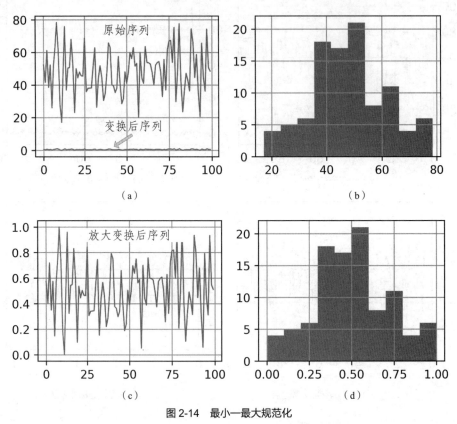

图 2-14　最小—最大规范化

4. 独热编码

独热编码（One Hot Encoding）又称一位有效编码，用来对标称属性（分类属性）进行编码。前面介绍过，对标称属性可以用数字对不同类别进行编码，但是这些数字只是标签，并不表示它们之间存在顺序关系。例如，产品的外观颜色属性有{黑，白，蓝，黄}四种取值，分别用 1、2、3、4 来编码，假设有 5 个产品如表 2-9 所示。

表 2-9　　标称属性的数字编码

ID	颜色
1	1
2	3
3	2
4	1
5	4

这种编码方式虽然解决了对标称属性的编码，但是也带来了问题。从标称属性的角度看，各个不同颜色值之间的差异应该是相同的，它们之间没有顺序关系，但从上述编码来看，颜色黑和黄之间的差异为 3，而蓝和黄之间的差异为 1，似乎黄色和蓝色更相似一些。因此，按照这种简单的编码方式计算对象之间的差异时，就会得到错误的结果。

独热编码将每个标称属性进行扩充，在上面的例子中，可以将一个颜色标称属性扩充为四个二元属性，分别对应黑、白、蓝、黄四种取值。对于每一个产品，它在这四个属性上只能有一个取 1，其余三个都为 0，所以称为独热编码，如表 2-10 所示。

表 2-10   标称属性的独热编码

ID	黑色	白色	蓝色	黄色
1	1	0	0	0
2	0	0	1	0
3	0	1	0	0
4	1	0	0	0
5	0	0	0	1

任意两个颜色不同的产品之间的差异都是相同的。如果用欧氏距离来表示两个产品的差异的话，表 2-9 中每个产品可以看成是一维空间上的点，因此产品 1 和 2 的颜色距离是 2，产品 3 和 2 的颜色距离为 1，差异不相同，不合理。表 2-10 中每个产品可以看成是四维空间上的点，任意两个不同颜色的产品之间的欧氏距离都是 $\sqrt{(1-0)^2+(0-1)^2+(0-0)^2+(0-0)^2}=\sqrt{2}$，可见在颜色这个标称属性上的差异是相同的，更加合理。

在具体应用中，数据往往包含多个标称属性，分别对每个属性进行独热编码后，再将属性合并为向量的形式。下面给出一个例子。

【示例 2-16】独热编码实例。

设有一个由三个标称属性构成的数据集合，如表 2-11 所示。每个属性都用数字描述分类属性的值，下面对其进行独热编码。

表 2-11   示例数据

ID	材质	加工工艺	颜色
1	0	0	3
2	1	1	0
3	2	2	1
4	1	0	2
5	0	1	2

三个标称属性分别有 3、3、4 个属性值，那么将独热编码扩充为 3+3+4=10 个二元属性来对这三个标称属性编码，如表 2-12 所示。

表 2-12   独热编码实例

ID	材质1	材质2	材质3	工艺1	工艺2	工艺3	颜色1	颜色2	颜色3	颜色4
1	1	0	0	1	0	0	0	0	0	1
2	0	1	0	0	1	0	1	0	0	0
3	0	0	1	0	0	1	0	1	0	0
4	0	1	0	1	0	0	0	0	1	0
5	1	0	0	0	1	0	0	0	1	0

可以看出，每一个标称属性扩充为独热编码后，在每一组新属性中，只有一个为 1，其余同组的扩充属性值都为 0，这就造成独热编码构成的向量较稀疏。在实际应用中，多采用 CSR 等压缩形式存储稀疏矩阵。

【示例 2-17】独热编码。

```
(1) from sklearn import preprocessing
(2) import numpy as np
(3) enc = preprocessing.OneHotEncoder()
(4) productData = np.array([[0, 0, 3], [1, 1, 0], [2, 2, 1], [1, 0, 2], [0, 1, 2]])
(5) enc.fit(productData)
(6) Ohe = enc.transform(productData)
(7) print Ohe.toarray()
```

独热编码能够处理非连续型数值属性，并在一定程度上扩充了数据的特征（属性）。如在上例中，颜色本身只是一个特征，经过独热编码以后，扩充成了四个特征。

使用独热编码，将离散属性的取值扩展到欧式空间，回归、分类、聚类等很多数据挖掘算法对距离或相似度的计算是非常普遍的，而独热编码会让距离的计算更加合理。

在实际应用独热编码时，要注意它的引入有时会带来数据属性（维数）极大扩张的负面影响。

2.4.2　数据抽样技术

尽管大数据计算平台的计算能力越来越强大，但和各种应用产生海量数据的速度相比，还远远不够，很多数据分析和数据挖掘算法由于自身的复杂性、分析与挖掘的效率，还不能在整个大数据集合上应用。此外，很多应用领域的数据也不能完全存储，或者分析的时候是以动态的流式数据形式存在。因此，数据抽样依然是大数据分析与挖掘的有力工具。

1．不放回简单随机抽样

下面通过实例介绍一种不放回简单随机抽样的方法，方法来自 numpy .random.choice 函数。

【示例 2-18】设有一组数据：[11，13，16，19，27，36，43，54，62，75]，现在想要从中不放回随机抽样 5 个数据，每个数据被抽中的概率分别为[0.1，0.05，0.05，0.05，0.05，0.1，0.1，0.1，0.1，0.3]。

抽样过程如下。

（1）根据待抽样数据的概率，计算以数组形式表示的累计分布概率 cdf，并规范化。

计算：cdf=[0.1, 0.15, 0.2, 0.25, 0.3, 0.4, 0.5, 0.6, 0.7, 1]

规范化：cdf/=cdf[-1]，得到：[0.1, 0.15, 0.2, 0.25, 0.3, 0.4, 0.5, 0.6, 0.7, 1]

（2）根据还需抽样的个数，生成[0, 1]的随机数数组 x。

[0.04504848 0.5299489 0.0734825 0.52341745 0.17316974]

（3）将 x 中的随机数按照 cdf 值升序找到插入位置，形成索引数组 new。

[0 7 0 7 2]

（4）找出数组 new 中不重复的索引位置，作为本次抽样的位置索引。

[0 7 2]

（5）在概率数组 p 中，将已经抽样的索引位置置 0。

P=[0., 0.05, 0., 0.05, 0.05, 0.1, 0.1, 0., 0.1, 0.3]

（6）重复上述步骤，直到输出指定数目的样本。

最终被抽中的样本在原数组中的位置索引：[0 7 2 9 5]

抽样结果：[11 54 16 75 36]

【示例 2-19】不放回简单随机抽样。

```
(1)   import numpy as np
(2)   size=5
(3)   p=np.array([0.1,0.05,0.05,0.05,0.05,0.1,0.1,0.1,0.1,0.3])
(4)   found = np.zeros(size, dtype=np.int)
(5)   populations = np.array([11,13,16,19,27,36,43,54,62,75])
(6)   n_uniq = 0
(7)   while n_uniq < size:
(8)       x = np.random.rand(size - n_uniq)
(9)       cdf = np.cumsum(p)
(10)      cdf /= cdf[-1]
(11)      new = cdf.searchsorted(x, side='right')
(12)      _, unique_indices = np.unique(new, return_index=True)
(13)      unique_indices.sort()
(14)      new = new.take(unique_indices)
(15)      found[n_uniq:n_uniq + new.size] = new
(16)      n_uniq += new.size
(17)      if n_uniq > 0:
(18)              p[found[0:n_uniq]] = 0
(19)  samplings0 = populations[found]
(20)  print samplings0
```

上述抽样方法略经修改，即可适用于有放回的简单随机抽样。

在很多应用中，数据以数据流的形式存在，长度未知，对数据流的数据只能访问一次，水库抽样算法就是适用于这种场景的一种方法。

2. 水库抽样（Reservoir Sampling）

问题描述：给定一个数据流或者大小未知的数据集合，从中随机抽取 k 个样本，并使得在数据集合中每个元素被抽中的概率相等。

水库抽样算法描述

（1）Input：数据流 S ，设当前为第 n 个数据 S_n 。

（2）Output：包含 k 个样本的缓存 R 。

（3）当 $n \leqslant k$ 时：$R \leftarrow S_n$ 。

（4）对每一个 $n > k$ ，生成随机数 $j \in [1, n]$ ，若 $j \leqslant k$ ，$R_j \leftarrow S_n$ 。

从算法中容易看出，前 k 个元素被抽中的概率相等，都为 1。当 $n > k$ 时，S_n 被抽中的概率为 $\dfrac{k}{n}$，R 中其他元素被抽中的概率是多少?

证明（归纳法）：经过 n 次采样后，每个元素被抽中的概率都为 $\dfrac{k}{n}$ 。

（1）初始条件：当 $n = k+1$ 时，S_n 被抽中放到 R 中的概率为 $\dfrac{k}{k+1}$ 。对于原来 R 中的任意元素，

只有两种可能：保留或被替换。被替换的概率为 $\dfrac{k}{k+1} \times \dfrac{1}{k} = \dfrac{1}{k+1}$，则继续留在 R 中的概率为

$1 - \dfrac{1}{k+1} = \dfrac{k}{k+1}$。最终留在 R 中的所有元素被抽中的概率都为 $\dfrac{k}{k+1}$，初始条件满足假设。

（2）当 $n > k+1$ 时，假设条件：$(n-1)$ 次采样后，R 中 k 个样本被抽中的概率均为 $\dfrac{k}{n-1}$。

（3）第 n 次采样时，S_n 被抽中放到 R 中的概率为 $\dfrac{k}{n}$。对于原来 R 中的任意元素，只有两种可能：保留或被替换。被替换的概率为 $\dfrac{k}{n} \times \dfrac{1}{k} = \dfrac{1}{n}$，则继续留在 R 中的概率为 $1 - \dfrac{1}{n} = \dfrac{n-1}{n}$。经过第 n 次采样后，原来 R 中的任意元素留在缓冲区中的概率为 $\dfrac{k}{n-1} \times \dfrac{n-1}{n} = \dfrac{k}{n}$。

（4）原假设成立，归纳完毕。

2.4.3 主成分分析

1. 主成分分析的目的和基本思想

随着数据维度的增加，数据挖掘的很多学习算法所需要的样本数量呈几何级数增加，从而需要更多的内存等计算资源。在高维向量空间中，随着维度的增加，数据呈现出越来越稀疏的分布特点，这增加了很多数据挖掘算法的复杂度，这种现象被称为"维灾难（Curse of Dimensionality）"。

实际上，很多时候虽然数据的维度较高，但是许多维度之间是存在相关性的，因此它们所表达的信息是有重叠的。主成分分析（Principal Component Analysis，PCA）方法就是用较少数量的、彼此不相关的维度代替原来的维度，并能够解释数据所包含的大部分信息，这些不相关的新维度称为主成分。主成分分析实际上是一种降维方法，是将 p 维特征映射到 m 维上（$m<p$）。

主成分分析的主要思想是将原来数量较多的具有一定相关性的维度，重新组合为一组数量较少的、相互不相关的综合维度（主成分）来代替原来的维度。这些主成分是原来维度的线性组合。如果在保留了原始维度的绝大部分信息的前提下，主成分的数量远远小于原始维度的数目，那么将大大减少原始问题的复杂度，对数据的理解也更加深入，有利于后续数据挖掘问题的处理和分析。

2. 主成分分析的形式化描述

假设某一个数据挖掘任务的数据具有 p 个维度（属性）：$X_1, X_2, \cdots, X_p$，每个样本数据可以用 p 维向量表示为 $x = (x_1, x_2, \cdots, x_p)^T$。例如，在学生考试成绩的数据中，第 i 个学生的成绩是一个 6 维向量：$x_{(i)} = (90,\ 91,\ 89,\ 80,\ 83,\ 78)^T$，其中每一个维度分别代表数学、物理、化学、语文、历史、英语的成绩。这里用列向量来表示样本数据中的一条记录。这样，由 n 个 p 维样本组成的数据集合可以表示为一个 $n \times p$ 的矩阵 X：

$$X = \begin{pmatrix} x_{11} & x_{12} & \cdots & x_{1p} \\ x_{21} & x_{22} & \cdots & x_{2p} \\ \vdots & \vdots & & \vdots \\ x_{n1} & x_{n2} & \cdots & x_{np} \end{pmatrix} = \begin{pmatrix} x_{(1)}^T \\ x_{(2)}^T \\ \vdots \\ x_{(n)}^T \end{pmatrix} \qquad \text{（公式 2-15）}$$

根据主成分分析的主要思想，我们要找到 $m(m < p)$ 个综合向量（主成分）记为 $F_1, F_2, \cdots, F_m$，其中第 k 个主成分为：

$$F_k = u_k^T x = (u_{k1}x_1 + u_{k2}x_2 + \cdots + u_{kp}x_p) \ (k=1,2,\cdots m)$$

也就是说，每个主成分是原来 p 个维度的线性组合，第 k 个线性组合的系数构成了向量 u_k。将第 i 个样本数据 $x_{(i)} = (x_{i1}, x_{i2}, \cdots, x_{ip})^T$ 的值带入 F_k 的表达式，计算得到的值称为第 i 个样本在第 k 个主成分上的得分，记为 F_{ik}，这个值是综合考虑多个属性取值的结果。一般情况如下：

$$F_{ik} = u_k^T x_{(i)} = (u_{k1}x_{i1} + u_{k2}x_{i2} + \cdots + u_{kp}x_{ip}) \ (i=1,2,\cdots,n; \ k=1,2,\cdots m) \quad （公式 2-16）$$

经过这样的变换之后，原来 $n \times p$ 的样本矩阵 X 变为 $n \times m$ 的矩阵 F：

$$F = \begin{pmatrix} F_{11} & F_{12} & \cdots & F_{1m} \\ F_{21} & F_{22} & \cdots & F_{2m} \\ \vdots & \vdots & & \vdots \\ F_{n1} & F_{n2} & \cdots & F_{nm} \end{pmatrix} \quad （公式 2-17）$$

可以看出，n 个样本的维数从 p 降到 m，达到了降维的目的。采用何种变换使降维后的数据尽可能多地反映原来数据的信息，是主成分分析要解决的主要问题，也就是计算向量 u_k 以及确定 m。

下面我们通过主成分分析的直观几何解释，给出计算向量 u_k 以及确定 m 的方法。

3. 主成分分析的几何解释

假设每个样本数据有两个维度 X_1 和 X_2，那么在这两个维度形成的直角坐标系中，每个样本 $x_{(i)} = (x_{i1}, x_{i2})^T$ 可以看作是二维空间上的向量，两个属性值分别是向量 $x_{(i)}$ 在两个坐标轴上的投影，称为向量 $x_{(i)}$ 在坐标轴上的坐标。我们知道，二维向量 $x_{(i)}$ 在坐标轴 X_1 上的坐标可以用 X_1 的基向量 $(1, 0)$ 与 $x_{(i)}$ 的内积得到，在坐标轴 X_2 上的坐标是 X_2 的基向量 $(0, 1)$ 与 $x_{(i)}$ 的内积。为了直观地说明主成分分析的本质，首先按照每个样本的坐标，将所有样本绘制成散点图，如图 2-15 所示。

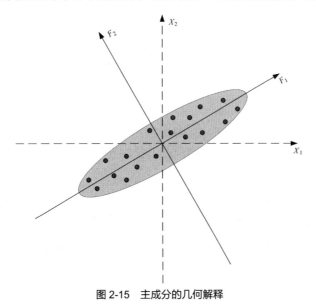

图 2-15 主成分的几何解释

从图 2-15 中可以看出，n 个样本在 X_1 和 X_2 两个坐标轴上的投影范围都比较大，或者说都具有较大的方差。从降维的角度来说，这两个维度去掉哪一个，都会对原数据集合所包含的信息造成损失。此外，我们会发现，样本数据的分布呈现一个椭圆的形状，如果把原来的坐标轴旋转到 F_1 和 F_2 的位置，样本数据在 F_1 方向上的离散程度较大，而在 F_2 方向上的离散程度很小。也就是说，原来数据的绝大部分信息都集中在 F_1 方向上。如果只保留 F_1 而忽略 F_2，并且损失的信息也较少，就可以实现降维的目的。新的维度 F_1 和 F_2 都是 X_1 和 X_2 的线性组合，但样本在 F_1 维度上的方差更大。第 i 个样本数据 $x_{(i)}$ 在主成分上的坐标值就是主成分坐标轴的标准基向量 u 与向量 $x_{(i)}$ 内积的结果，如公式 2-16 所示。

上述直观的几何解释可以推广到更高维的情况。主成分分析实际上就是找到一组由 $F_1, F_2, \cdots, F_p$ 构成坐标系的标准正交基 $u_k (k=1, \cdots, p)$，u_k 是一个 p 维向量，其各维的值就是线性组合的系数（主成分系数）。每个样本数据 $x_{(i)}$ 在第 k 个主成分上的新坐标就是 $u_k^T x_{(i)}$。

对原来 p 维 $x_{(i)}$ 进行线性组合可以是任意的，为了达到降维的目的，向量 $u_k (k=1, \cdots, p)$ 要满足如下条件。

（1）$u_k^T u_k = 1$，即 u_k 是单位向量：$u_{k1}^2 + u_{k2}^2 + \cdots u_{kp}^2 = 1$。这个条件可以保证变换前后样本数据的方差不变，也就是数据所包含的信息不变。

（2）$\mathrm{Cov}(F_i, F_j) = 0$（$i, j = 1, 2, \cdots, p$；$i \neq j$）。这个条件是为了保证各个主成分之间不包含重复的信息。

（3）变换后的样本数据在各个主成分上投影的方差要最大化并且依次减小。也就是在 F_1 上方差最大，而 F_2 是与 F_1 不相关的所有线性变换中方差最大的，以此类推，且 $D(F_1) > D(F_2) >, \cdots, > D(F_p)$。$F_1$ 称为第一主成分，F_2 称为第二主成分……这样做的目的是，使数据所包含的主要信息集中在最终保留的少数主成分上，从而达到降维的作用。

满足上述条件的 $u_k (k=1, \cdots, p)$ 是样本协方差阵 S 的标准正交特征向量，各个主成分的方差是样本协方差阵 S 对应的特征根 λ_k。S 的特征根按照从大到小的顺序排列，即 $\lambda_1 \geqslant \lambda_2 \geqslant, \cdots, \geqslant \lambda_p \geqslant 0$，对应的标准正交特征向量记为 $u_1, u_2, \cdots, u_p$。

如前面所述，为了降维，我们会确定 $m(m<p)$ 个主成分。由于各个主成分的方差是递减的，因此 m 的确定就可以根据各个主成分累积的方差的比率大小来定。

$$\left. \sum_{i=1}^{m} \lambda_i \middle/ \sum_{i=1}^{p} \lambda \right. \qquad \text{（公式 2-18）}$$

例如，如果前 m 个主成分累计的方差已经占到总体方差的 85% 以上，那么就可以选择前 m 个 $u_k (k=1, \cdots, m)$ 作为最终的主成分。

4. 主成分分析的主要步骤

假设样本包含 n 个 p 维数据，如公式 2-15 中矩阵 X 所示。

（1）将样本数据表示成列向量形式，即 $X \leftarrow X^T = (x_{(1)}, x_{(2)}, \cdots, x_{(n)})$，此时 X 为一个 $p \times n$ 维矩阵，每一行代表一个维属性。

（2）将 X 每一行（维）进行零均值化：

$$X \leftarrow (x_{(1)} - \bar{x}, x_{(2)} - \bar{x}, \cdots, x_{(n)} - \bar{x}), \text{ 其中 } \bar{x} = \frac{1}{n} \sum_{i=1}^{n} x_{(i)}。$$

（3）求样本协方差阵：$C = \dfrac{1}{n-1} XX^T$。

（4）计算 C 的特征值 $\lambda_1 \geqslant \lambda_2 \geqslant, \cdots, \geqslant \lambda_p \geqslant 0$ 及对应的标准正交特征向量 $u_1, u_2, \cdots, u_p$，将特征向量按

对应特征值大小从上到下按行排列成矩阵。根据公式 2-18，取前 m 行组成矩阵 $U = \begin{pmatrix} u_1^{\mathrm{T}} \\ u_2^{\mathrm{T}} \\ \vdots \\ u_m^{\mathrm{T}} \end{pmatrix}$。此矩阵就

是各个主成分构成的坐标系的标准正交基构成的矩阵。主成分所在的坐标轴也称为荷载轴。

（5）计算 $F = (UX)^{\mathrm{T}}$，得到公式 2-17 中的 $n \times m$ 矩阵，即为降到 m 维后的数据，也称为主成分上的得分，实际上就是原始数据零均值化后在主成分轴上的投影。

5. 用 Python 实现主成分分析的主要步骤

（1）给定二维数据 (x_1, x_2)，表示成 10×2 的矩阵形式

$X = \begin{pmatrix} 2.5 & 2.4 \\ 0.5 & 0.7 \\ 2.2 & 2.9 \\ 1.9 & 2.2 \\ 3.1 & 3 \\ 2.3 & 2.7 \\ 2 & 1.6 \\ 1 & 1.1 \\ 1.5 & 1.6 \\ 1.1 & 0.9 \end{pmatrix}$。首先将样本数据 X 转换成列向量形式，即：

$X \leftarrow X^{\mathrm{T}} = \begin{pmatrix} 2.5 & 0.5 & 2.2 & 1.9 & 3.1 & 2.3 & 2 & 1 & 1.5 & 1.1 \\ 2.4 & 0.7 & 2.9 & 2.2 & 3 & 2.7 & 1.6 & 1.1 & 1.6 & 0.9 \end{pmatrix}$

样本数据的散点图如图 2-16 所示。

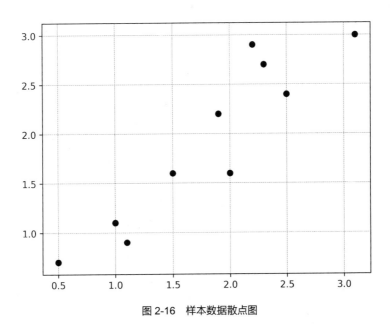

图 2-16 样本数据散点图

（2）将 X 每一行（维）进行零均值化。

首先，计算均值向量 $\overline{x} = \dfrac{1}{10}\displaystyle\sum_{i=1}^{10}x_{(i)} = \begin{pmatrix}1.81\\1.91\end{pmatrix}$；然后，得到零均值化的矩阵。

$$X = X - \overline{x} = \begin{pmatrix}0.69 & -1.31 & 0.39 & 0.09 & 1.29 & 0.49 & 0.19 & -0.81 & -0.31 & -0.71\\0.49 & -1.21 & 0.99 & 0.29 & 1.09 & 0.79 & -0.31 & -0.81 & -0.31 & -1.01\end{pmatrix}$$

最后，画出新的散点图如图 2-17 所示。

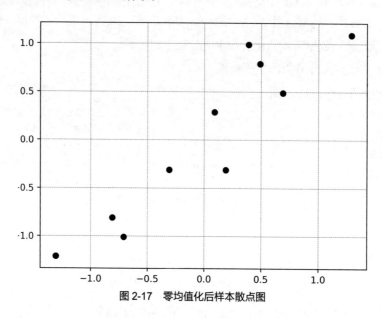

图 2-17　零均值化后样本散点图

【示例 2-20】零均值化。

```
(1)   fig = plt.figure()
(2)   plt.grid(True, linestyle="-.", color="black", linewidth="0.2")
(3)   Samples = np.array([[2.5, 0.5, 2.2, 1.9, 3.1, 2.3, 2, 1, 1.5, 1.1], [2.4, 0.7, 2.9,
2.2, 3, 2.7, 1.6, 1.1, 1.6, 0.9]])
(4)   # 计算均值向量
(5)   mean_x = np.mean(Samples[0, :])
(6)   mean_y = np.mean(Samples[1, :])
(7)   mean_vector = np.array([[mean_x], [mean_y]])
(8)   Samples_zero_mean = Samples - mean_vector
(9)   plt.scatter(Samples_zero_mean[0], Samples_zero_mean[1], color='b')
(10)  plt.show()
```

（3）求样本协方差阵。

$$C = \frac{1}{10-1}XX^{\mathrm{T}} = \begin{pmatrix}0.61655556 & 0.61544444\\0.61544444 & 0.71655556\end{pmatrix}$$

【示例 2-21】计算样本协方差阵。

```
(1)   # 计算样本协方差阵
(2)   Cov_Samples_zero_mean=Samples_zero_mean.dot(Samples_zero_mean.T)/9.
(3)   print Cov_Samples_zero_mean
```

（4）计算 C 的特征值及对应的标准正交特征向量。

$$\lambda_1 = 0.0490834 \ , \quad \lambda_2 = 1.28402771$$

$U = \begin{pmatrix} -0.73517866 & -0.6778734 \\ 0.6778734 & -0.73517866 \end{pmatrix}$，其中 u_1 和 u_2 分别对应第一列和第二列向量。

在散点图上画出特征向量，如图 2-18 所示。

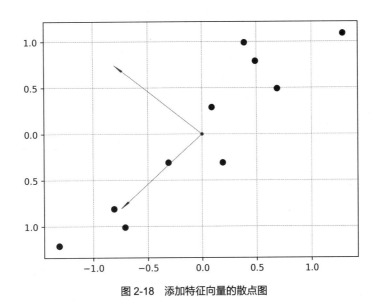

图 2-18　添加特征向量的散点图

从图 2-18 中可以明显地看出，这两个特征向量就是新的坐标系的基向量。

【示例 2-22】特征向量可视化。

```
(1)    # 计算特征值和特征向量
(2)    eig_val, eig_vec = np.linalg.eig(Cov_Samples_zero_mean)
(3)    print eig_val
(4)    print eig_vec
(5)    #可视化特征向量
(6)    plt.scatter(0, 0, marker='.',color='r')
(7)    plt.scatter(Samples_zero_mean[0], Samples_zero_mean[1], color='b')
(8)    plt.arrow(0, 0, eig_vec.T[0,0], eig_vec.T[0,1], head_width=0.02, head_length=0.1,
fc='r', ec='r')
(9)    plt.arrow(0, 0, eig_vec.T[1,0], eig_vec.T[1,1], head_width=0.02, head_length=0.1,
fc='r', ec='r')
(10) plt.show()
```

（5）将特征向量的对应特征值大小从上到下**按行排列**成矩阵。

$$U = \begin{pmatrix} -0.6778734 & -0.73517866 \\ -0.73517866 & 0.6778734 \end{pmatrix}$$

（6）将样本投影到新的坐标系上。

$$F = (UX)^{\mathrm{T}} = \left[\begin{pmatrix} -0.6778734 & -0.73517866 \\ -0.73517866 & 0.6778734 \end{pmatrix} \begin{pmatrix} 0.69 & -1.31 & 0.39 & 0.09 & 1.29 & 0.49 & 0.19 & -0.81 & -0.31 & -0.71 \\ 0.49 & -1.21 & 0.99 & 0.29 & 1.09 & 0.79 & -0.31 & -0.81 & -0.31 & -1.01 \end{pmatrix} \right]^{\mathrm{T}}$$

$$= \begin{pmatrix} -0.82797019 & -0.17511531 \\ 1.77758033 & 0.14285723 \\ -0.99219749 & 0.38437499 \\ -0.27421042 & 0.13041721 \\ -1.67580142 & -0.20949846 \\ -0.9129491 & 0.17528244 \\ 0.09910944 & -0.3498247 \\ 1.14457216 & 0.04641726 \\ 0.43804614 & 0.01776463 \\ 1.22382056 & -0.16267529 \end{pmatrix}$$

【示例 2-23】新坐标系下的坐标。

```
(1)    #按照特征值降序，排列对应的特征向量
(2)    eig_pairs = [(eig_val[i], eig_vec.T[i]) for i in range(len(eig_val))]
(3)    eig_pairs.sort(key=lambda x: x[0], reverse=True)
(4)    matrix_U = np.hstack((eig_pairs[0][1].reshape(2,1),eig_pairs[1][1].reshape(2,1)))
(5)    print matrix_U
(6)    matrix_F = matrix_U.T.dot(Samples_zero_mean).T
(7)    print matrix_F.T
(8)    plt.ylim(ymin=-1.5,ymax=1.5)
(9)    plt.scatter(matrix_F[:,0],matrix_F[:,1], color='b')
(10)   plt.show()
```

（7）在新坐标系下的散点图，如图 2-19 所示。

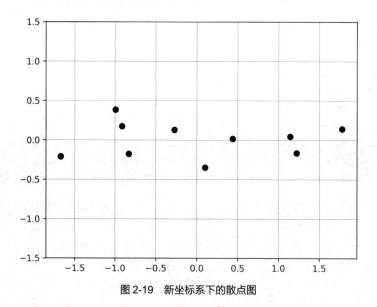

图 2-19　新坐标系下的散点图

可以看出，在 F_1 所在轴上包含了原始二维数据的大多数信息，因为这一方向上的数据的离散程度大，方差为 $\lambda_2 = 1.28402771$，方差占总方差的比例为 $\dfrac{\lambda_2}{\lambda_1 + \lambda_2} = \dfrac{1.28402771}{1.28402771 + 0.0490834} = 96.32\%$，所以主成分只取 F_1 即可，$F_1 = -0.6778734x_1 - 0.73517866x_2$，样本数据达到了降维的目的。

6. 主成分的解释

在实际应用中，原始数据的每一个属性都有明确的含义。主成分是这些属性的线性组合，在选定主成分之后，还需要结合应用，对主成分进行解释，给出主成分的实际意义。

可以通过计算原始数据与主成分得分之间的相关性系数，来分析原属性与各个主成分之间的关系。在上例中，得到相关系数如表 2-13 所示。

表 2-13　　　　　　　　　　原属性与主成分的相关性分析

原属性	主成分	
	F_1	F_2
x_1	−0.9782	−0.2074
x_2	−0.9841	0.1774

从表 2-13 中可以看出，主成分 F_1 与原来两个维 x_1 和 x_2 高度负相关，而 F_2 则与它们没有太明显的线性相关性。

【示例 2-24】计算原属性与各个主成分的相关性。

```
(1) #计算原始数据各个维与主成分的相关性
(2) correlationXF=np.round(np.corrcoef(Samples_zero_mean,matrix_F),4)
(3) print correlationXF[0:2,2:4]
```

2.4.4　数据清洗

1. 缺失值填充（Filling in Missing Values）

在数据挖掘要处理的数据中，往往存在大量缺失值，例如，有的属性值是空缺的，有的使用特殊值表示"不可用"等。将数据集中不含缺失值的变量（属性）称为**完全变量**，而将数据集中含有缺失值的变量（属性）称为**不完全变量**。

通常将数据缺失机制分为以下三种。

（1）完全随机缺失（Missing Completely at Random，MCAR）。数据的缺失与不完全变量以及完全变量都是无关的。在这种情况下，某些数据的缺失与数据集合中其他数据的取值或者缺失没有关系，缺失数据仅仅是整个数据集合的一个随机子集合。

（2）随机缺失（Missing at Random，MAR）。数据的缺失仅仅依赖于完全变量。随机缺失意味着数据缺失与缺失的数据值无关，但与数据在某些属性上的取值有关。例如，在分析客户购物行为的调查中，客户年龄这个属性的缺失值可能与本身的数值无关，但可能与客户的性别属性有关。客户收入属性上的缺失值，可能与他的职业属性有关，但与自身收入多少无关。

（3）非随机缺失（Not Missing at Random，NMAR）。在不完全变量中数据的缺失依赖于不完全变量本身，这种缺失是不可忽略的。例如，在客户购物行为的调查中，一些高收入人群往往不填写收入值，这种缺失值与自身属性取值有关。

在许多实际的数据挖掘过程中，当数据的缺失比例较小时，可舍弃缺失记录，直接对完全变量进行数据处理。但在很多情况下，往往缺失数据占有相当大的比重，尤其是多元数据。这时前述的处理将是低效率的，因为这样做丢失了大量信息，并且会产生偏倚，所以使不完全观测数据与完全观测数据间产生系统差异。

下面介绍几种缺失值填充的方法。

（1）均值填充法

将属性分为数值型和非数值型分别进行处理。如果缺失值是数值型，就用该属性在其他所有对象的取值的平均值来填充该缺失的变量值；如果缺失值是非数值型，则使用众数补齐该缺失的变量值。这种方法是建立在完全随机缺失的假设之上，而且会造成变量的方差和标准差变小。

这种方法的一个改进是"局部均值填充"，即使用有缺失值元组的"类别"的所有元组的平均值作为填充值。例如，某个职员工资额的缺失值，可以根据该员工的职称，求出具有同一职称的所有职员的平均工资值替换缺失值，以更加接近真实值。

（2）回归填充法

回归填充法是把缺失属性作为因变量，其他相关属性作为自变量，利用它们之间的关系建立回归模型来预测缺失值，并完成缺失值插补的方法。

回归填充的基本思想是利用辅助变量 X_k 与目标变量 Z 的线性关系建立回归模型，从而利用已知的辅助变量的信息，对目标变量的缺失值进行估计。第 i 个缺失值的估计值可以表示为：

$$Z_i = \beta_0 + \sum_{k=1}^{n} \beta_k X_{ki} + \varepsilon \qquad （公式 2-19）$$

其中，β_0、β_k 为参数，ε 为残差，服从零均值正态分布。

问题是应该被估算的数据没有包含估计中的误差项，导致因变量与自变量之间的关系被过分识别。回归模型预测缺失数据最可能的值，但并不提供该预测值不确定性方面的信息。

回归模型的训练方法会在"分类与回归算法"一章专门介绍。

（3）热卡填充法

对于一个包含空值的对象，热卡填充法就是在完整数据中找到一个与它最相似的对象，用这个相似对象的值来填充。

不同的问题可能会选用不同的标准对相似性进行判定。该方法的概念很简单，是利用数据间的关系来进行空值估计。这种方法的难点在于"距离"或者"相似性"的定义，这些度量会在"聚类分析"一章专门介绍。

还有很多缺失值填充的方法，例如，运用诸如聚类、分类以及极大似然估计等数据挖掘方法。

【示例 2-25】数据填充方法调用。

```
(1)    import numpy as np
(2)    from sklearn.preprocessing import Imputer
(3)    #读入数据集
(4)    filename='./data/Wine.csv'
(5)    data=np.loadtxt(open(filename,"rb"),delimiter=",",skiprows=0)
(6)    data=data[:,:].astype(float)
(7)    #随机产生缺失值
(8)    masking_array=np.random.binomial(1,0.25,data.shape).astype(bool)
(9)    data[masking_array]=np.nan
(10)   np.savetxt('./data/missing.csv', data, delimiter = ',')
(11)   #插补调用（strategy是采用的策略："mean","median", "most_frequent"）
(12)   impute=Imputer(strategy='median')
(13)   data_prime=impute.fit_transform(data)
(14)   np.savetxt('./data/missing_filled.csv', data_prime, delimiter = ',')
```

2. 平滑噪声（Smoothing Noisy Data）

平滑数据或者去掉噪声的方法非常多，现在介绍一种初级的方法：分箱（Binning）。

"分箱"是将属性的值域划分成若干连续子区间。如果一个属性值在某个子区间范围内，就把该值放进这个子区间所代表的"箱子"内。把所有待处理的数据（某列属性值）都放进箱子中，分别考察每一个箱子中的数据，采用某种方法分别对各个箱子中的数据进行处理。

对数据进行分箱主要有以下四种方法。

（1）**等深分箱法**：将数据集按记录行数分箱，每箱具有相同的记录数，称为箱子的深度。

（2）**等宽分箱法**：将数据集在整个属性值的区间上平均分布，每个箱子的区间范围是一个常量，称为箱子宽度。

（3）**最小熵法**：在分箱时考虑因变量的取值，使得分箱后箱内达到最小熵。

（4）**用户自定义区间法**：根据数据的特点，指定分箱的方法。

将数据分箱后对每个分箱中的数据进行局部平滑，常用的方法有以下三种。

（1）**平均值平滑**：同一分箱中的所有数据用平均值代替。

（2）**边界值平滑**：用距离最小的边界值代替箱子中的所有数据。

（3）**中值平滑**：用中位数代替该箱子中的所有数据。

【示例 2-26】分箱法进行数据平滑实例。

原始数据	80, 90, 100, 150, 300, 250, 1600, 230, 200, 210, 170, 400, -800, 500, 530, 550			
排序后	-800, 80, 90, 100, 150, 170, 200, 210, 230, 250, 300, 400, 500, 530, 550, 1600			
等深分箱	-800, 80, 90, 100	150, 170, 200, 210	230, 250, 300, 400	500, 530, 550, 1600
均值平滑	-132.5	182.5	295	795
平滑后	-132.5, -132.5, -132.5, 182.5, 295.0, 295.0, 795.0, 295.0, 182.5, 182.5, 182.5, 295.0, -132.5, 795.0, 795.0, 795.0			
中值平滑	85	185	275	540
平滑后	85.0, 85.0, 85.0, 185.0, 275.0, 275.0, 540.0, 275.0, 185.0, 185.0, 185.0, 275.0, 85.0, 540.0, 540.0, 540.0			

平滑前后数据的曲线如图 2-20 所示。从图 2-20 中可以看到数据中两个比较明显的异常值被平滑。另外，平滑后的曲线能够说明，均值平滑的方法受异常值的影响较大，中位数不易受到离群点影响。

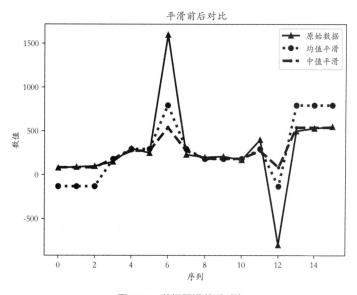

图 2-20　数据平滑前后对比

2.5　Spark 数据预处理功能简介

Spark 提供了丰富的数据预处理功能，下面介绍几种常用的方法。需要注意的是，在实际应用中，根据 Spark 的运行环境，要修改 SparkContext()的运行方式，下面的例子中都采用"local"的方式。

2.5.1　二值化

二值化（Binarizer）是通过选定的阈值将连续的特征数据转化为 0-1 特征。当特征值小于或等于阈值时，特征值转化为 0；当特征值大于阈值时，特征值转化为 1。

【示例 2-27】二值化。

```
(1)   from pyspark import SQLContext
(2)   from pyspark.context import SparkContext
(3)   from pyspark.ml.feature import Binarizer
(4)   from numpy import array
(5)   sc = SparkContext('local')
(6)   spark = SQLContext(sc)
(7)   continusdf = spark.createDataFrame([
(8)        (0, 0.4),
(9)        (1, 0.5),
(10)       (2, 0.9)], ["label", "Feature"])
(11)  binarizer = Binarizer(threshold=0.5, inputCol="Feature", outputCol="binarezed_
Feature")
(12)  binarizerdf = binarizer.transform(continusdf)
(13)  binarizerdf.show(3, False)
```

```
+-----+-------+-----------------+
|label|Feature|binarezed_Feature|
+-----+-------+-----------------+
|0    |0.4    |0.0              |
|1    |0.5    |0.0              |
|2    |0.9    |1.0              |
+-----+-------+-----------------+
```

2.5.2　分箱器

分箱器（Bucketizer）可将连续数据离散化到指定的范围空间进而映射成整数型数据。具体的做法为：将自定义的分割区间封装成特征桶，输入的连续特征值根据所处的分割区间映射到该分割区间的桶索引。

【示例 2-28】分箱器。

```
(1)   from pyspark import SQLContext
(2)   from pyspark.context import SparkContext
(3)   from pyspark.ml.feature import Bucketizer
(4)   sc = SparkContext('local')
(5)   spark = SQLContext(sc)
(6)   splits = [float("-inf"), -0.5, 0.0, 0.5, 2.0]
(7)   data = [(-123.4,), (-0.5,), (-0.4,), (0.0,), (0.1,), (1.0,)]
(8)   dataFrame = spark.createDataFrame(data, ["Features"])
(9)    bucketizer = Bucketizer(splits=splits, inputCol="Features", outputCol="bucketed
Feature")
```

```
(10) bucketedData = bucketizer.transform(dataFrame)
(11) bucketedData.show()
+--------+----------------+
|Features|bucketed Feature|
+--------+----------------+
|  -123.4|             0.0|
|    -0.5|             1.0|
|    -0.4|             1.0|
|     0.0|             2.0|
|     0.1|             2.0|
|     1.0|             3.0|
+--------+----------------+
```

2.5.3　哈达玛积变换

函数 ElementwiseProduct 返回输入向量 *v* 与变换向量 *w* 之间的 Hadamard 积。换句话说，可通过标量乘法器来缩放数据中的每一列。

$$\begin{pmatrix} v_1 \\ v_2 \\ v_3 \\ \vdots \\ v_n \end{pmatrix} \times \begin{pmatrix} w_1 \\ w_2 \\ w_3 \\ \vdots \\ w_n \end{pmatrix} = \begin{pmatrix} v_1 \times w_1 \\ v_2 \times w_2 \\ v_3 \times w_3 \\ \vdots \\ v_n \times w_n \end{pmatrix}$$

【示例 2-29】哈达玛积变换。

```
(1)  # -*- coding: utf-8 -*-
(2)  from pyspark import SQLContext
(3)  from pyspark.context import SparkContext
(4)  from pyspark.ml.feature import ElementwiseProduct
(5)  from pyspark.ml.linalg import Vectors
(6)  sc = SparkContext('local')
(7)  spark = SQLContext(sc)
(8)  data = [(Vectors.dense([1.0, 2.0, 3.0]),),
(9)          (Vectors.dense([4.0, 5.0, 6.0]),),
(10)         (Vectors.dense([0.5, 4, 0.3]),)]
(11) df = spark.createDataFrame(data, ["Vector"])
(12) Transf = ElementwiseProduct(scalingVec=Vectors.dense([1.0, 2.0, 10.0]), inputCol=
"Vector", outputCol="TransformData")
(13) result = Transf.transform(df)
(14) result.show()
+-------------+---------------+
|       Vector|  TransformData|
+-------------+---------------+
|[1.0,2.0,3.0]| [1.0,4.0,30.0]|
|[4.0,5.0,6.0]|[4.0,10.0,60.0]|
|[0.5,4.0,0.3]|  [0.5,8.0,3.0]|
+-------------+---------------+
```

2.5.4　最大绝对值标准化

最大绝对值标准化（MaxAbsScaler）将每个特征值除以该特征内绝对值最大的特征值，从而将输入的向量特征值转换到[-1，1]，不会破坏数据的稀疏性。

【示例 2-30】最大绝对值标准化。

```
(1)  from pyspark import SQLContext
(2)  from pyspark.context import SparkContext
```

```
(3)    from pyspark.ml.feature import MaxAbsScaler
(4)    from pyspark.ml.linalg import Vectors
(5)    sc = SparkContext('local')
(6)    spark = SQLContext(sc)
(7)    dataFrame = spark.createDataFrame([
(8)        (0, Vectors.dense([10.0, 5.0, -8.0]),),
(9)        (1, Vectors.dense([2.0, 1.0, -4.0]),),
(10)       (2, Vectors.dense([4.0, 10.0, 16.0]),)], ["id", "Samples"])
(11) scaler = MaxAbsScaler(inputCol="Samples", outputCol="scaledFeatures")
(12) scalermodel = scaler.fit(dataFrame)
(13) scaledData = scalermodel.transform(dataFrame)
(14) scaledData.show()
```

```
+---+--------------+---------------+
| id|       Samples| scaledFeatures|
+---+--------------+---------------+
|  0|[10.0,5.0,-8.0]| [1.0,0.5,-0.5]|
|  1| [2.0,1.0,-4.0]|[0.2,0.1,-0.25]|
|  2|[4.0,10.0,16.0]|  [0.4,1.0,1.0]|
+---+--------------+---------------+
```

2.5.5 最小—最大变换

最小—最大变换（MinMaxScaler）该原理在前面已经介绍过，在下面的 Spark 示例中，需要注意的是，零值转换后可能变为非零值，因此，即便为稀疏输入，输出也可能是稠密向量。

【示例 2-31】最小—最大变换。

```
(1)    from pyspark import SQLContext
(2)    from pyspark.context import SparkContext
(3)    from pyspark.ml.feature import MinMaxScaler
(4)    from pyspark.ml.linalg import Vectors
(5)    sc = SparkContext('local')
(6)    spark = SQLContext(sc)
(7)    dataFrame = spark.createDataFrame([
(8)        (0, Vectors.dense([1.0, 0.1, -1.0]),),
(9)        (1, Vectors.dense([2.0, 1.1, 2.0]),),
(10)       (2, Vectors.dense([3.0, 10.1, 3.0]),)], ["id", "Samples"])
(11) scaler = MinMaxScaler(inputCol="Samples", outputCol="scaledFeatures", min=1, max=2)
(12) model = scaler.fit(dataFrame)
(13) scaled = model.transform(dataFrame)
(14) print ("Features scaled to range:[%f,%f]" % (scaler.getMin(), scaler.getMax()))
(15) scaled.show()
```

```
Features scaled to range:[1.0000002,2.000000]
+---+--------------+--------------+
| id|       Samples|scaledFeatures|
+---+--------------+--------------+
|  0|[1.0,0.1,-1.0]| [1.0,1.0,1.0]|
|  1| [2.0,1.1,2.0]|[1.5,1.1,1.75]|
|  2|[3.0,10.1,3.0]| [2.0,2.0,2.0]|
+---+--------------+--------------+
```

2.5.6 正则化

正则化（Normalizer）是一个转化器，用于转化数据集的行向量，规范每个向量并使单个向量具有单位范数。将输入的多个行向量转化为统一的形式。其中 p（默认为 2）指定正则化中使用的 p 范数。正则化操作可以使输入数据标准化并提高后期学习算法的效果。

【示例 2-32】正则化。

```
(1)   from pyspark import SQLContext
(2)   from pyspark.context import SparkContext
(3)   from pyspark.ml.feature import Normalizer
(4)   from pyspark.ml.linalg import Vectors
(5)   sc = SparkContext('local')
(6)   spark = SQLContext(sc)
(7)   dataFrame = spark.createDataFrame([
(8)       (0, Vectors.dense([1.0, 0.5, -1.0]),),
(9)       (1, Vectors.dense([2.0, 1.0, 1.0]),),
(10)      (2, Vectors.dense([4.0, 10.0, 2.0]),)], ["id", "Features"])
(11)  normalizer = Normalizer(inputCol="Features", outputCol="normFeatures", p=1.0)
(12)  l1NormData = normalizer.transform(dataFrame)
(13)  print ("Normalized using L^1 norm")
(14)  l1NormData.show()
```

```
Normalized using L^1 norm
+---+--------------+------------------+
| id|      Features|      normFeatures|
+---+--------------+------------------+
|  0|[1.0,0.5,-1.0]|    [0.4,0.2,-0.4]|
|  1| [2.0,1.0,1.0]|   [0.5,0.25,0.25]|
|  2|[4.0,10.0,2.0]|[0.25,0.625,0.125]|
+---+--------------+------------------+
```

2.5.7　多项式扩展

多项式扩展（Polynomial Expansion）是将 n 维的原始特征组合扩展到多项式空间的过程。例如，某样本包含 2 个特征 (x, y)，对其进行三维转换 $(x, y)^3$，展开后是 $(x, x^2, x^3, y, y^2, y^3, xy, x^2y, xy^2)$，将 2 个特征进行三维多项式扩展就变成了 9 个特征，可用于预测非线性的分布。需要注意的是，维度越高的时候对样本点的拟合可能越精准，但过高会造成过拟合现象。

【示例 2-33】多项式扩展。

```
(1)   # -*- coding: utf-8 -*-
(2)   from pyspark import SQLContext
(3)   from pyspark.context import SparkContext
(4)   from pyspark.ml.feature import PolynomialExpansion
(5)   from pyspark.ml.linalg import Vectors
(6)   sc=SparkContext('local')
(7)   spark=SQLContext(sc)
(8)   df=spark.createDataFrame([
(9)       (Vectors.dense([-2.0,-3.0]),),
(10)      (Vectors.dense([4.0,1.0]),),
(11)      (Vectors.dense([3.0,-1.0]),)],["Features"])
(12)  px=PolynomialExpansion(degree=3,inputCol="Features",outputCol="polyFeatures")
(13)  polyDF=px.transform(df)
(14)  polyDF.show(truncate=False)
```

```
+----------+-------------------------------------------+
|Features  |polyFeatures                               |
+----------+-------------------------------------------+
|[-2.0,-3.0]|[-2.0,4.0,-8.0,-3.0,6.0,-12.0,9.0,-18.0,-27.0]|
|[4.0,1.0] |[4.0,16.0,64.0,1.0,4.0,16.0,1.0,4.0,1.0]   |
|[3.0,-1.0]|[3.0,9.0,27.0,-1.0,-3.0,-9.0,1.0,3.0,-1.0] |
+----------+-------------------------------------------+
```

2.5.8　标准化

标准化（StandardScaler）即 z 分数，可将每个特征的特征值进行标准化，也就是转换为均值为

0，方差为 1 的分布。

【示例 2-34】标准化。

```
(1)    from pyspark import SQLContext
(2)    from pyspark.context import SparkContext
(3)    from pyspark.ml.feature import StandardScaler
(4)    from pyspark.ml.linalg import Vectors
(5)    sc = SparkContext('local')
(6)    spark = SQLContext(sc)
(7)    df = spark.createDataFrame([
(8)        (0, Vectors.dense([4.0, 2.0, -5.3, 5.6]),),
(9)        (1, Vectors.dense([5.0, 3.0, -7.9, -6.2]),),
(10)       (2, Vectors.dense([6.0, 5.0, -4.1, 8.7]),),
(11)       (3, Vectors.dense([7.0, 6.0, 0.5, 9.0]),),
(12)       (4, Vectors.dense([8.0, 8.0, 1.7, 0.0]),)], ["id", "Samples"])
(13) standard = StandardScaler(inputCol="Samples", outputCol="StandardFeatures",
withStd=True, withMean=True)
(14) Model = standard.fit(df)
(15) standarddf = Model.transform(df)
(16) standarddf.show(5, False)
```

```
+---+------------------+------------------------------------------------------------------------------------+
|id |Samples           |StandardFeatures                                                                    |
+---+------------------+------------------------------------------------------------------------------------+
|0  |[4.0,2.0,-5.3,5.6]|[-1.2649110640673518,-1.1727909432167474,-0.5662608668767714,0.3363732941247466]    |
|1  |[5.0,3.0,-7.9,-6.2]|[-0.6324555320336759,-0.7539370349250518,-1.2119969431397566,-1.4843628850825976]  |
|2  |[6.0,5.0,-4.1,8.7]|[0.0,0.08377078165833918,-0.2682288316787056,0.8147022903571844]                    |
|3  |[7.0,6.0,0.5,9.0] |[0.6324555320336759,0.5026246899500346,0.8742273032483489,0.8609921932183882]       |
|4  |[8.0,8.0,1.7,0.0] |[1.2649110640673518,1.3403325065334257,1.1722593384466495,-0.5277048926177218]      |
+---+------------------+------------------------------------------------------------------------------------+
```

2.5.9　特征向量合并

从源数据中提取特征指标数据是数据预处理中一个比较典型的步骤。由于在原始数据集里，经常会包含一些非指标数据，为方便后续模型进行特征输入，需要将部分列的数据转换为特征向量，并统一命名。特征向量合并（VectorAssembler）是一个转化器（Transformer），可将多列数据转化为单列的向量列。特征向量合并接受的输入类型有：数值型、向量型、布尔型。需要合并的列按指定顺序依次添加到一个新向量中。

【示例 2-35】特征向量合并。

```
(1)    from pyspark import SQLContext
(2)    from pyspark.context import SparkContext
(3)    from pyspark.ml.feature import VectorAssembler
(4)    from pyspark.ml.linalg import Vectors
(5)    sc = SparkContext('local')
(6)    spark = SQLContext(sc)
(7)    df = spark.createDataFrame(
(8)        [(0, 17, True, 2.0, Vectors.dense([1.0, 9.0, 22.2])),
(9)         (1, 18, False, 1.0, Vectors.dense([0.0, 10.1, 3.0]))],
(10)        ["id", "hour", "eat", "day", "userFeatures"])
(11) assemble = VectorAssembler(inputCols=["hour", "eat", "userFeatures"], outputCol=
"Features")
(12) output = assemble.transform(df)
(13) print
(14) output.show(2, False)
```

```
+---+----+-----+---+-----------------+------------------------+
|id |hour|eat  |day|userFeatures     |Features                |
+---+----+-----+---+-----------------+------------------------+
|0  |17  |true |2.0|[1.0,9.0,22.2]   |[17.0,1.0,1.0,9.0,22.2] |
|1  |18  |false|1.0|[0.0,10.1,3.0]   |[18.0,0.0,0.0,10.1,3.0] |
+---+----+-----+---+-----------------+------------------------+
```

2.5.10　类别特征索引

类别特征索引（VectorIndexer）是对数据集特征向量中的标称属性（离散值）进行编号。它能够自动判断离散值类型的特征，并对它们进行编号。具体做法是设置一个阈值（maxCategories），如果特征向量中某一个特征的不同取值的个数小于 maxCategories，就认为它是标称属性，并被重新编号为 $0 \sim K$（$K \leqslant$ maxCategories-1）。否则，该特征属性被视为连续属性，不会重新编号（不会发生任何改变）。类别特征索引可以提高决策树或随机森林等数据挖掘算法的分类效果。

【示例 2-36】类别特征索引。

```
(1)  from pyspark import SQLContext
(2)  from pyspark.context import SparkContext
(3)  from pyspark.ml.feature import VectorIndexer
(4)  from pyspark.ml.linalg import Vectors
(5)  sc = SparkContext('local')
(6)  spark = SQLContext(sc)
(7)  df = spark.createDataFrame([
(8)      (0, Vectors.dense([True, 3.0, -5.3])),
(9)      (1, Vectors.dense([False, 3.0, -7.9])),
(10)     (2, Vectors.dense([False, 5.0, 4.1])),
(11)     (3, Vectors.dense([True, 5.0, -0.5])),
(12)     (4, Vectors.dense([False, 5.0, 1.7]))], ["id", "Features"])
(13) vectorIndexer = VectorIndexer(inputCol='Features', outputCol="VectorIndexed",
maxCategories=3)
(14) model = vectorIndexer.fit(df)
(15) result = model.transform(df).show(5, False)
(16) print model.categoryMaps
```

```
+---+-------------+--------------+
|id |Features     |VectorIndexed |
+---+-------------+--------------+
|0  |[1.0,3.0,-5.3]|[1.0,0.0,-5.3]|
|1  |[0.0,3.0,-7.9]|[0.0,0.0,-7.9]|
|2  |[0.0,4.0,4.1] |[0.0,1.0,4.1] |
|3  |[1.0,5.0,-0.5]|[1.0,2.0,-0.5]|
|4  |[0.0,5.0,1.7] |[0.0,2.0,1.7] |
+---+-------------+--------------+
```

上例中，对于第一列特征，只有两种取值，而第二列特征不同的取值个数为 3，均小于设置为 3 的 maxCategories，因此都被视为标称属性，分别编码为{0，1}和{0，1，2}。第三列特征的取值数量超过了 3，因此被视为连续属性，不做更改。

习题

1. 如果在没经过预处理的数据集合上进行数据挖掘的话，会有哪些问题？
2. 假设如果原始数据服从正态分布，那么经过 z 分数变换后的标准分大于 3 的概率有多大？
3. 试分析 Spark 数据预处理功能 MaxAbsScaler、MinMaxScaler 的处理方法，并给出处理后数据的取值范围。

4. 如题表 2-1 所示为从某个毕业班抽取的 10 个同学的个人情况数据，包含 4 项特征：成绩绩点、身高、体重、工作月薪。利用两种以上的方法对每个特征进行预处理。

题表 2-1

序号	成绩绩点	身高（米）	体重（千克）	工作月薪（元/月）
1	3.2	1.78	130	6000
2	3.5	1.76	122	7000
3	3	1.73	135	5500
4	2.8	1.80	120	4000
5	3.7	1.85	113	10000
6	2.5	1.74	141	3200
7	3.6	1.69	156	8000
8	4	1.82	178	9000
9	3.3	1.90	114	15000
10	3.2	1.75	160	6500

5. 假设 12 个销售价格记录如下：6，11，205，14，16，216，36，51，12，56，73，93。

（1）使用等深划分时，将其划分为 4 个箱，16 在第几个箱？

（2）使用等宽划分时，将其划分为 4 个箱，16 在第几个箱？

（3）利用等深分箱法，将其划分为 3 个箱，用平均值平滑法进行平滑处理，第 2 个箱的取值为多少？

（4）利用等宽分箱法，将其划分为 3 个箱，用边界平滑法进行平滑处理，第 2 个箱的取值为多少？

6. 取鸢尾花数据集，利用 PySpark 中的 Bucketizer 函数，对 4 个数值型属性分别进行数据离散化。

7. 为了调查某个微信小程序的受众人群分布情况，可采用哪些抽样方法？哪种方法效果更好？请分析原因。

8. 给定 m 个元素的集合，这些元素划分成了 k 组，其中第 i 组的大小为 m_i。如果目标是得到容量为 n（$n < m$）的样本，下面两种抽样方案有什么区别？（假定使用有放回抽样）

（1）从每组随机地选择 $n \times m_i / m$ 个元素。

（2）从数据集中随机地选择 n 个元素（不考虑元素属于哪个组）。

第3章　关联规则挖掘

关联规则（Association Rule）挖掘是在大量数据中挖掘数据项之间的关联关系，其典型的应用就是购物篮分析，表 3-1 给出了一个超市购物的例子。大型商场每天会产生大量的顾客购物数据，每条数据都包含顾客所购买的商品、数量、价格和时间等信息。通过关联规则分析，我们可以发现在这些购物数据中，不同的商品（数据项）之间存在一定的联系，进而可以分析出大部分顾客购买商品的模式。例如，顾客在购买某个商品时，他还想同时购买哪些其他商品。这些模式的发现，可以帮助商场更合理地对商品的摆放、进销存规划、组织促销活动等进行决策，最终实现销售利润的提升。

3.1　基本概念

从直观上看，关联规则的挖掘是在大量数据的基础上，通过分析哪些数据项频繁地一起出现，可以得到很多频繁一起出现的数据项集合。例如，在表 3-1 中，可以看出面包和果酱这两个商品，在一半的购物行为中一起出现，那么{面包, 果酱}就是包含两个数据项的频繁项集合，意味着如果一个客户购买面包，那么很可能他会同时购买果酱，这两个商品之间就存在着关联关系。因为这种关联关系我们可以通过常识来获得，所以这样的关联规则其实并不是特别"有趣的"。但是如果能挖掘出{啤酒, 纸尿裤}这样的频繁项集，得出买啤酒的人很多时候会同时购买婴儿纸尿裤的关联规则，并且这两件商品的关联关系超出了我们的经验，那么这个关联规则可能是"有趣的"。

关联规则挖掘在很多其他领域也被广泛应用。例如，在网络的入侵检测技术中，关联规则被用来在大量的网络连接行为中挖掘哪些模式是异常的，从而发现潜在的网络攻击行为。关联规则在基因表达数据和蛋白质结构数据分析中也具有广泛的应用。

在这一章中，我们首先介绍几种关联规则的挖掘算法，然后通过不同的评估手段对挖掘出的规则进行评价。

在数据库中保存用户一次购物的有关数据，通常包含一个事务 ID，用于唯一标识这次购物行为。顾客要是有会员卡，会员卡中会有这个顾客的有关信息，我们主要关心这次购物所包含的商品信息。例如，在表 3-1 的第五个事务中，包含了啤酒、饮料、蜂蜜和纸尿裤等商品。

下面首先对关联规则挖掘的一些基本概念以及存储结构进行介绍。

表 3-1 　　　　　　　　　　　　　　　　超市购物例子

在前面的例子中，我们知道关联规则挖掘是在所有顾客的购物行为中，发现哪些商品的购买具有关联性。例如，商品集{面包，牛奶，奶酪}经常一起出现在顾客的购物车中，如果这个集合出现的次数超过一定的比例，它所含的商品就可能具有关联性，集合{面包，牛奶，奶酪}称为频繁项集，也称为频繁模式。根据频繁项集的元素个数 k，将频繁项集称为频繁 k-项集，上例中的频繁项集为频繁 3-项集。

在一个事务集合 T 中，项集 X 出现多少次才算是频繁的呢？首先给出 X 在 T 中出现次数的定义，就是项集 X 的**支持度计数**的概念：

$$\sigma(X) = |\{t_i \mid X \subseteq t_i, t_i \in T\}| \tag{公式 3-1}$$

设集合 T 中事务的总数为 N，则项集 X 的支持度定义为：

$$sup(X) = \frac{\sigma(X)}{N} \tag{公式 3-2}$$

项集 X={面包，牛奶，奶酪}在表 3-1 的事务集 T 中的支持度计数为 $\sigma(X) = |\{1,2,6\}| = 3$，即事务 1、2、6 中包含了这三个商品，项集 X 的支持度为 50%。那么出现多少次才能称为"频繁"呢？这就需要引入一个主观的条件：**最小支持度**（minsup），当 $sup(X) \geqslant minsup$ 时，称项集 X 为**频繁项集（频繁模式）**。如果设置 $minsup$ =50%，则项集 X={面包，牛奶，奶酪}为频繁 3-项集。

频繁项集和我们要挖掘的关联规则有什么关系呢？从频繁 3-项集 X={面包，牛奶，奶酪}中，我们可以得到关联规则：{面包}→{牛奶，奶酪}、{牛奶}→{面包，奶酪}、{奶酪}→{面包，牛奶}、{牛奶，奶酪}→{面包}、{牛奶，面包}→{奶酪}、{面包，奶酪}→{牛奶}。

关联规则（Association Rule）是形如 $A \to B$ 的表达式，A 和 B 是不相交的项集。例如，关联规则{面包}→{牛奶，奶酪}，该规则表明面包和牛奶、奶酪的销售之间存在着关联关系。衡量关联规则的一个指标就是它的**支持度**：

$$sup(A \rightarrow B) = \frac{\sigma(A \cup B)}{N} \qquad （公式 3-3）$$

根据定义，$sup(\{面包\} \rightarrow \{牛奶，奶酪\})=\frac{\sigma(X)}{N}=50\%$，与项集 X 的支持度相同。只要找出所有的频繁项集，就可以构造出所有可能的关联规则：给定频繁项集 X，它的每个非空真子集 A（$A \subset X$）与 $B = X - A$ 构成关联规则 $A \rightarrow B$，每个这样得到的关联规则的支持度都与 X 的支持度相同。因此关联规则的挖掘算法的主要工作在于首先找到所有的频繁项集，然后再根据另外一个重要的衡量关联规则的指标——**置信度**（**confidence**）来确定感兴趣的关联规则。

$$con(A \rightarrow B) = \frac{\sigma(A \cup B)}{\sigma(A)} \qquad （公式 3-4）$$

引入置信度不仅要考虑项集 X 在整个事务集合中是否频繁出现，还要考察 X 的子集 B 在包含项集 A 的事务中出现的比例。根据定义，在上面的例子中，$con(\{面包\} \rightarrow \{牛奶，奶酪\})=75\%$。也就是说，在包含面包的事务中，有 75% 的人还同时购买了牛奶和奶酪。

通常，会给出置信度的阈值——**最小置信度**（minconf）。同时满足最小支持度和最小置信度的关联规则，称为强关联规则（Strong Association Rule）。

关联规则挖掘的一般过程：首先，通过最小支持度，找到所有的频繁项集；然后，根据最小置信度，过滤频繁项集产生的所有关联规则；最后，得到用户可能感兴趣的强关联规则。

3.2　基于候选项产生—测试策略的频繁模式挖掘算法

3.2.1　Apriori 算法

首先介绍在关联规则挖掘算法中最著名、最有历史的 Apriori 算法，它是由阿格拉沃尔（Agrawal）等研究者提出的。下面首先用一个实例，演示算法的主要步骤，然后，介绍算法的重要细节和原理。

数据依然采用表 3-1 中的数据，简化为如表 3-2 所示的数据库 T。

表 3-2　　　　　　　　　　　　　**顾客购物事务数据库 T**

TID	商品
1	饮料，鸡腿，蜂蜜，面包，牛奶，奶酪
2	面包，牛奶，奶酪，鸡蛋，纸尿裤，蜂蜜
3	啤酒，纸尿裤，罐头，面包，奶酪，果酱
4	啤酒，纸尿裤，饮料，鸡腿，牛奶，奶酪
5	啤酒，纸尿裤，饮料，蜂蜜
6	饮料，纸尿裤，果酱，面包，牛奶，奶酪

下面的步骤是要得到所有的频繁项集，假设最小支持度为 50%，那么最小支持度计数即为 3。

T 中有 11 个不同的商品，扫描一遍 T，得到每个商品的支持度计数，从而得到候选 1-项集 C_1，如表 3-3 所示。

表 3-3 候选 1-项集 C_1

项集	支持度计数	项集	支持度计数	项集	支持度计数
{奶酪}	5	{饮料}	4	{鸡腿}	2
{纸尿裤}	5	{啤酒}	3	{罐头}	1
{面包}	4	{蜂蜜}	3	{鸡蛋}	1
{牛奶}	4	{果酱}	2		

根据最小支持度计数的限制，得到频繁 1-项集 L_1，如表 3-4 所示。

表 3-4 频繁 1-项集 L_1

项集	支持度计数	项集	支持度计数
{奶酪}	5	{饮料}	4
{纸尿裤}	5	{蜂蜜}	3
{面包}	4	{啤酒}	3
{牛奶}	4		

我们注意到，产生长度为 2 的频繁项集之前，删除了 4 个非频繁项。这是来自一个直观的**先验原理**（Apriori Property）：如果一个项集是频繁的，则它的所有子集一定也是频繁的。也就是说，如果一个项集{果酱}是非频繁的，那么包含它的所有超集也一定是非频繁的。所以我们在生成频繁 2-项集之前，可以先删掉所有非频繁 1-项集，这样可以减少候选 2-项集的个数。

从 L_1 中我们产生候选 2-项集 C_2。之所以称为候选项集，是因为还需要扫描数据库得到每个候选项集的支持度计数，从而验证哪些是频繁 2-项集。这个不断重复寻找不同长度频繁项集的过程，称为候选项产生—验证。

产生的候选 2-项集 C_2 如表 3-5 所示，共有 21 个。如果没有删除非频繁 1-项集，则产生的候选 2-项集个数将为 $C_{11}^2 = 55$，可见通过先验原理的应用，对于可能的候选项集的剪枝作用是比较明显的。

表 3-5 候选 2-项集 C_2

项集	支持度计数	项集	支持度计数
{奶酪，纸尿裤}	4	{面包，牛奶}	3
{奶酪，面包}	4	{面包，饮料}	2
{奶酪，牛奶}	4	{面包，蜂蜜}	2
{奶酪，饮料}	3	{面包，啤酒}	1
{奶酪，蜂蜜}	2	{牛奶，饮料}	3
{奶酪，啤酒}	2	{牛奶，蜂蜜}	2
{纸尿裤，面包}	3	{牛奶，啤酒}	1
{纸尿裤，牛奶}	3	{饮料，蜂蜜}	2
{纸尿裤，饮料}	3	{饮料，啤酒}	2
{纸尿裤，蜂蜜}	2	{蜂蜜，啤酒}	1
{纸尿裤，啤酒}	3		

根据候选 2-项集 C_2 的支持度计数，得到频繁 2-项集 L_2，如表 3-6 所示。

表 3–6   频繁 2-项集 L_2

项集	支持度计数	项集	支持度计数
{奶酪，纸尿裤}	4	{纸尿裤，牛奶}	3
{奶酪，面包}	4	{纸尿裤，饮料}	3
{纸尿裤，面包}	3	{奶酪，饮料}	3
{奶酪，牛奶}	4	{牛奶，饮料}	3
{面包，牛奶}	3	{纸尿裤，啤酒}	3

在频繁 2-项集 L_2 的基础上，要生成候选 3-项集 C_3。一般情况下，从 L_k 到 C_{k+1} 要执行一个合并操作：$C_{k+1} = L_k \times L_k = \{X \cup Y \mid X, Y \in L_k, \mid X \cap Y \mid = k-1\}$。从直观上理解为可以按照某种顺序，例如，每个项名字的字典序或者每个项的支持度计数，对 L_k 中的每个 k-项集的项排序，如果两个频繁项集的前 $k-1$ 项相同，则它们可以合并为一个长度是 $k+1$ 的候选项集。这样做保证了候选项产生的完全性并且避免了重复。例如，令 $X = \{$奶酪，纸尿裤$\}$，$Y = \{$奶酪，面包$\}$，则 $X \cup Y = \{$奶酪，纸尿裤，面包$\}$。那是不是所有合并后的项集都能成为候选项集呢？看下面的例子：令 $X = \{$纸尿裤，牛奶$\}$，$Y = \{$纸尿裤，啤酒$\}$，则 $X \cup Y = \{$纸尿裤，牛奶，啤酒$\}$。注意到它的一个子集{牛奶，啤酒}不属于频繁 2-项集，根据先验原理，{纸尿裤，牛奶，啤酒}肯定不是频繁项集，因此提前被剪枝，没有进入候选 3-项集中，从而减少了计算支持度计数过程的负担，最终得到的候选 3-项集 C_3 如表 3-7 所示。

表 3–7   候选 3-项集 C_3

项集	支持度计数	项集	支持度计数
{奶酪，纸尿裤，面包}	3	{奶酪，牛奶，饮料}	3
{奶酪，纸尿裤，牛奶}	3	{纸尿裤，面包，牛奶}	2
{奶酪，纸尿裤，饮料}	2	{纸尿裤，牛奶，饮料}	2
{奶酪，面包，牛奶}	3		

得到的频繁 3-项集 L_3 如表 3-8 所示。

表 3–8   频繁 3-项集 L_3

项集	支持度计数	项集	支持度计数
{奶酪，纸尿裤，面包}	3	{奶酪，面包，牛奶}	3
{奶酪，纸尿裤，牛奶}	3	{奶酪，牛奶，饮料}	3

同样的原理，我们发现已经没有候选 4-项集。例如，在合并的 4-项集{奶酪，纸尿裤，面包，牛奶}中，{纸尿裤，面包，牛奶}不属于频繁 3-项集，因此{奶酪，纸尿裤，面包，牛奶}不可能是频繁的，可以终止后续的频繁项挖掘。

对于含有 11 个项的事务集，枚举所有项集会产生 $C_{11}^1 + C_{11}^2 + C_{11}^3 + C_{11}^4 = 561$ 个候选项，才能确定有没有频繁 4-项集，从而获得所有的频繁项集。而使用先验原理进行剪枝，一共只产生了 $C_{11}^1 + C_7^2 + 7 = 39$ 个候选集，就可以终止挖掘过程，计算量大大减少，这也就证明了先验原理剪枝的有效性。

通过上面的例子，我们已经了解 Apriori 算法的主要原理，下面给出算法的描述。

算法 3-1　Apriori 算法

输入：事务集 T，最小支持度 minsup

输出：所有的频繁项集 $\cup L_k$

1. $L_1 \leftarrow \{i | \sigma(\{i\}) \geqslant N \times minsup\}$

2. $k \leftarrow 2$

3. while $L_{k-1} \neq \varnothing$

4. 　$C_k \leftarrow \{X \cup Y | X, Y \in L_{k-1}, |X \cap Y| = k-2\} - \{C | \exists S \subseteq C, |S| = k-1 \wedge S \notin L_{k-1}\}$

5. 　for $t \in T$

6. 　　$C_t \leftarrow \{c | c \in C_k \wedge c \subseteq t\}$

7. 　　for $c \in C_t$

8. 　　　$\sigma(c) \leftarrow \sigma(c) + 1$

9. 　$L_k \leftarrow \{c | c \in C_k \wedge \sigma(c) \geqslant N \ minsup\}$

10. 　$k \leftarrow k+1$

11. return $\bigcup_k L_k$

从 Apriori 算法中可以看出，为了找出候选 k-项集中的频繁项集，需要扫描一遍数据库 T，这样就需要多次扫描数据库才能得到所有的频繁项集，因此它的一个主要开销就是 I/O。在 Apriori 算法的框架下，又发展出很多改进的算法，下面我们介绍一种只需要扫描两遍数据库的频繁项挖掘方法：基于划分的算法。

3.2.2　基于划分的算法

基于划分的算法对 Apriori 的性能进行了改进，主要过程如下。

（1）将整个事务数据库 T 的所有记录划分为不相交的子数据库（Partition）：P_i。保证每个 P_i 的大小合适，能够放到内存的缓冲区中，从而提高访问效率，减少磁盘 I/O 的开销。

（2）把每个 P_i 单独扫描一遍，得到局部（Locally）的频繁项集。局部频繁项集 X 的支持度计数需要满足：$\sigma_i(X) \geqslant N_i \times minsup$，其中 N_i 和 $minsup$ 分别是子数据库 P_i 的记录数和全局最小支持度阈值。

（3）将所有局部频繁项集合并，再扫描一次所有的子数据库，即第二次扫描整体数据库 T，从而得到全局频繁项集。

基于划分的算法有很明显的优点，它只扫描了两遍数据库 T，I/O 开销比 Apriori 算法大大减少。下面我们进一步了解这种算法的实现细节。

基于划分的算法基于这样一个简单的事实：一个全局的频繁项集至少在一个子数据库 P_i 中是局部频繁的。也就是说，基于划分的方法不会遗漏全局频繁项集，它们都会出现在最终合并后的候选频繁项集中，以参加第二次验证过程。设 T 被划分为 n 个不相交子数据库，对于某个全局的频繁项集 X，如果在所有子数据库中都是非频繁的，即 $\sigma_i(X) < N_i \times minsup(i=1,\cdots,n)$，可以得到 $\sigma(X) = \sum_{i=1}^{n} \sigma_i(X) < \sum_{i=1}^{n} N_i \times minsup$，从而 $\sigma(X) < N \times minsup$，与 X 是全局频繁项集矛盾，因此 X 至少在某个 P_i 中是局部频繁的。

基于划分的算法在每个子数据库 P_i 中产生局部频繁项集的过程，与 Apriori 算法类似，都是从频繁 1-项集开始，逐渐增加频繁项的长度。但在基于划分的算法中，对候选 k-项集的验证过程，并没

有扫描子数据库，而是通过一个专门的集合数据结构 *tidlist* 的操作，得到每个候选项集的支持度计数。对每个项集 X，都关联一个集合 *tidlist*，用于保存那些包含 X 的事务的 *tid*，这样 X 的支持度计数就是与其关联的集合 *tidlist* 的基数（cardinality）。集合数据结构 *tidlist*，将在后面和其他的存储形式一起介绍。计算两个频繁 k- 项集 L_1 和 L_2 合并成的候选 $k+1$ 项集的支持度计数，只要计算 $|L_1.tidlist \cap L_2.tidlist|$ 即可。为了提高计算两个 *tidlist* 集合交集的效率，每个 *tidlist* 集合里面的 *tid* 需要按照字典序排序。

基于划分的算法找到的所有局部频繁项集的并集，一定包含了所有全局频繁项集，但也会引入很多非全局频繁项集作为候选项集，从而增大了第二遍扫描数据库时的计算开销。另外，过多的候选项集如果不能都放入内存的话，也会引入更多的磁盘 I/O 开销。

3.2.3 事务数据的存储

通过前面对 Apriori 算法和基于划分策略的改进算法的学习，我们可以深刻体会到，事务数据的存储形式对算法影响较大。在关系数据库中对交易记录的存储方式不利于关联规则挖掘，因此在提交给关联规则挖掘算法处理之前，需要先将这些购物事务数据进行有效存储。下面介绍几种常见的存储方法。

1. 二元表示存储

我们将表 3-2 中的数据用二元形式来存储，如表 3-9 所示。

表 3–9　　　　　　　　　　　　　　二元形式表示的事务数据库

TID	奶酪	纸尿裤	面包	牛奶	饮料	啤酒	蜂蜜	果酱	鸡腿	罐头	鸡蛋
1	1	0	1	1	1	0	1	0	1	0	0
2	1	1	1	1	0	0	1	0	0	0	1
3	1	1	1	0	0	1	0	1	0	1	0
4	1	1	0	1	1	1	0	0	1	0	0
5	0	1	0	0	1	1	1	0	0	0	0
6	1	1	1	1	1	0	0	1	0	0	0

每行存储一个事务，每列对应一个项，根据是否在这个事务中出现而分别取值 "1" 或者 "0"。

在著名的开源数据挖掘工作平台 WEKA 中，购物篮数据也是以二元形式存储在专门的数据文件中。WEKA 存储数据的格式是 ARFF（Attribute Relation File Format）文件。下面是 WEKA 自带的超市购物车数据文件 supermarket.arff 的一部分，如表 3-10 所示。

表 3–10　　　　　　　　　　　　　　WEKA 购物车数据节选

说明	数据
关系声明	@relation supermarket
	⋮
属性声明	@attribute 'grocery misc' { t } @attribute 'department11' { t } @attribute 'baby needs' { t } @attribute 'bread and cake' @attribute 'baking needs' { t } @attribute 'coupons' { t } @attribute 'juice-sat-cord-ms'
	⋮
数据信息 "@data" 独占一行，剩下的是各个实例的数据	@data t,t,t,?,t,?,t

其中，每个实例占一行。实例的各属性值用逗号","隔开。如果某个属性的值是缺失值（missing value），用问号"?"表示，并且这个问号不能省略。"*t*"相当于二元表示方法的"1"。

2. 垂直数据格式

在表 3-2 中，数据是以事务 ID（TID）为中心，每一个元组存储每次交易的全部项，这种表示方法称作**水平数据格式**。为了提高验证候选项集支持度计数时的 I/O 效率，在基于划分的频繁项集挖掘算法中，我们引入了一种 *tidlist* 数据结构。它以项集为中心，存储与每一个项集关联的事务 ID 的列表，这种表示方法称作**垂直数据格式**，如表 3-11 所示。

表 3–11　　　　　　　　　　　　　　　事务数据库 *T* 的垂直数据格式

项	*tidlist*	项	*tidlist*	项	*tidlist*
奶酪	1, 2, 3, 4, 6	饮料	1, 4, 5, 6	鸡腿	1, 4
纸尿裤	2, 3, 4, 5, 6	啤酒	3, 4, 5	罐头	3
面包	1, 2, 3, 6	蜂蜜	1, 2, 5	鸡蛋	2
牛奶	1, 2, 4, 6	果酱	3, 6		

候选 1-项集的支持度计数只需计算对应 *tidlist* 的长度就可获得，较长的候选项集的支持度计数可以通过子项集 *tidlist* 的交集获得，例如，{纸尿裤，啤酒}的 *tidlist* 为 $\{2,3,4,5,6\} \bigcap \{3,4,5\} = \{3,4,5\}$，可知它的支持度计数为 3。通过使用垂直数据存储方式，减少了扫描事务数据库 *T* 的次数，降低了 I/O 开销。但是，如果项集的数目很大，比较短的候选项集的数目就会很多，导致 *tidlist* 的存储和访问开销增大。

3.3　不需要产生候选项集的频繁模式挖掘算法

给定一个包含 *k* 个项的事务数据库 *T*，所有可能的候选项有 $2^k - 1$ 个。可以将这些项按照层次结构组织，自上而下项集的长度逐层增加 1。Apriori 算法在本质上是按照层次自上而下搜索所有可能的项集，可以看成是一种"广度优先搜索策略"。如果 *k* 比较大，那么产生的候选项个数将非常巨大。此外，扫描数据库的次数以及匹配候选项集的操作也会大大增加。

针对 Apriori 算法的上述缺点，Frequent-Pattern Growth（FP-Growth）算法给出了一种不需要产生候选项集的频繁项挖掘方法。

3.3.1　FP-Growth 算法

以表 3-2 的事务数据库 *T* 为例，介绍 FP-Growth 算法的原理。

最小支持度计数设为 3，算法的第一个步骤依然是扫描一遍数据库，得到频繁 1-项集，按照每个项的支持度计数从大到小排列，形成列表 *Flist*={{奶酪：5}, {纸尿裤：5}, {面包：4}, {牛奶：4}, {饮料：4}, {蜂蜜：3}, {啤酒：3}}。

然后就是第二次扫描数据库，建立 FP 树的过程。扫描数据库 *T* 中的每个事务，按照 *Flist* 中的顺序访问每个项，非频繁项不做处理，排序后的数据库 *T*（去掉非频繁项）如表 3-12 所示。

TID	商品
表 3-12	按照支持度计数降序排列的事务数据库
1	奶酪，面包，牛奶，饮料，蜂蜜
2	奶酪，纸尿裤，面包，牛奶，蜂蜜
3	奶酪，纸尿裤，面包，啤酒
4	奶酪，纸尿裤，牛奶，饮料，啤酒
5	纸尿裤，饮料，蜂蜜，啤酒
6	奶酪，纸尿裤，面包，牛奶，饮料

树的根节点标记为 "null"，依次扫描每一条排序后的事务记录，形成树的各个分支。扫描第一条记录，形成的分支如图 3-1 所示。

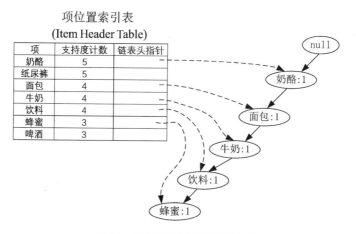

图 3-1　读入事务 1 后形成的 FP 树

树的每个节点包括一个项和这个项在这条路径上的计数。此外，为了后面访问树中节点方便，算法还将每个项在树中出现的位置用链表链接起来，并将链表的头指针存储在一个索引表（Item Header Table）中。在处理第二个事务{奶酪，纸尿裤，面包，牛奶，蜂蜜}后，形成树的第二条分支，如图 3-2 所示。

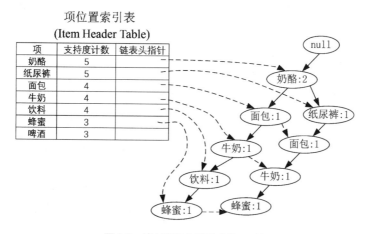

图 3-2　读入事务 2 后形成的 FP 树

由于第二条记录与第一个分支有共同前缀"奶酪",因此两条路径重叠部分"奶酪"的计数加 1,其他新建节点的计数为 1。同时,在各个项的链表中增加新的链接,如图 3-2 虚线所示。

继续处理余下的事务,使得每一条事务都能够对应 FP 树中的一条路径,最终形成的 FP 树如图 3-3 所示。

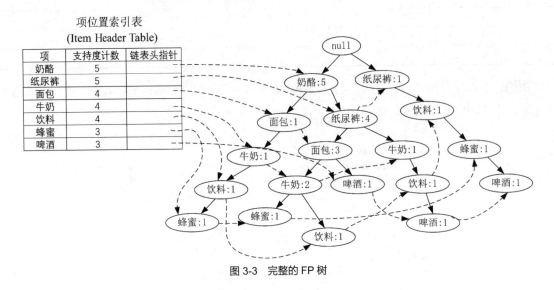

图 3-3 完整的 FP 树

可以看出,FP 树包含了在原事务数据库 T 中,挖掘频繁项集所需的全部信息。由于每个事务中的项按照支持度计数进行降序排列,因此在 FP 树中,具有共同前缀的项集共享从根节点开始的一段路径,这些共同前缀不会重复存储,只是标记一共出现的次数。例如,第二个事务{奶酪,纸尿裤,面包,牛奶,蜂蜜}与第六个事务{奶酪,纸尿裤,面包,牛奶,饮料}在 FP 树中对应的两条路径,具有共同前缀{奶酪,纸尿裤,面包,牛奶}。FP 树是原始数据库 T 的一种压缩表示形式,后续的挖掘工作将在这棵树上进行,不再需要多次扫描原始数据库 T。整个 FP 增长算法,可以看作是反复从"数据库"到"树"的递归挖掘过程。当前,我们已经完成了一次"数据库"到"树"的转换过程,即从原始的事务数据库 T 得到 FP 树。

因为已经将每个事务中的项按照支持度计数的降序排列,这样挖掘出来的所有频繁模式都是有序的。在每个频繁模式中,支持度高的项一定排在支持度低的项前面,支持度相同的两个项,它们之间的顺序关系在给事务的项排序时唯一确定。这样,我们可以采取分治策略来挖掘所有的频繁项。将所有的频繁模式划分为不相交的子集合,每个子集合中的频繁模式都以某个频繁项为后缀。例如,从表 3-12 的事务数据库得到的所有频繁项集,就可以分成以"啤酒"等七个频繁项为后缀的子集合。FP-Growth 算法将原来整个频繁项集的挖掘问题分解为若干个规模较小的子问题,分别挖掘以某个特定频繁项为后缀结尾的频繁项集,按照 Flist 从后往前选择后缀项进行挖掘。

下面我们以挖掘所有后缀为"啤酒"的频繁模式为例,介绍这个递归的过程。

在图 3-3 中,"啤酒"一共在三个位置上出现,以它为后缀的路径分别为:{奶酪:1,纸尿裤:1,面包:1,啤酒:1}、{奶酪:1,纸尿裤:1,牛奶:1,饮料:1,啤酒:1}、{纸尿裤:1,饮料:1,蜂蜜:1,啤酒:1}。需要注意的是,路径上各个项的计数要与后缀所标记的计数相同。把这些模式去掉后缀后构成了一个"数据库",这个子数据库称为"条件模式库","条件"是指它们有一个公共的后缀"啤酒",从这个数据库挖掘出的所有频繁模式,都要加一个后缀"啤酒"。如表 3-13 所示。

在这个数据库里，只有纸尿裤是频繁项，从条件模式库中去掉非频繁项后形成的数据库如表 3-14 所示。正如我们所说，这个从"数据库"到"树"的过程，数据库对应的条件 FP 树如图 3-4 所示。

表 3–13   "啤酒"条件模式库

ID	条件模式
1	奶酪，纸尿裤，面包：1
2	奶酪，纸尿裤，牛奶，饮料：1
3	纸尿裤，饮料，蜂蜜：1

表 3–14   去掉非频繁项后的"啤酒"条件模式库

ID	条件模式
1	纸尿裤：1
2	纸尿裤：1
3	纸尿裤：1

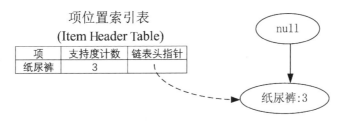

图 3-4 "啤酒"条件 FP-Tree

FP 树由一条路径构成，路径上节点的所有组合模式只有{纸尿裤：3}，加上条件后缀"啤酒"后输出，可以得到以"啤酒"为后缀的所有频繁模式：{纸尿裤，啤酒：3}。以"蜂蜜"为后缀的条件模式库处理过程也类似，没有返回频繁模式，在最终的频繁模式中，不包含以"蜂蜜"为后缀的长度大于 1 的频繁模式。我们继续挖掘以"饮料"为后缀的条件模式库，如表 3-15、表 3-16 所示。

表 3–15   "饮料"条件模式库

ID	条件模式
1	奶酪，面包，牛奶：1
2	奶酪，纸尿裤，面包，牛奶：1
3	奶酪，纸尿裤，牛奶：1
4	纸尿裤：1

表 3–16   去掉非频繁项后的"饮料"条件模式库

ID	条件模式
1	奶酪，牛奶：1
2	奶酪，纸尿裤，牛奶：1
3	奶酪，纸尿裤，牛奶：1
4	纸尿裤：1

构造的条件 FP 树，如图 3-5 所示。

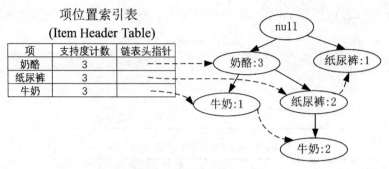

图 3-5 "饮料"条件 FP 树

在得到"饮料"为后缀的 FP 树后，根据 FP 树的 Flist 中的项，将条件后缀扩展为{牛奶，饮料}、{纸尿裤，饮料}、{奶酪，饮料}并输出为频繁模式，递归进行上述步骤。以{牛奶，饮料}为后缀的条件 FP 树如图 3-6 所示。

图 3-6 {牛奶，饮料}为后缀的条件 FP 树

因为 FP 树只有一条路径，所以在输出{奶酪，牛奶，饮料}后递归过程结束。当{纸尿裤，饮料}、{奶酪，饮料}的条件 FP 树为空时，递归调用结束。频繁项的条件模式库挖掘过程如表 3-17 所示。

表 3-17 　　　　　　　　　　　　　条件模式库的挖掘过程

后缀	条件模式库	条件 FP 树	产生的频繁模式
啤酒	{奶酪，纸尿裤，面包：1}， {奶酪，纸尿裤，牛奶，饮料：1}， {纸尿裤，饮料，蜂蜜：1}	null → 纸尿裤：3	{纸尿裤，啤酒}
蜂蜜	{奶酪，面包，牛奶，饮料：1}， {奶酪，纸尿裤，面包，牛奶：1}， {纸尿裤，饮料：1}	-	-
饮料	{奶酪，面包，牛奶：1}， {奶酪，纸尿裤，面包，牛奶：1}， {奶酪，纸尿裤，牛奶：1}， {纸尿裤：1}	null → 奶酪：3 → 牛奶：1; 奶酪：3 → 纸尿裤：2 → 牛奶：2; null → 纸尿裤：1	{奶酪，牛奶，饮料} {奶酪，饮料} {纸尿裤，饮料} {牛奶，饮料}
牛奶	{奶酪，面包：1}， {奶酪，纸尿裤，面包：2}， {奶酪，纸尿裤：1}	null → 奶酪：3 → 面包：1; 奶酪：3 → 纸尿裤：3 → 面包：2	{奶酪，面包，牛奶} {奶酪，纸尿裤，牛奶} {奶酪，牛奶} {面包，牛奶} {纸尿裤，牛奶}

续表

后缀	条件模式库	条件 FP 树	产生的频繁模式
面包	{奶酪：1}， {奶酪，纸尿裤：3}		{奶酪，纸尿裤，面包} {奶酪，面包} {纸尿裤，面包}
纸尿裤	{奶酪：4}		{奶酪，纸尿裤}

与 Apriori 相比，FP-Growth 算法不需要产生大量的较长的候选项集，而是通过在 FP 树上递归搜索频繁模式，在每个挖掘出的频繁模式后面添加后缀，得到所有以某个频繁项为后缀的频繁模式。FP-Growth 算法对于挖掘长的频繁模式具有很高的效率以及扩展性。

算法 3-2 FP-Growth 算法

输入：基于事务集 T 生成的 FP 树

输出：所有的频繁项集

调用过程 FP-Growth(FP-tree, null)

Procedure FP-Growth(Tree,α)

```
1.  if Tree 只包含单个路径 P
2.      C←P 上节点项的所有组合
3.      for β∈C
4.          γ←β∪α
5.          σ(γ)←min{σ(β_i)|β_i∈β}
6.          输出频繁模式 γ
7.  else for α_i∈item header
8.      β←α_i∪α
9.      σ(β)←σ(α_i)
10.     输出 β
11.     构造 β 的条件 FP 树：Tree_β
12.     if Tree_β≠∅
13. FP-Growth (Tree_β,β)
```

3.3.2 Spark 上 FP-Growth 算法实践

以表 3-2 的事务数据库 T 为例，给出在 Spark 中如何调用 FP-Growth 算法。

【示例 3-1】Spark FP-Growth 算法。

```
(1)  from pyspark.mllib.fpm import FPGrowth
(2)  from pyspark import SparkContext
(3)  sc = SparkContext(appName="FPGrowth")
(4)  data = sc.textFile('fpgrowth.txt')
(5)  transactions = data.map(lambda line: line.strip().split(' ')[1:])
```

```
(6)  minSupport =0.5
(7)  numPartitions = 2
(8)  model = FPGrowth.train(transactions, minSupport, numPartitions)
(9)  result = model.freqItemsets().collect()
(10) print
(11) for fi in result:
(12)      print str(fi.items).replace('u\'', '\'').decode("unicode-escape"),':',fi.
freq
(13) sc.stop()
```

运行结果：

```
1.  ['牛奶'] : 4
2.  ['牛奶', '纸尿裤'] : 3
3.  ['牛奶', '纸尿裤', '奶酪'] : 3
4.  ['牛奶', '奶酪'] : 4
5.  ['饮料'] : 4
6.  ['饮料', '牛奶'] : 3
7.  ['饮料', '牛奶', '奶酪'] : 3
8.  ['饮料', '纸尿裤'] : 3
9.  ['饮料', '奶酪'] : 3
10. ['蜂蜜'] : 3
11. ['奶酪'] : 5
12. ['啤酒'] : 3
13. ['啤酒', '纸尿裤'] : 3
14. ['纸尿裤'] : 5
15. ['纸尿裤', '奶酪'] : 4
16. ['面包'] : 4
17. ['面包', '牛奶'] : 3
18. ['面包', '牛奶', '奶酪'] : 3
19. ['面包', '纸尿裤'] : 3
20. ['面包', '纸尿裤', '奶酪'] : 3
21. ['面包', '奶酪'] : 4
```

3.4   结合相关性分析的关联规则

在前面介绍过，一个关联规则具有如下形式：$A \rightarrow B\ [sup, con]$，其中支持度 sup 用来过滤哪些项集的出现超过 $minsup$ 比例，这些项集被称为"频繁的"。置信度 con 则体现了在给定 A 的条件下 B 的条件概率，通过置信度进一步过滤出可能是有趣的关联规则。支持度和置信度都超过一定阈值的规则被称为"强关联规则"，这种形式的关联规则评价方法也被称为**支持度—置信度框架**。但这种框架对于某些类型的关联规则并不适用，例如，对于两种商品间存在的负面影响，这种框架就不能有效地支持。下面通过例子来说明。

已知某个网店统计两种商品 A 和 B 的销售情况，如表 3-18 所示。

表 3–18 两种商品销售的列联表

	B	$\bar{B}$	$\sum_{行}$
A	200	600	800
$\bar{A}$	100	100	200
$\sum_{列}$	300	700	1000

由表 3-18 看出，A 和 B 共同购买 200 次，可以得出关联规则"$A \rightarrow B$"的支持度为 20%，而置信度为 25%，由于置信度较低，会被舍弃。关联规则"$B \rightarrow A$"的支持度是 20%，但置信度为 66.7%，由于具有较高的置信度，会被认为是"强关联规则"而被保留。按照规则，商家会认为购买商品 B 会促进对商品 A 的购买。值得注意的是，商品 A 的支持度是 80%，可以认为任意一位顾客购买商品 A 的概率为 80%（先验概率）。当我们把目光聚焦到购买商品 B 的顾客群体后，会发现在这个群体里，购买商品 A 的概率却下降到 66.7%，这样看来关联规则"$B \rightarrow A$"误导了商家。从这个例子可以得出，支持度—置信度框架并不能完全过滤掉我们不感兴趣的规则，对于具有相关性的两种商品，增加相关性度量指标是对支持度—置信度框架的一个扩展。

$$A \rightarrow B \ [sup, con, cor]$$

判断 A 与 B 是否相关的度量有很多，首先我们采用在第 2 章学过的**卡方检验**来判定 A 和 B 之间是否相关。经过计算，$\chi^2 = 46.44$，根据卡方分布表，可以判定 A 与 B 不是独立的，而是相关的。由于同时购买 A 和 B 的期望数是 240，大于实际观测值 200，可以判断二者呈现负相关。也就是说，其中一种商品的购买，会抑制另一种商品的选购。

下面介绍另一种适用于二元属性的相关性度量：**提升度**（**Lift**）。

$$Lift(A,B) = \frac{con(A \rightarrow B)}{sup(B)} \qquad （公式 3-5）$$

可以看出，$Lift$ 是对置信度的一种"修正"：考虑了规则后件的支持度。对于二元属性来说，$Lift$ 与兴趣因子（Interest Factor）等价。

$$I(A,B) = \frac{sup(A,B)}{sup(A) \times sup(B)} = \frac{N \times \sigma(A,B)}{\sigma(A) \times \sigma(B)}$$

当 $Lift$ 或者兴趣因子 $I(A,B)$ 等于 1 时，A 和 B 独立；当它们的值大于 1 时，二者是正相关的；当它们的值小于 1 时，则 A 和 B 是负相关的。

现在计算表 3-18 中的 $Lift$ 和兴趣因子：$I(A,B) = Lift(A,B) = 0.83$，这表明 A 和 B 之间呈现负相关。提升度是一种比较简单的判断手段，在实际应用中受**零事务**的影响较大。零事务是指不包含任何考察项集的事务。提升度只能确定相关性，而非因果性。我们不能从提升度的大小判断 A 和 B 中，哪个项集的出现会导致另一个项集的出现或不出现。这种性质叫作度量的对称性。当我们评价关联规则时，更偏向于使用具有非对称性的度量。

除了前面介绍的几种关联规则的度量方法以外，还有很多其他的度量方法。关联规则评价指标的选取应当遵循以下原则。

（1）由于关联规则是基于数据的统计显著性生成的，规则的统计显著性应当在选取的客观指标中得到充分的体现。

（2）选取的评价指标应当反映出用户的主观偏好。

（3）选取的评价指标对于用户来说比较容易获取。

下面再给出两种度量的定义。

1. 度量名称：Kulczynski（Kulc）

$$Kulc(A,B) = \frac{(con(A \rightarrow B) + con(B \rightarrow A))}{2}$$

Kulc 度量是对两个置信度求平均值，避开支持度的计算，不受零事务的影响。

2. 度量名称：不平衡因子（Imbalance Ratio，IR）

$$IR(A,B) = \frac{|sup(A) - sup(B)|}{sup(A) + sup(B) - sup(A \cup B)}$$

IR 是对两个项集之间关联规则的平衡度度量。IR 值越大，说明两个项集之间越不平衡。在实际应用中，使用 IR 结合 Kulc 度量是比较常见的判断方法。

3.5　多层关联规则挖掘算法

多层关联规则（Multilevel Rules）是一种基于概念分层的关联规则挖掘方法，概念分层是一种映射，它将低层概念映射到高层概念。概念层次结构通常用概念树表示，按照一般到特殊的顺序以偏序的形式排列。树中高层概念是低层概念的概括，树根是概念最一般的描述，树叶是概念的具体描述。

多层关联规则是单层关联规则的扩展，基本挖掘过程和单层关联规则挖掘相似。先在每一个概念层次上挖掘频繁模式，再挖掘交叉层的频繁模式。

下面介绍一种多层关联规则挖掘算法。

假设在事务数据库中出现的商品都是食品，它们分类信息的概念层次树有三层，如图 3-7 所示，分别代表牛奶或者面包，牛奶又分成"牛乳"或者"乳饮品"，再下层是各种品牌。

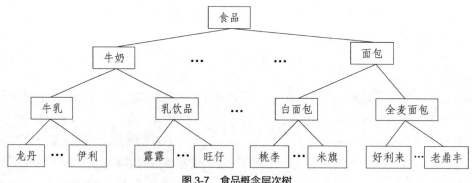

图 3-7　食品概念层次树

在前面已经介绍过频繁项集的挖掘算法，它可以看成是对最底层概念上的项的挖掘。将这些项进行概念的泛化以后，就可以在更高的层次上挖掘频繁项（频繁模式）。例如，可以挖掘出"乳饮品 → 全麦面包"这样的规则。在概念层次上位置越高的概念，支持度也会增加。

从概念层次树上第一层开始进行编码（不包括第零层：食品），例如，某个商品项的编码为 112，第一个数 1 表示"牛奶"类，第二个数 1 表示"牛乳"，第三个数 2 表示品牌的名字。这样在事务数据库中的所有具体商品都被泛化到第三层，同类商品在这个层次上编码相同。设编码后的事务数据库如表 3-19 所示。

表 3-19   概念泛化后的数据库 *T*[1]

TID	项集
T1	{111, 121, 211, 221}
T2	{111, 211, 222, 323}
T3	{112, 122, 221, 411}
T4	{111, 121}
T5	{111, 122, 211, 221, 413}
T6	{211, 323, 524}
T7	{323, 411, 524, 713}

在第一层上挖掘频繁 1-项集，每个项具有如下形式 "1**"，…，"2**" 等，在同一个事务中合并相同的编码，设第一层的最小支持度计数为 4，得到第一层上的频繁 1-项集 *L*[1，1]和频繁 2-项集 *L*[1，2]，如表 3-20、表 3-21 所示。

表 3-20   第一层上的频繁 1-项集 *L*[1，1]

项集	支持度计数
{1**}	5
{2**}	5

表 3-21   第一层上的频繁 2-项集 *L*[1，2]

项集	支持度计数
{1**, 2**}	4

在第一层上可以得到 "牛奶 → 面包" 的关联规则。继续挖掘第二层的频繁项集，在数据库 *T*[1] 中过滤掉非频繁的项，得到数据库 *T*[2]，如表 3-22 所示。

表 3-22   过滤后的数据库 *T*[2]

TID	项集
T1	{111, 121, 211, 221}
T2	{111, 211, 222}
T3	{112, 122, 221}
T4	{111, 121}
T5	{111, 122, 211, 221}
T6	{211}

如果这一层的最小支持度计数还设为 4，可能会丢失部分关联规则，通常在较低层设置较低的最小支持度。设第二层的最小支持度计数为 3，分别得到第二层的频繁 1-项集、频繁 2-项集、频繁 3-项集，如表 3-23、表 3-24 和表 3-25 所示。

表 3-23   第二层上的频繁 1-项集 *L*[2，1]

项集	支持度计数
{11*}	5
{12*}	4
{21*}	4
{22*}	4

表 3–24   第二层上的频繁 2–项集 $L[2, 2]$

项集	支持度计数
{11*, 12*}	4
{11*, 21*}	3
{11*, 22*}	4
{12*, 22*}	3
{21*, 22*}	3

表 3–25   第二层上的频繁 3–项集 $L[2, 3]$

项集	支持度计数
{11*, 12*, 22*}	3
{11*, 21*, 22*}	3

同理，可以得到第三层的频繁项集，如表 3-26、表 3-27 所示。

表 3–26   第三层上的频繁 1–项集 $L[3, 1]$

项集	支持度计数
{111}	4
{211}	4
{221}	3

表 3–27   第三层上的频繁 2–项集 $L[3, 2]$

项集	支持度计数
{111, 211}	3

上述过程挖掘的频繁项集都位于同一层上，在此基础上还可以挖掘跨层频繁项集（Cross-level）。对上述算法稍作修改，即可实现这个目标。

在挖掘跨层频繁项集的过程中，$L[1，1]$、$L[1，2]$ 和 $L[2，1]$ 的生成过程同上，结果如表 3-20、表 3-21、表 3-23 所示。生成候选 3-项集的过程略有不同，不仅要从 $L[2，1]$ 生成，还要加上 $L[1，1]$ 一并生成，通过扫描 $T[2]$ 后，得到新的频繁 2-项集如表 3-28 所示，频繁 3-项集如表 3-29 所示。

表 3–28   新的第二层上的频繁 2–项集 $L[2, 2]$

项集	支持度计数
{11*, 12*}	4
{11*, 21*}	3
{11*, 22*}	4
{12*, 22*}	3
{21*, 22*}	3
{11*, 2**}	4
{12*, 2**}	3
{21*, 1**}	3
{22*, 1**}	4

从新的 $L[2，2]$ 可以看出，产生了跨层的频繁 2-项集，如表 3-28 所示的 {21*，1**} 等。需要注意的是，具有祖先和后代关系的两个项不能入选频繁 2-项集。

表 3–29   第二层上的频繁 3-项集 $L[2，3]$

项集	支持度计数
{11*，12*，22*}	3
{11*，21*，22*}	3
{21*，22*，1**}	3

得到的 $L[3，1]$ 与表 3-26 相同，产生候选 2-项集要与 $L[1，1]$ 和 $L[2，1]$ 一起考虑，最终得到的 $L[3，2]$ 如表 3-30 所示。

表 3–30   新的第三层上的频繁 2-项集 $L[3，2]$

项集	支持度计数
{111，211}	3
{111，21*}	3
{111，22*}	3
{111，2**}	4
{11*，211}	3
{1**，211}	3

具有祖先和后代关系的两个项不会被加入频繁项集。从 $L[3，2]$ 生成候选 3-项集，验证后，得到第三层的跨层频繁 3-项集，如表 3-31 所示。

表 3–31   新的第三层频繁 3-项集 $L[3，3]$

项集	支持度计数
{111，21*，22*}	3

3.6 序列模式挖掘

3.6.1 序列模式的定义

序列是元素 e_1，e_2，$\cdots$，e_n 构成的有序串，记为 $<e_1, e_2, \cdots, e_n>$，其中每一个元素可以是简单项或者项集。假设每个元素都是简单项，则序列的长度是序列中事件的个数。给定序列 $s_1 =<a_1, a_2, \cdots, a_m>$，$s_2 =<b_1, b_2, \cdots, b_n>$（$n \geq m$），如果存在整数 $1 \leq i_1 < i_2 < \cdots < i_m \leq n$，使得 $a_1 = b_{i_1}$，$a_2 = b_{i_2}$，$\cdots$，$a_m = b_{i_m}$，则称 s_1 是 s_2 的子序列，或称 s_2 包含 s_1。

如果考虑到每个元素是一组非空的项目集，那么序列是项目集的有序列表。为了不失一般性，我们假设项集被映射到一组连续的整数。项集 i 用 $(i_1, i_2, \cdots, i_m)$ 表示，其中 i_j 是一个项。用 $<s_1, s_2, \cdots, s_n>$ 表示一个序列 s，其中 s_j 是一个项集。

一个序列 $s_2 =<b_1, b_2, \cdots, b_n>$ 包含另一个序列 $s_1 =<a_1, a_2, \cdots, a_m>$，如果存在整数 $1 \leq i_1 < i_2 < \cdots < i_m \leq n$，可得 $a_1 \subseteq b_{i_1}, a_2 \subseteq b_{i_2}, \cdots, a_m \subseteq b_{i_m}$。例如，$<(7)(3, 8)(9)(4, 5, 6)(8)>$ 包含 $<(3)(4, 5)(8)>$，其中 $(3) \subseteq (3, 8)$，$(4, 5) \subseteq (4, 5, 6)$，$(8) \subseteq (8)$。$<(3)(5)>$

不包含在<（3，5）>中，反之亦然。如果使用购物篮的例子，假设每个项目集是一次购买的商品，那么前者表示第 3 项和第 5 项被一个接一个地购买，而后者表示第 3 项和第 5 项被一起购买。

序列模式的定义：如果定义序列数据库 S 是元组 $<SID,s>$ 的集合，其中 SID 是序列 ID，s 是序列。在序列数据库 S 中，任何支持度大于等于最小支持度阈值 min_sup 的序列都是频繁的，一个频繁序列被称为**序列模式**（Sequential Pattern）。

序列模式挖掘的基本思想首先由阿格拉沃尔（Agrawal）等提出。有很多序列模式挖掘的应用例子，例如，书店的销售数据库，其中对象代表客户，属性代表作者或图书。假设数据库记录每个客户在一段时间内购买的图书，发现的模式是客户最常购买的图书序列。"在购买《三国演义》的人中有 70%也在一个月内购买了《西游记》"。商店可以使用这些模式进行促销，制订进货计划等。

下面介绍一种序列模式挖掘算法：PrefixSpan。

3.6.2　PrefixSpan 算法

给定一个序列数据库，如表 3-32 所示。

表 3–32 序列数据库实例

序列 ID	序列
10	$<a\,(abc)\,(ac)\,d\,(cf)>$
20	$<(ad)\,c\,(bc)\,(ae)>$
30	$<(ef)\,(ab)\,(df)\,cb>$
40	$<eg\,(af)\,cbc>$

定义 1　前缀：假设元素中的所有项目都按字母顺序列出。给定一个序列 $\alpha=<e_1e_2\cdots e_n>$（其中每个 e_i 对应于 S 中的一个频繁元素），序列 $\beta=<e'_1e'_2\cdots e'_m>$（$m\leqslant n$），被称为 α 的一个前缀，如果满足以下条件：①对于所有的 $i\leqslant m-1$，$e'_i=e_i$；②$e'_m\subseteq e_m$；③（$e_m-e'_m$）中的所有频繁项按字母顺序排列在 e'_m 之后。

例如，$<a>$，$<aa>$，$<a\,(ab)>$，$<a\,(abc)>$是序列 $s=<a\,(abc)\,(ac)\,d\,(cf)>$的前缀，但是，如果序列 s 的前缀$<a\,(abc)>$中每一个项目在 S 中都是频繁的，那么$<ab>$,$<a\,(bc)>$都不是前缀，因为它们不符合上述定义的第三个条件。

定义 2　后缀：给定一个序列 $\alpha=<e_1e_2\cdots e_n>$（其中每个 e_i 对应于 S 中的一个频繁元素），令序列 $\beta=<e_1e_2\cdots e_{m-1}e'_m>$（$m\leqslant n$）是 α 的前缀，序列 $\gamma=<e''_me_{m+1}\cdots e_n>$称为 α 对于 β 的后缀，表示为 $\gamma=\alpha|\beta$，$e''_m=e_m-e'_m$。注意，如果 β 不是 α 的子序列，那么 α 对于 β 的后缀是空的。

例如，对于序列 $s=<a\,(abc)\,(ac)\,d\,(cf)>$，$<(abc)\,(ac)\,d\,(cf)>$是关于前缀$<a>$的后缀，$<(\_bc)\,(ac)\,d\,(cf)>$是关于前缀$<aa>$的后缀，$<(\_c)\,(ac)\,d\,(cf)>$是关于前缀$<a\,(ab)>$的后缀。

对于某一个前缀，序列里前缀后面剩下的子序列即为其后缀。如果前缀最后的项是项集的一部分，则用一个"_"来占位表示。

定义 3　投影数据库：令 α 是序列数据库 S 的一个序列模式，α-投影数据库表示为 $S|_\alpha$，是 S 中关于前缀 α 的后缀序列集合。

相同前缀对应的所有后缀集合被称为前缀的投影数据库。

定义 4　投影数据库中的支持度计数：令 α 是序列数据库 S 的一个序列模式，如果 β 是以 α 为前

缀的一个序列，那么在 α 的投影数据库中，β 的支持度计数表示为 $support_{S|_\alpha}(\beta)$，是在 $S|_\alpha$ 中的序列 γ 的数量，$\beta \subseteq \alpha \cdot \gamma$。

以表 3-32 所示的序列数据库 S 为例，设最小支持度阈值 $min\_sup = 2$，通过前缀投影方法来挖掘 S 中的序列模式。

（1）找到长度为 1 的序列模式。扫描数据库 S，获得序列中的所有频繁项，这些频繁项都是长度为 1 的序列模式，如表 3-33 所示。

表 3-33　　　　　　　　　　　　　　　　长度为 1 的序列模式

序列模式	<a>	<b>	<c>	<d>	<e>	<f>
支持度	4	4	4	3	3	3

（2）划分搜索空间。根据这六个前缀，序列模式集合被划分为以下六个子集：前缀为<a>的子集，前缀为<b>的子集，…，前缀为<f>的子集。

（3）找到序列模式的子集。通过构造对应投影数据的集合，递归挖掘序列模式的子集。投影数据库和在其中找到的序列模式如表 3-34 所示。

表 3-34　　　　　　　　　　　　　　　　序列模式

前缀	投影数据库（后缀）	序列模式
<a>	<(abc)(ac)d(cf)>, <(_d)c(bc)(ae)>, <(_b)(df)cb>, <(_f)cbc>	<a>, <aa>, <ab>, <a(bc)>, <a(bc)a>, <aba>, <abc>, <(ab)>, <(ab)c>, <(abd)>, <(ab)f>, <(ab)dc>, <ac>, <aca>, <acb>, <acc>, <ad>, <adc>, <af>
<b>	<(_c)(ac)d(cf)>, <(_c)(ae)>, <(df)cb><c>	<b>, <ba>, <bc>, <(bc)>, <(bc)a>, <bd>, <bdc>, <bf>
<c>	<(ac)d(cf)>, <(bc)(ae)>, <b>, <bc>	<c>, <ca>, <cb>, <cc>
<d>	<(cf)>, <c(bc)(ae)>, <(_f)cb>	<d>, <db>, <dc>, <dcb>
<e>	<(_f)(ab)(df)cb>, <(af)cbc>	<e>, <ea>, <eab>, <eac>, <eacb>, <eb>, <ebc>, <ec>, <ecb>, <ef>, <efb>, <efc>, <efcb>
<f>	<(ab)(df)cb>, <cbc>	<f>, <fb>, <fbc>, <fc>, <fcb>

具体挖掘过程如下。

（1）找到前缀为<a>的序列模式

只收集包含<a>的序列，并且在含有<a>的序列中，只考虑以<a>第一次出现为前缀的子序列。例如，对于序列<(ef)(ab)(df)cb>，在挖掘前缀为<a>的序列模式时，只考虑子序列<(_b)(df)cb>。注意，(_b)意味着前缀中最后的元素是 a，a 和 b 一起构成了一个元素(ab)。将包含<a>的 S 中的序列投影到<a>以构成 a-投影数据库，该数据库由四个后缀序列组成：<(abc)(ac)d(cf)>，<(_d)c(bc)(ae)>，<(_b)(df)cb>，<(_f)cbc>。

下面的思想与 FP-Growth 算法的条件模式库的递归挖掘很相似。

通过扫描一次 a-投影数据库，得到它的局部频繁项是：a:2，b:4，_b:2，c:4，d:2，f:2。此时可以得到所有长度为 2 的以<a>为前缀的序列模式：<aa>:2，<ab>:4，<(ab)>:2，<ac>:4，<ad>:2，<af>:2。

所有前缀为<a>的序列模式递归地划分成六个子集：前缀为<aa>的子集，前缀为<ab>的子集，…，前缀为<af>的子集。分别构造它们的投影数据库，并且分别进行递归挖掘。步骤如下。

① <aa>-投影数据库由两个前缀为<aa>的非空（后缀）子序列组成：<(_bc)(ac)d(cf)>，<(_e)>。由于不可能从这个投影数据库中生成任何频繁的子序列，所以对<aa>-投影数据库的处

理终止。

② *<ab>*-投影数据库由三个后缀序列组成：< (_c) (ac) d (cf) >，< (_c) a>，<c>。递归挖掘*<ab>*-投影数据库返回四个序列模式：< (_c) >，< (_c) a>，<a>，<c>，即*<a (bc) >*，*<a (bc) a>*，*<aba>*，*<abc>*，它们形成了以*<ab>*为前缀的完整序列模式集合。

③ < (ab) >-投影数据库仅包含两个序列：< (_c) (ac) d (cf) >，< (df) cb>，这导致发现以< (ab) >为前缀的序列模式如下：*<c>*，*<d>*，*<f>*，*<dc>*。

④ 类似地，组织并递归挖掘*<ac>*，*<ad>*，*<af>*-投影数据库，所得到的序列模式在表 3-34 中显示。

（2）找到以*<b>*、*<c>*、*<d>*、*<e>*以及*<f>*为前缀的序列模式

这个过程与上一步是一样的过程。

最终全部的序列模式是上述步骤结果的并集。

算法 3-3　PrefixSpan(Prefix-projected Sequential Pattern Mining)算法

输入：序列数据库 S，最小支持度阈值 min_sup

输出：全部序列模式

调用 PrefixSpan(<>, 0, S)。

PrefixSpan(α, l, S|$_α$)

1. 扫描一次 S|$_α$，找到每一个频繁项 b：

　（a）b 能够被组装到 α 的最后一个元素，形成一个序列模式；或者：

　（b）<b>能够被追加到 α，形成一个序列模式

2. 对于每一个频繁项 b，把它加到 α 中形成序列模式 α'，并且输出 α'.

3. 对于每一个 α'，构造 α'-投影数据库 S|$_{α'}$，并且调用 PrefixSpan(α', l+1, S|$_{α'}$)

参数 α 是序列模式，*l* 是 α 的长度，如果 α≠<>，S|$_α$ 是 α-投影数据库，否则，参数 S|$_α$ 即为序列数据库 *S*。

【示例 3-2】PySpark 中使用 PrefixSpan 模型。

```
(1)     from pyspark.mllib.fpm import PrefixSpan
(2)     from pyspark import SparkContext
(3)     if __name__ == "__main__":
(4)         data = [
(5)             [["a"], ["a", "b", "c"], ["a", "c"], ["d"], ["c", "f"]],
(6)             [["a", "d"], ["c"], ["b", "c"], ["a", "e"]],
(7)             [["e", "f"], ["a", "b"], ["d", "f"], ["c"], ["b"]],
(8)             [["e"], ["g"], ["a", "f"], ["c"], ["b"], ["c"]]
(9)         ]
(10)        sc = SparkContext()
(11)        rdd = sc.parallelize(data, 2)
(12)        model = PrefixSpan.train(rdd, 0.5, 4)
(13)        result = (model.freqSequences().collect())
(14)        sorted(result)
(15)        for fi in result:
(16)            print (fi)
```

3.6.3　与其他序列模式挖掘算法的比较和分析

除了 PrefixSpan 算法，还有很多序列模式挖掘算法。限于篇幅，这里只给出这些算法的基本思

路以及它们之间的对比分析。

　　AprioriAll 算法属于 Apriori 类算法，其基本思想为首先遍历序列数据库生成候选序列并利用 Apriori 性质进行剪枝得到频繁序列。每次遍历都是通过连接上次得到的频繁序列生成新的长度加 1 的候选序列，然后扫描每个候选序列验证其是否为频繁序列。因此，AprioriAll 算法属于候选项集产生—测试一类的方法。

　　GSP（Generalized Sequential Pattern）算法是 AprioriAll 算法的扩展算法，其算法的执行过程和 AprioriAll 算法类似，最大的不同在于 GSP 引入了时间约束、滑动时间窗和分类层次技术，增加了扫描的约束条件，有效地减少了需要扫描的候选序列的数量。此外 GSP 算法利用哈希树来存储候选序列，进一步减少了需要扫描的序列数量。

　　AprioriAll 和 GSP 算法都属于 Apriori 类算法，都要产生大量的候选序列，存储开销很大。同时需要多次扫描数据库，计算复杂性增大。

　　FreeSpan 算法是基于模式投影的序列模式挖掘算法，其基本思想：利用当前挖掘的频繁序列集将序列数据库递归地投影到一组更小的投影数据库上，分别在每个投影数据库上增长子序列。这一过程对数据和待检验的频繁模式集都进行了分割，并且每一次检验限制在与其相符合的更小投影数据库中。

　　PrefixSpan 算法是 FreeSpan 算法的改进算法，即通过前缀投影序列挖掘模式。每个投影数据库中只检查局部频繁模式，在整个过程中不需要生成候选序列。

　　这两种算法都属于模式增长算法，它们的查找更加集中和有效。由于该类算法不生成大量的候选序列以及不需要反复扫描数据库，和 Apriori 类算法相比更快且更有效，特别是在支持度比较低的情况下优势更明显。此外，在时空的执行效率上，PrefixSpan 算法比 FreeSpan 算法更优。

　　这几种算法对不同类型的数据适用性也不同。通常数据集合可分为稠密数据集和稀疏数据集两种。在稠密数据集中，存在大量的长尺度和高支持度的频繁模式，在这样的数据集中，许多项是相似的，例如 DNA 序列分析或者股票走势形态分析。稀疏数据集主要由短模式组成，长模式虽然也存在，但相应的支持度很小，例如超市的交易数据集以及用户在网站中浏览页面的序列等。

　　Apriori 类算法在稀疏数据集的应用中比较合适，并不适合稠密数据集的应用。对于有约束条件（例如相邻事务的时间间隔约束）的序列模式挖掘，GSP 算法更适用。

　　FreeSpan 算法和 PrefixSpan 算法在两种数据集中都适用，而且在稠密数据集中它们的优势更加明显。两者相比，PrefixSpan 算法的性能更好一些。

　　在实际应用中，在数据挖掘过程的不同阶段，数据集的特点和数据规模等因素可能不同，如果能根据各阶段的特点选择相应的算法，则序列挖掘模式能达到更好的效果。

　　此外由于 Apriori 类算法使用较简单，FreeSpan 算法和 PrefixSpan 算法虽然效率高，但实现起来难度大。所以，现在大多数应用都是采用 Apriori 类算法的改进算法，以克服 Apriori 类算法执行效率不高的缺点。

3.7　其他类型关联规则简介

　　在本节中，我们将介绍一些其他类型的关联规则，例如量化关联规则（Quantitative Association Rules）、时态关联规则（Temporal Association Rules）、局部化的关联规则（Localized Associations）和

优化的关联规则（Optimized Association Rules）。

3.7.1 量化关联规则

前面提到的关联规则可看作是布尔关联规则，可以表达为 $X \rightarrow Y$，其中 X、Y 可以是项（Items）或者属性。

量化关联规则是更一般的关联规则形式。一个简单的量化关联规则可描述如下：

$$\{Age : 30 \cdots 39\} \wedge \{Married : Yes\} \rightarrow \{NumCars : 2\}$$

为了挖掘量化关联规则，算法将定量属性的值域离散化到若干区间，将区间映射到连续整数，并保持区间的顺序。每个定量属性离散化的区间，可以看成是"项"，在上述例子中，Age 这个属性，在它的值域内被离散化为多个区间，区间[30, 39]就可以看成是一个"项"：$\{Age : 30 \cdots 39\}$。给定事务数据库 T，按照每个元组中定量属性值的范围，计算被离散化后各个区间"项"的支持度，得到频繁项集。

3.7.2 时态关联规则

在很多应用中，关联规则与时间密切相关。有很多随时间呈现规律性变化的周期性关联规则（Cyclic Association Rule）问题。例如，如果是计算月度销售数据的关联规则，那么可以观察到月销售记录呈现季节性的变化，即运用相同的规则在每年的相同月份可能是正确的。

为了处理周期性关联规则，算法通过增加描述事务执行时间的属性来增强事务模型。用 t_i 表示第 i 个时间单位，代表区间 $[i \times t, (i+1)t]$，用 $D[i]$ 表示在 t_i 内执行的事务集。发现周期性关联规则的问题就是为了找到事务中项出现的周期性关系。如果在 $D[i]$ 中，$X \cup Y$ 的支持度超过最小支持度阈值 sup_{min} 并且置信度超过最小置信度阈值 com_{min}，则关联规则 $X \rightarrow Y$ 在时间单位 t_i 内成立。周期性 c 是一个元组 (l, o)，表示关联规则从时间单位 t_o 开始，每隔 l 个时间单位成立。例如，如果时间单位是 1 小时，并且"咖啡 → 甜甜圈"在每天上午 7 点到 8 点区间成立，那么关联规则"咖啡 → 甜甜圈"存在一个周期性（24，7）。

3.7.3 局部化的关联规则

在挖掘关联规则的时候，我们会发现这样一个现象，在全局数据库中有些规则支持度很低，但在某些具有相似特点的局部数据集合中，它们的支持度却很高。例如，在一个全国大型连锁超市的事务数据库中，在非常寒冷地区的销售事务中，会包含对应于厚重冬季服饰的关联规则，但由于它们在数据库的其他部分中出现的频率通常并不很高，所以这些频繁模式通常不会出现在汇总数据中。为了发现这样的局部关联规则，如果通过降低支持度来使用全局分析，无疑将导致挖掘出大量无意义和冗余的模式。

为此，菲利普·俞（Philip S.Yu）等研究者提出了一种高效的局部关联规则挖掘算法。算法中采用了聚类的思想，所采用的 CLASD（The Clustering for Association Discovery）算法将全局数据库划分为若干个子集合，并统计包含在这些子集合中的项集的支持度计数，从而发现局部关联规则。

3.7.4 优化的关联规则

在形如 $(A_1 \in [l_1, u_1]) \wedge C_1 \rightarrow C_2$ 的关联规则中，属性 A_1 是数值型属性，l_1 和 u_1 是变量，C_1 和 C_2 中

的属性值都是确定的。优化关联规则算法就是确定 l_1 和 u_1 的值，使得规则的支持度或者置信度最大化。

习题

1. 请举例说明实验原理"Apriori Property"。

2. 设最小支持度为 33.3%，最小置信度为 50%。按照 Apriori 算法的步骤，给出每次扫描题表 3-1 中的数据库后得到的所有频繁项集。在频繁项集的基础上，产生所有的强关联规则。

题表 3-1

TID	商品
1	A, B, C, D, E
2	A, B, D, E
3	B, C, D
4	C, D, E
5	A, C, E
6	A, B, D

3. 某商店统计了上季度的 10000 笔交易记录，给出如题表 3-2 所示的统计信息。

题表 3-2

1. {牙刷}在 6000 个事务中出现；
2. {防晒霜}在 5000 个事务中出现；
3. {凉鞋}在 4000 个事务中出现；
4. {太阳镜}在 2000 个事务中出现；
5. {牙刷，防晒霜}在 1500 个事务中出现；
6. {牙刷，凉鞋}在 1000 个事务中出现；
7. {牙刷，太阳镜}在 250 个事务中出现；
8. {牙刷，防晒霜，凉鞋}在 600 个事务中出现。

回答如下问题。

（1）规则"牙刷→防晒霜"与"{牙刷，防晒霜} → {凉鞋}"的置信度分别是多少？

（2）{牙刷}和{防晒霜}是独立的吗？

（3）计算 Lift (牙刷，太阳镜)。

4. 请对比 Apriori 算法和 FP-Growth 算法的异同，给出两种算法各自的优点以及缺点。

5. 请设计程序实现显示递归挖掘$<a>$-投影数据库的过程，数据集采用表 3-34 的序列数据库。

6. 分析 min_sup 对 PrefixSpan 算法运行时间和所需存储空间的影响。

7. 阅读 PrefixSpan 算法的参考文献，思考当序列数据集很大，不同的项数又较多，且每个序列都需要建立一个投影数据库时，如何减少投影数据库的数量和大小。

8. 题表 3-3 给出的是一组有关天气状况和能否进行户外活动的数据。

题表 3–3

No.	Outlook	Temperature	Humidity	Windy	Play
1	sunny	hot	high	FALSE	no
2	sunny	hot	high	TRUE	no
3	overcast	hot	high	FALSE	yes
4	rain	mild	high	FALSE	yes
5	rain	cool	normal	FALSE	yes
6	rain	cool	normal	TRUE	no
7	overcast	cool	normal	TRUE	yes
8	sunny	mild	high	FALSE	no
9	sunny	cool	normal	FALSE	yes
10	rain	mild	normal	FALSE	yes
11	sunny	mild	normal	TRUE	yes
12	overcast	mild	high	TRUE	yes
13	overcast	hot	normal	FALSE	yes
14	rain	mild	high	TRUE	no

请给出所有包含属性"Play"的频繁项集（设最小支持度计数为 3），例如{overcast，yes}这种形式的频繁项集。

第4章　分类与回归算法

在现实生活中，有很多应用分类算法的实例。近年来，在金融领域，个人消费贷款的类型呈现出多元化的趋势，由原本的单一贷款种类发展到今天各式各样的贷款种类，房屋、汽车按揭贷款、教育助学贷款、耐用消费品贷款等层出不穷。对金融机构来说，违约风险是指债务人由于各种原因不能按时归还贷款债务的风险，违约风险主要是指由于贷款人的还款能力下降或者信用水平低从而违约。在贷款申请的时候，如何评价贷款人的信用风险，是很重要的。银行贷款员需要分析数据，来弄清哪些贷款申请者是安全的，哪些是有风险的。从分类的角度来说，就是将贷款申请者分为"安全"和"有风险"两类。

数据分类主要包含两个步骤：第一步，事先利用已有数据样本建立一个数学模型，这一步通常称为"训练"，为建立模型的学习过程提供的具有类标号的数据称为"训练集"；第二步，使用模型，对未知分类的对象进行分类。

4.1　决策树算法

决策树算法是以实例为基础的归纳学习算法，通常用来形成分类器和预测模型，它可以对未知数据进行分类或预测、数据预处理和数据挖掘等。它通常包括两部分：树的生成和树的剪枝。

4.1.1　决策树简介

决策树是类似于流程图的树结构。经过一批训练集的训练产生一棵决策树，决策树上的每个内部节点表示在一个属性上的测试，内部节点的属性称为测试属性。每个分枝则代表一个测试的输出，每个树叶节点代表类（分类标签），即所要学习划分的类。一个决策树的实例如图4-1所示。

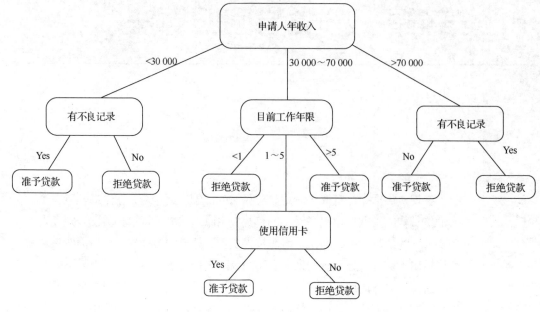

图 4-1 审批贷款申请的决策树

决策树可以根据属性的取值对一个未知实例集进行分类。使用决策树对实例进行分类时，由树根开始对该对象的属性逐渐测试其值，并且顺着分支向下走，直至到达某个叶节点，此叶节点代表的类即为该对象所处的类。

4.1.2 决策树的类型

决策树分为分类树和回归树两种，分类树对离散变量做决策树，回归树则对连续变量做决策树。根据决策树的不同属性，可将其分为以下几种。

（1）决策树内节点的测试属性可能是单变量的，即每个内节点只包含一个属性；也可能是多变量的，例如，多个属性的线性组合，即存在包含多个属性的内节点。

（2）每个内节点分支的数量取决于测试属性值的个数。如果每个内节点只有两个分支则称之为二叉决策树。

（3）分类结果既可能是两类又可能是多类，如果二叉决策树的结果只能有两类则称之为布尔决策树。

4.1.3 决策树的构造过程

决策树学习采用自顶向下的分治方式构造判定树。决策树生成算法分成两个步骤：第一步是树的生成，开始时所有训练样本都在根节点，然后递归进行数据分片；第二步是树的修剪。决策树停止分割的条件包括：一个节点上的数据都是属于同一个类别；没有属性可以再用于对数据进行分割。

从图 4-1 中可以看出，构造决策树一个重要的步骤是选择哪一个属性作为当前的内节点。一旦选择了某个属性，那么相应的训练数据集合就会根据每个元组在这个属性上的值进行"分裂"，从而划分为几个子数据集合，并重复这个过程，直到符合终止条件。

从树根到叶子节点的路径，构成了一个分类的规则，沿着这条路径，一条元组属于哪一个分类这种**不确定性**，也是一个从大到小的过程。因此，选择合适的内节点作为当前的"分支属性"是关键因素，属性选择策略就是根据不同的标准来做出选择，而选择的依据则与不确定性有关。下面先引入信息论中对于不确定性进行定量描述的重要概念，然后介绍决策树构造过程中分裂属性选择策略。

4.1.4　信息论的有关概念

1. 自信息量

设 $X_1, \cdots, X_n$ 为信源发出的信号，在接收到 X_i 之前，收信者对信源发出信号的不确定性定义为信息符号的自信息量 $I(X_i)$。即 $I(X_i) = -\log P(X_i)$，其中 $P(X_i)$ 为信源发出 X_i 的概率。

2. 信息熵

自信息量只能反映符号的不确定性，而信息熵则可以用来度量信源 X 整体的不确定性，定义如下。

$$H(X) = -\sum_{i=1}^{n} p(X_i)I(X_i) = -\sum_{i=1}^{n} p(X_i)\log p(X_i)$$
（公式 4-1）

其中 n 为信源 X 所有可能的符号数，即用信源每发出一个符号所提供的平均自信息量来定义信息熵（平均信息量）。在本书中 log 均表示以 2 为底的对数，信息熵的单位是 bit。

3. 条件熵

如果信源 X 与随机变量 Y 不是相互独立的，收信者接收到信息 Y。那么，用条件熵 $H(X|Y)$ 来度量收信者在收到随机变量 Y 之后，随机变量 X 仍然存在的不确定性。设 X 对应信源符号 X_i，Y 对应信源符号 Y_j，$P(X_i|Y_j)$ 为当 Y 为 Y_j 时，X 为 X_i 的概率，则有：

$$H(X|Y) = -\sum_{i=1}^{n}\sum_{j=1}^{m} P(X_i|Y_j)\log P(X_i|Y_j)$$
（公式 4-2）

4. 平均互信息量

用它来表示信号 Y 所能提供的关于 X 的信息量的大小，用 $I(X,Y)$ 表示：

$$I(X,Y) = H(X) - H(X|Y)$$
（公式 4-3）

4.1.5　ID3 算法

下面，我们通过一个实例，介绍 ID3 算法的基本过程。

【示例 4-1】决策树构建实例。

表 4–1　　　　　　　　　　　高尔夫活动决策表

编号	天气	温度	湿度	风速	活动
1	晴	炎热	高	弱	取消
2	晴	炎热	高	强	取消
3	阴	炎热	高	弱	进行
4	雨	适中	高	弱	进行
5	雨	寒冷	正常	弱	进行
6	雨	寒冷	正常	强	取消

编号	天气	温度	湿度	风速	活动
7	阴	寒冷	正常	强	进行
8	晴	适中	高	弱	取消
9	晴	寒冷	正常	弱	进行
10	雨	适中	正常	弱	进行
11	晴	适中	正常	强	进行
12	阴	适中	高	强	进行
13	阴	炎热	正常	弱	进行
14	雨	适中	高	强	取消

表 4-1 给出了是否适合户外打高尔夫球的决策表 D，下面给出 ID3 算法用此表训练决策树的过程。

在这个分类问题中，分类属性为"活动"，分类的个数为 2，分别为"进行"和"取消"两个类别。对于当前的数据集合 D，有 9 条元组属于分类"进行"，另外 5 条属于分类"取消"。为了对 D 中的元组进行分类，所需要信息的期望值定义为：

$$Info(D) = -\sum_{i=1}^{m} p_i \log_2(p_i) \qquad （公式 4-4）$$

其中，p_i 是 D 中任意元组属于分类 C_i 的概率，用 $\frac{|C_{i,D}|}{|D|}$ 来估计，即用 D 中属于各个分类的元组所占的比例来估计概率 p_i。$Info(D)$ 就是前面所介绍的信息熵，它是识别 D 中元组所属分类所需要的信息期望。在此例中：

$$Info(D) = -\frac{9}{14}\log_2(\frac{9}{14}) - \frac{5}{14}\log_2(\frac{5}{14}) = 0.940(\text{bit})$$

为了构造决策树的根节点，先要选择一个属性作为分裂节点，使得 D 分裂后的信息量减少最多。下面分别计算按照某个属性 A "分裂后"的信息熵：

$$Info_A(D) = \sum_{j=1}^{v} \frac{|D_j|}{|D|} \times Info(D_j) \qquad （公式 4-5）$$

假设属性 A 有 v 个离散的值，D 中元组被划分为 v 个子集合 D_j，计算得到 $Info_A(D)$。

先以属性"天气"为例，如表 4-2 所示。

表 4-2　　　　　　　　　　　　按照"天气"属性划分数据

编号	天气	温度	湿度	风速	活动
9	晴	寒冷	正常	弱	进行
11	晴	适中	正常	强	进行
1	晴	炎热	高	弱	取消
2	晴	炎热	高	强	取消
8	晴	适中	高	弱	取消
3	阴	炎热	高	弱	进行
7	阴	寒冷	正常	强	进行
12	阴	适中	高	强	进行
13	阴	炎热	正常	弱	进行
4	雨	适中	高	弱	进行
5	雨	寒冷	正常	弱	进行
10	雨	适中	正常	弱	进行
6	雨	寒冷	正常	强	取消
14	雨	适中	高	强	取消

"天气"属性有 3 个不同的值：{"晴"，"阴"，"雨"}，划分后的 3 个子集合，在分类属性"活动"上的纯度也不同，在"天气"取值为"阴"的这个子集合里，纯度最高，都为"进行"。

$$Info_{天气}(D) = \frac{5}{14} \times Info(D_{晴}) + \frac{4}{14} \times Info(D_{阴}) + \frac{5}{14} \times Info(D_{雨})$$

$$Info(D_{晴}) = -\frac{2}{5}\log_2\left(\frac{2}{5}\right) - \frac{3}{5}\log_2\left(\frac{3}{5}\right) = 0.971$$

$$Info(D_{阴}) = -\frac{4}{4}\log_2\left(\frac{4}{4}\right) = 0$$

$$Info(D_{雨}) = -\frac{2}{5}\log_2\left(\frac{2}{5}\right) - \frac{3}{5}\log_2\left(\frac{3}{5}\right) = 0.971$$

$$Info_{天气}(D) = \frac{5}{14} \times 0.971 + \frac{4}{14} \times 0 + \frac{5}{14} \times 0.971 = 0.694$$

可以看出，分裂后数据集合 D 的信息熵明显减少，这说明分类所需信息减少，这个减少的信息量，ID3 算法称之为信息增益（Information Gain）：

$$Gain(A) = Info(D) - Info_A(D) \qquad\qquad （公式 4-6）$$

$$Gain(天气) = 0.940 - 0.694 = 0.246$$

$$Gain(温度) = 0.940 - 0.911 = 0.029$$

$$Gain(温度) = 0.940 - 0.789 = 0.151$$

$$Gain(风速) = 0.940 - 0.892 = 0.048$$

因为属性"天气"的信息增益最大，因此根节点选择"天气"属性。由于 $D_{晴}$ 和 $D_{雨}$ 的分类属性上不"纯"，两种分类标签都存在，因此需要进一步递归地进行分裂。

表 4-3　　　　　　　　　　　　$D_{晴}$按照属性"湿度"划分结果

编号	天气	湿度	温度	风速	活动
9	晴	正常	寒冷	弱	进行
11	晴	正常	适中	强	进行
1	晴	高	炎热	弱	取消
2	晴	高	炎热	强	取消
8	晴	高	适中	弱	取消

表 4-4　　　　　　　　　　　　$D_{雨}$按照属性"风速"划分结果

编号	天气	湿度	温度	风速	活动
4	雨	适中	高	弱	进行
5	雨	寒冷	正常	弱	进行
10	雨	适中	正常	弱	进行
6	雨	寒冷	正常	强	取消
14	雨	适中	高	强	取消

对子集合 $D_{晴}$ 和 $D_{雨}$ 选择分裂属性时，根据信息增益，分别选取了"湿度"和"风速"属性。可以发现，按照这两个属性分别划分后的子集合，纯度都很高。

从根节点开始，决策树逐渐形成的过程如图 4-2 所示。

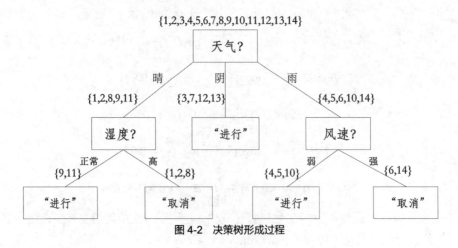

图 4-2　决策树形成过程

算法 4-1　ID3 算法

输入：训练数据集 D
输出：决策树 T

1. 如果 D 中元组的分类属性值唯一，返回；
2. 计算所有非分类属性的信息增益，选择最大的属性 A，为 A 属性构造中间节点；
3. 按照属性 A 的不同取值，对 D 进行划分，并构造节点 A 的分支以及子节点；
4. 在每个子节点上递归执行 ID3 算法。

4.1.6　信息论在 ID3 算法中的应用

在 ID3 算法中，属性选择策略根据信息增益的大小来决定当前的"分裂属性"。接下来，从前面介绍的信息论的有关概念的角度，回顾信息增益这个度量的含义。

决策树学习过程就是使得决策树对数据集划分的不确定程度逐渐减小的过程。当选择属性 A 进行测试时，如果在已知 $A = A_j$ 的情况下属于第 i 类的元组个数为 C_{ij}，以 D_j 表示以属性 A 对训练实例集 D 划分后所得结果集。则一个元组在 $A = A_j$ 前提下属于分类 C_i 的概率为：$P(C_i \mid A = A_j) = \dfrac{C_{ij}}{|D_j|}$。

则条件熵为：

$H(活动|晴天) = -P(进行|晴天)\log P(进行|晴天) - P(取消|晴天)\log P(取消|晴天)$

$$= -\frac{2}{5}\log_2\frac{2}{5} - \frac{3}{5}\log_2\frac{3}{5} = 0.971$$

同理可得：$H(活动|阴天)=0$，$H(活动|雨天)=0.971$。

则条件熵如下。

$$H(活动|天气) = \frac{5}{14}H(活动|晴天) + \frac{4}{14}H(活动|阴天) + \frac{5}{14}H(活动|雨天) = 0.694$$

恰好就是 $Info_{天气}(D)$，所以得出结论，信息增益就是平均互信息量：

$$H(活动，天气) = H(活动) - H(活动|天气) = 0.94 - 0.694 = 0.246$$

从上述过程可以看出，选择测试属性 A 对于分类提供的信息越大，选择 A 之后对分类的不确定程度就越小。不确定程度的减少量就是信息的增益。

4.1.7　C4.5 算法

C4.5 算法继承了 ID3 算法的所有优点，并对 ID3 算法进行了改进和补充。C4.5 算法采用**信息增益率**作为选择分支属性的标准，克服了 ID3 算法中信息增益偏向选择取值多属性的不足，并能够完成对连续属性离散化的处理。

C4.5 算法主要做了以下方面的改进。

（1）用信息增益率来选择属性。

信息增益率定义为：

$$GainRate(A) = \frac{Gain(A)}{SplitInfo_A(D)} \qquad （公式 4-7）$$

分裂信息 $SplitInfo_A(D)$ 代表了按照属性 A 分裂样本集 D 的广度和均匀性。

$$SplitInfo_A(D) = -\sum_{j=1}^{n} \frac{|D_j|}{|D|} \times \log_2\left(\frac{|D_j|}{|D|}\right) \qquad （公式 4-8）$$

（2）可以处理连续数值型属性。

C4.5 算法既可以处理离散型属性，也可以处理连续值属性。在选择某节点上的分枝属性时，对于离散型属性，C4.5 算法的处理方法与 ID3 相同，按照该属性本身的取值个数进行计算；对于某个连续值属性 A，假设在某个节点上的数据集的样本数量为 $total$，C4.5 算法将进行以下处理。

① 将该节点上的所有数据样本按照连续值属性的具体数值，由小到大进行排序，得到属性值的取值序列 $\{A_1, A_2, \cdots, A_{total}\}$。

② 在取值序列生成 $total - 1$ 个分割点。第 $i(0 < i < total)$ 个分割点的取值设置为 $V_i = \frac{A_i + A_{i+1}}{2}$，它可以将该节点上的数据集划分为两个子集。

③ 从 $total - 1$ 个分割点中选择最佳分割点，即对于每个分割点 V_i，将 D 划分为两个集合，选取使得 $Info_A(D)$ 最小的点。

4.1.8　CART 算法

CART（Classification And Regression Tree）决策树能够处理连续和离散值类型的属性，递归地构造一棵二叉树。

CART 算法采用最小 $Gini$ 系数选择内部节点的分裂属性。

$Gini$ 系数的定义如下：

$$Gini(D) = 1 - \sum_{i=1}^{m} p_i^2 \qquad （公式 4-9）$$

$$Gini_A(D) = \frac{|D_1|}{|D|} Gini(D_1) + \frac{|D_2|}{|D|} Gini(D_2) \qquad （公式 4-10）$$

CART 算法选择具有最小 $Gini_A(D)$ 的属性用于分裂节点。

根据类别属性的取值是离散值还是连续值，CART 算法生成的决策树可以相应地分为分类树和回归树。形成分类树的步骤如下。

（1）计算属性集中各属性的 $Gini$ 系数。选取 $Gini$ 系数最小的属性作为根节点的分裂属性。对于连续属性，需要计算其分割阈值，按分割阈值将其离散化，并计算其 *Gini* 系数；对于离散属性，需将样本集按照该离散属性取值的可能子集进行划分。如该离散属性有 n 个取值，则其有效子集为 2^n-2 个（全集和空集除外），然后选择 *Gini* 系数最小的子集作为该离散型属性的划分方式。

例如，假设现在有属性"天气"，此属性有 3 个特征取值："晴""阴"和"雨"，当使用"天气"这个属性对样本集合 D 进行划分时，划分值分别有 3 个，因而有 3 种划分的可能集合，划分后的子集如下。

① 划分点："晴"，划分后的子集合：{晴}，{阴，雨}。
② 划分点："阴"，划分后的子集合：{阴}，{晴，雨}。
③ 划分点："雨"，划分后的子集合：{雨}，{晴，阴}。

上述的每一种划分方式，都可以将样本集合 D 划分为两个子集。

（2）二分节点。CART 特点是构造了二叉树，并且每个内部节点都恰好具有两个分支。若分裂属性是连续属性，样本集按照在该属性上的取值，分成 $\leq T$ 和 $\geq T$ 的两部分，T 为该连续属性的分割阈值；若分裂属性是离散属性，样本集按照在该属性上的取值是否包含在该离散属性具有最小 *Gini* 系数的真子集中，分为两部分。

（3）递归建树。对根节点的分裂属性对应的两个样本子集 D_1 和 D_2，采用与步骤（1）相同的方法递归建立树的子节点。如此循环下去，直至所有子节点中的样本属于同一类别或没有选择分裂属性的属性为止。

（4）对生成的决策树进行剪枝。CART 可以利用成本复杂性标准对完全生长的决策树进行剪枝，生成一系列嵌套的剪枝树。对于原始的 CART 树 T_0，先剪去一棵子树，生成子树 T_1；然后再从 T_1 剪去一棵子树生成 T_2；直到最后剪到只剩一个根节点的子树 T_n。于是得到了 T_0 到 T_n 一共 $n+1$ 棵子树。

每棵树都是最优树的候选树。通过在独立测试数据上评估修剪序列中每棵树的预测性能，从而选择最合适的子树。与 C4.5 不同，CART 是在独立测试数据（或交叉验证）上对树进行测量，并且经过基于测试数据的评估之后选择最优子树。如果测试或交叉验证尚未进行，则 CART 仍无法选取序列中最好的那棵树。这与在训练数据的基础上产生最优模型的算法形成鲜明对比。

【示例 4-2】CART 算法示例。

```
1.  # -*- coding: utf-8 -*-
2.  import numpy as np
3.  from sklearn import tree
4.  import matplotlib.pyplot as plt
5.  # 处理数据
6.  filename = './data/Wine.csv'
7.  labelname = './data/label_wine.csv'
8.  data = np.loadtxt(open(filename, "rb"), delimiter=",", skiprows=0)
9.  label = np.loadtxt(open(labelname, "rb"), dtype=int, delimiter=",", skiprows=0)
10. # 80%数据用于训练，20%数据用于测试
11. data_train = data[:int(data.shape[0] * 0.8)]
12. label_train = label[:int(label.shape[0] * 0.8)]
13. data_test = data[int(data.shape[0] * 0.8):]
```

```
14.  label_test = label[int(label.shape[0] * 0.8):]
15.  # 训练模型
16.  clf = tree.DecisionTreeClassifier()
17.  clf.fit(data_train, label_train)
18.  label_predict = clf.predict(data_test)
19.  # 与真实标签比较
20.  x = range(data_test.shape[0])
21.  fig = plt.figure()
22.  ax1 = fig.add_subplot(211)
23.  ax2 = fig.add_subplot(212)
24.  ax1.set_title('Predict cluster')
25.  ax2.set_title('True cluster')
26.  plt.xlabel('samples')
27.  plt.ylabel('label')
28.  ax1.scatter(x, label_predict, c=label_predict, marker='o')
29.  ax2.scatter(x, label_test, c=label_test, marker='s')
30.  plt.show()
```

4.1.9　过拟合与决策树剪枝

从前面几种决策树训练的过程可以看出，为了尽可能地将所有训练样本进行分类，节点分裂过程将不断地进行，分支也会越来越多，在这个过程中，很可能过分地适应了训练数据集中的"噪声"，这种现象又被称为"过拟合"。图 4-3 给出了一个在学习过程中，决策树节点数与预测精度的关系，很好地展示了过拟合的影响。图 4-3 中横坐标是在决策树创建过程中的节点总数，纵坐标表示决策树的预测精度。其中，实线表示在训练数据集上的预测精度，而虚线则是在测试集上的预测精度。从图中可以看出，随着树的增长，决策树在训练集上的精度是单调上升的，在测试集上的精度呈先上升后下降的趋势。出现上述情况主要有如下原因。

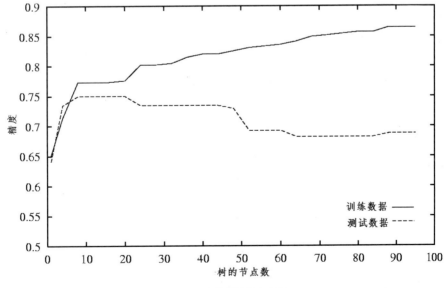

图 4-3　决策树过拟合现象

（1）训练样本集中含有随机错误或噪声造成样本冲突。

（2）属性不能完全作为分类标准，决策存在巧合的规律性。

（3）在数据分裂过程中，部分节点样本过少，缺乏统计意义。

为解决上述情况，需对决策树进行剪枝处理。剪枝方法分为两种，预剪枝和后剪枝。

1. 预剪枝（Pre-Pruning）

通过提前停止树的构建而对树进行剪枝，一旦停止，当前的节点就是叶节点。此叶节点的类别设置为当前样本子集内出现次数最多的类别。

常见的预剪枝方法如下。

① 定义一个高度，当决策树的高度达到此值时，停止决策树的生长。

② 定义一个阈值，当到达某节点的训练样本个数小于该值时，停止决策树的生长。

③ 定义一个阈值，如果当前的分支对系统性能的增益小于该值时，停止决策树的生长。

④ 到达某节点的实例具有相同的特征向量，即使实例不属于同一类也停止决策树生长。该方法对于数据冲突问题比较有效。

预剪枝不必生成整棵决策树且算法相对简单，效率也很高，适合解决大规模问题。但是，预剪枝方法存在以下两个问题。

① 很难精确地估计何时停止决策树的生长。

② 预剪枝存在视野效果问题，当前的扩展可能会造成过渡拟合训练数据，但更进一步的扩展能够满足要求，也有可能准确地拟合训练数据。这将使得算法过早地停止决策树的构造。

2. 后剪枝（Post-Pruning）

首先，构造完整的决策树，允许过渡拟合训练数据；然后，对那些置信度不够的节点子树用叶节点代替。该叶子的类标号设为子树根节点所对应的子集中占数最多的类别。常见的后剪枝方法如下。

① REP（Reduced Error Pruning）——错误率降低剪枝。

② PEP（Pessimistic Error Pruning）——悲观错误剪枝。

③ CCP（Cost Complexity Pruning）——代价复杂度剪枝。

④ EBP（Error Based Pruning）——基于错误的剪枝。

给出一棵待剪枝的决策树，该决策树由高尔夫活动数据集生成，数据集有关信息如表 4-5 所示。

根据此数据集生成的决策树如图 4-4 所示。

表 4-5   训练集有关统计信息

样本总数量	80	
特征信息		
特征名称	特征值	
	0	1
风速（x）	强	弱
湿度（y）	高	正常

续表

温度（z）	炎热	正常
类别统计信息		
类别	类别值	数量
活动	A	55
不活动	B	25

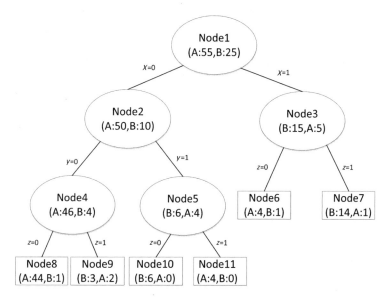

图 4-4　待剪枝决策树

在下面的内容里，我们将以此决策树为例，讲解几种后剪枝策略。

4.1.10　决策树后剪枝策略

1. 错误率降低剪枝（Reduced Error Pruning，REP）

在 REP 中，可用的数据被分成两个样例集合。

（1）训练集：用来学习构建决策树。

（2）剪枝集：用来评估该决策树在后续数据上的精度，本质上是用来评估剪枝对这个决策树的影响。

原理是即使学习器可能会被训练集中的随机错误和巧合规律所误导，但剪枝集合并不一定表现出同样的随机波动，所以剪枝集可以用来对过拟合的训练集中的虚假特征提供防护检验。

REP 将决策树上的每一个节点都作为修剪的候选对象，修剪过程如下。

（1）自底向上，对于树 T 上的每一棵子树，使它成为叶节点，叶节点标记为子树对应训练集子集中占数最多的类别，生成一棵新树。

（2）在剪枝集上，如果新树能得到一个较小或相等的分类错误，而且子树 S 中不包含具有相同性质的子树，即 S 的所有下属子树的错误率都不小于该子树时，删除 S，用叶子节点替代。

（3）重复此过程，直到进一步的剪枝会降低剪枝集上的精度为止。

假设现有剪枝集如下。

x	y	z	Class
0	0	1	A
0	1	1	B
1	1	0	B
1	0	0	B
1	1	1	A

根据每个节点对应的训练集子集中出现最频繁的类别作为该节点的类别，修改图 4-4 中的决策树后，在剪枝集上测试，更新后的决策树及每个节点分类错误数在图 4-5 中的决策树中给出。

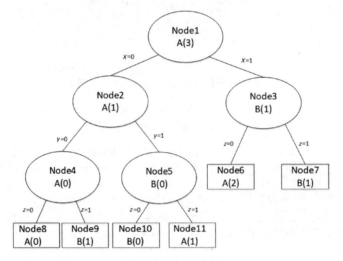

图 4-5　REP 剪枝过程

以 Node4 为例，从图 4-5 中可观察到 Node4 本身关于剪枝集的误差为 0，而它的子树 Node8 和 Node9 的误差之和为 1>0，所以 Node4 应该被叶节点代替，如图 4-6 所示，余下的剪枝过程同上。

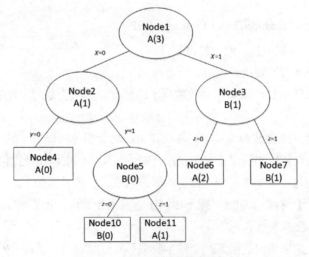

图 4-6　Node4 子树被替换为叶节点

根据上述分析,可以总结 REP 方法具有如下优点。

(1)剪枝后的决策树是关于测试集的具有高精度的子树,并且是规模最小的子树。

(2)计算复杂性是线性的,每一个非叶节点只需要访问一次就可以评估其子树被修剪的收益。

(3)使用独立测试集,与原始决策树相比,修剪后的决策树对未来新实例的预测偏差较小。

REP 在数据量较少的情况下很少应用,因为 REP 偏向于过度修剪。在剪枝过程中,那些在剪枝集中不会出现的训练数据实例所对应的分枝都要被删除。当剪枝集比训练集规模小很多时,这个问题将更加突出。上述剪枝过程的最终剪枝结果如图 4-7 所示。

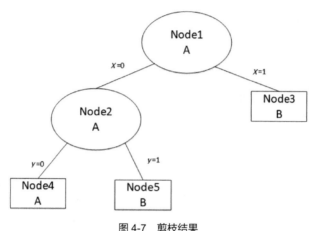

图 4-7 剪枝结果

2. 悲观错误剪枝(Pessimistic Error Pruning,PEP)

PEP 是一种自上而下的剪枝法,基于由训练集得到的错误估计进行剪枝,因此不需要单独的剪枝数据(测试数据)。由于训练集已经用来生成决策树,所以训练集上的错误率被乐观偏置,不能直接用来生成最优剪枝树。因此,PEP 引入了统计学上连续修正的概念来弥补这一缺陷,在子树的训练错误中添加一个常数,以此常数简单地代表一个叶子对整棵树的复杂性贡献,该常数一般取 1/2。计算标准错误率时,根据经验,假设连续修正遵循二项式分布。

PEP 剪枝算法基本概念介绍如下。

(1)T_t:以节点 t 为根节点的子树。

(2)$N_{T_{(t)}}$:子树 T_t 的叶节点集合。

(3)$n(t)$:节点 t 覆盖的实例总个数。

(4)$e(t)$:节点 t 中不属于节点 t 所标识类别的样本数。

(5)$r(t)$:单个节点 t 上的分类错误率。

则有:

$$r(t) = \frac{e(t)}{n(t)}$$

对应的,子树 T_t 的分类错误率为:

$$r(T_t) = \frac{\sum_{s \in N_{T_{(t)}}} e(s)}{\sum_{s \in N_{T_{(t)}}} n(s)}$$

由于将错误看成是二项式分布,上面的式子有偏差,因此需要连续性修正因子来矫正数据:

$$r(t) = \frac{e(t) + \dfrac{1}{2}}{n(t)}$$

$$r(T_t) = \frac{\sum_{s \in N_{T_{(t)}}} (e(s) + \dfrac{1}{2})}{\sum_{s \in N_{T_{(t)}}} n(s)} = \frac{\sum_{s \in N_{T_{(t)}}} e(s) + \dfrac{|N_{T_{(t)}}|}{2}}{\sum_{s \in N_{T_{(t)}}} n(s)}$$

为方便起见，用错误分类的实例个数代替错误分类率，则有：

$$e'(t) = e(t) + \frac{1}{2}$$

$$e'(T_t) = \sum_{s \in N_{T_{(t)}}} e(s) + \frac{|N_{T_{(t)}}|}{2}$$

由于剪枝也是基于训练集的，仍有较高的乐观偏置，因此在大多数情况下，子树 T_t 的分类错误率仍会比将子树剪枝作为叶节点时的分类错误率低，导致剪枝的情况很少发生，从而得不到最优树。于是 PEP 进一步弱化了剪枝条件：

$$e'(t) \leqslant e'(T_t) + SE(e'(T_t))$$

其中，$SE(e'(T_t))$ 为标准错误，

$$SE(e'(T_t)) = \sqrt{\frac{e'(T_t)(n(t) - e'(T_t))}{n(t)}}$$

PEP 具体剪枝过程如下。

（1）自上向下，对于树 T 的每一个子树 T_t，使它成为叶节点 t，叶节点 t 标记 T_t 为对应子集占数最多的类别，生成一颗新树。

（2）如果满足

$$e'(t) \leqslant e'(T_t) + SE(e'(T_t))$$

则用叶子节点代替子树 T_t。

（3）重复此过程，直到任意一个子树被叶节点替代而不满足上述条件为止。

以图 4-4 中 Node1 为例，将其划为叶节点后，对应子集类别 A 为多数类别，将该叶节点标记为类 A，此时对应的 $e(t)$=25，则：

$$e'(\text{Node1}) = 25 + 0.5 = 25.5$$

T_{Node1} 含有叶节点总数为 6，每个叶节点对应类别为该叶节点对应子集内占数最多类别，则有：

$$e'(T_{\text{Node1}}) = (1 + 2 + 0 + 1 + 1) + 6 / 2 = 8$$

$$SE(e'(T_t)) = \sqrt{8 \times \left(\frac{80 - 8}{80}\right)} = 2.68$$

不满足 $e'(t) \leqslant e'(T_t) + SE(e'(T_t))$，$T_{\text{Node1}}$ 不能被裁剪。

对于其他非叶节点执行同样的操作，图 4-4 中的决策树进行剪枝的结果如图 4-8 所示。

表 4-6 剪枝判断过程

非叶节点	$e'(t)$	$e'(T_t)$	$SE(e'(T_t))$	是否剪裁
Node1	25.5	8	2.68	否
Node2	10.5	5	2.14	否
Node3	5.5	3	1.60	否
Node4	4.5	4	1.92	是
Node5	4.5	1	0.95	否

从表 4-6 中可以看出，对图 4-4 中的决策树进行剪枝的结果是剪枝 Node4 节点的子树。

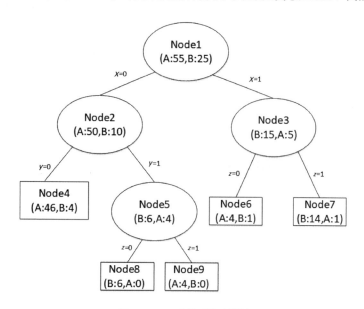

图 4-8　PEP 剪枝后的决策树

PEP 算法的优缺点总结如下。

（1）算法精度较高。

（2）不需要独立测试集，对样本数据较少的问题十分有利。

（3）效率较高，速度更快，树中每棵子树最多需要访问一次。在最坏情况下，时间复杂性和未剪枝的非叶子节点数成线性关系。

PEP 算法采取自顶向下的策略，会存在视野效果问题，而且 PEP 有时会剪枝失败。

3. 代价复杂度剪枝（Cost Complexity Pruning，CCP）

该方法由以下两个步骤构成。

（1）自底向上，通过对原始决策树中的修剪得到子树序列 $\{T_0, T_1, \cdots, T_n\}$，其中，$T_{i+1}$ 由 T_i 生成，T_0 是未经任何修剪的原始树，T_n 为根节点。

（2）由（1）产生的子树序列中，根据树的真实误差估计选择最佳决策树。

算法中用到的有关定义如下。

（1）$R(t)$：节点 t 的子树被剪枝后节点 t 的误差。

（2）$R(T_t)$：节点 t 的子树未被剪枝时子树 T_t 的误差。

（3）$|L(T_t)|$：子树 T_t 的叶子总数。

（4）$r(t)$：节点 t 的错分样本率。

（5）$p(t)$：到达节点 t 的样本占所有样本的比率。

（6）α：树分枝被剪枝后误差增加率。

在步骤（1）中，生成子树序列 $\{T_0, T_1, \cdots, T_n\}$ 的基本思想是从 T_0 开始，剪枝 T_i 中关于训练数据集误差增加最小的分支来得到 T_{i+1}。当树 T 在节点 t 处剪枝时，误差增加是 $R(t) - R(T_t)$。然而，剪枝后，T 的叶子总数减少了 $|L(T_t)|-1$ 个，即树 T 的复杂性也随之减少。综合考虑树的复杂性因素，树分枝被

剪枝后误差增加率为：

$$\alpha = \frac{R(t) - R(T_t)}{|L(T_t)| - 1}$$

其中，$R(t) = r(t) \times p(t)$，$R(T_t) = \sum_{i \in T_t} R(i)$（$i$ 为 T_t 的叶节点）

T_{i+1} 就是 T_i 中具有最小 α 值的剪枝树。如果多个非叶子节点的 α 值都是最小，则选择子节点最多的非叶子节点进行剪枝。

仍然以图 4-4 的 Node4 为例，Node4 中类别 A 占数多，所以 Node4 的类别标记为 A。由图可知 $r(\text{Node4}) = 4/50$，$p(\text{Node4}) = 50/80$，可得 $R(t) = 4/80$。

$$R(T_{\text{Node4}}) = R(\text{Node8}) + R(\text{Node9})$$

因为 Node8 中类别 A 占数更多，Node9 中类别 B 占数更多，所以 Node8 标记为类 A，Node9 标记为类 B。又因为 $r(\text{Node8}) = 1/45$，$p(\text{Node4}) = 45/80$；$r(\text{Node9}) = 2/5$，$p(\text{Node8}) = 5/80$，可得 $R(T_{\text{Node4}}) = 3/80$。因此

$$\alpha(\text{Node4}) = \frac{\frac{4}{80} - \frac{3}{80}}{2 - 1} = 0.0125$$

对图 4-4 的每个节点执行如上步骤，可得表 4-7 中的结论。

表 4-7 步骤（1）得到的子树序列

T_0	$\alpha(\text{Node4})$=0.0125	$\alpha(\text{Node5})$=0.0500	$\alpha(\text{Node2})$=0.0292	$\alpha(\text{Node3})$=0.0375
T_1	$\alpha(\text{Node5})$=0.00500	$\alpha(\text{Node2})$=0.0375	$\alpha(\text{Node3})$=0.0375	
T_2	$\alpha(\text{Node3})$=0.0375			

从上表中可以看出，在原始树 T_0 中，4 个非叶节点中 Node4 的 α 值最小，因此，剪枝 T_0 的 Node4 的分枝得到 T_1；在 T_1 中，虽然 Node2 和 Node3 的 α 值相同，但剪枝 Node2 的分枝可以得到更小的决策树，因此，T_2 是通过裁剪 T_1 中的 Node2 分枝得到的。

在 CCP 方法的步骤 2 中，根据预测精度，从 $\{T_0, T_1, \cdots, T_n\}$ 中选择一棵最佳的树，通常的做法有两种，其一是 V—折交叉验证（V-fold Cross-Validation），其二是基于独立剪枝数据集。

（1）V—折交叉验证

在步骤（1）中，生成的子树序列 $\{T_0, T_1, \cdots, T_n\}$ 中，T_0 是未经修改过的原始树，可以理解为 T_0 通过剪掉原始树中 $\alpha=0$ 的节点获得，这样每棵树都可以用不同的 α 表示，因此集合 $\{T_0, T_1, \cdots, T_n\}$ 可看作树 T 的参数族，记做 $T(\alpha)$。现在有 n 棵子树，每棵子树对应的都是一个模型，最终目的是选择对当前问题处理最优的模型。

在 V-折交叉验证中，训练集被划分为 V 个子集 $X^1, X^2, \cdots, X^V$，然后分别从 $X - X^i (i=1,2,\cdots,V)$ 中训练出 V 棵决策树 $T^1, T^2, \cdots, T^V$。对每棵决策树通过步骤（1）得到 V 组子树序列，$T^1(\alpha), T^2(\alpha), \cdots, T^V(\alpha)$。利用不同的训练集生成的决策树是不同的，每棵决策树对应的子树序列集合的大小也是不同的，设 m^i+1 为第 i 组子树序列的大小，则有：

$$T^1(\alpha) = \{T^1(\alpha_0), T^1(\alpha_1) \cdots T^1(\alpha_{m^1})\},$$

$$T^2(\alpha) = \{T^2(\alpha_0), T^2(\alpha_1) \cdots T^2(\alpha_{m^2})\},$$

…

$$T^V(\alpha) = \{T^V(\alpha_0), T^V(\alpha_0) \cdots T^V(\alpha_{m^V})\}。$$

每组序列中的每棵子树相当于与原序列子树相对应的新学习器，下面介绍它们是如何与原序列子树相对应的。在 CCP 的 V—折交叉验证中，原序列中的 n 棵子树同 m^i+1 棵子树相对应，所以在需要评估每棵子树时，在 m^i+1 棵子树中，要找出哪棵子树能代替 $T(\alpha_i)$ 进行评估。

因为每棵树都可以用不同的 α 表示，如果子树同它的 α 是一一对应关系，那么，找到原序列子树的代替子树，只需等价地寻找相近的 α。

Breiman 证明：可以用递归方法对树进行剪枝，将 α 从小到大排列：$0=\alpha_0<\alpha_1<\cdots<\alpha_n<+\infty$，产生一系列的区间 $[\alpha_i,\alpha_{i+1}), i=0,1,\cdots,n$；剪枝得到的最优子树序列 $\{T_0,T_1,\cdots,T_n\}$ 中每棵子树 T_i 是对应区间 $[\alpha_i,\alpha_{i+1})$ 的最优子树。序列中的子树是嵌套的，每棵子树对应一个 α，$\alpha \in [\alpha_i,\alpha_{i+1})$，随着树的嵌套剪枝，$\alpha$ 也在逐步增大。这说明每个 α 也会对应一棵子树，二者是一一对应的。对于某个子树序列，给定一个 α_i，一定可以找到唯一一棵子树 T_i。

虽然每次验证的数据集同原序列对应的数据集不同，但整体是相似的，每次验证时生成的决策树与原决策树是相近的。二者子树序列中每棵子树对应的 α 是具有参照意义的，即 α 值相近时，对原始树的修剪程度是相近的，而原始树又是相近的，那么修剪后的子树也是相近的。

采用原序列中 α_i 与 α_{i+1} 的几何平均 α_i^{av}。在第 m 次验证中，选出具有小于 α_i^{av} 的最大 α_j^m 的子树 $T^m(\alpha_j)$ 作为原序列中子树 T_i 的代替者。

最后，利用"代替"的子树进行最后的评估，具体做法就是在第 m 次验证中，使用 X^m 作为验证集对找到的最近似学习器（子树 $T^m(\alpha_j)$）进行测试得到一个错误估测值。然后重复 V 次，得到 V 个错误估测值，该值的平均数就是原树 T_i 的最终错误估测值。重复进行 n 次，使得原子树序列中每棵子树都有一个估测值，最终选取最小的错误估测值所对应的子树作为最优子树。

（2）**基于独立剪枝数据集**的方法中，对每颗树 T_i 的剪枝集进行分类，可以得到以下结果。

① E'：序列中任意一棵树对剪枝集的误分类实例数的最小值。

② N'：剪枝集中的实例个数。

生成的序列树中对剪枝集的误分类个数不超过 $E'+SE(E')$ 的最小的树就是要得到的最终剪枝树，其中 $SE(E')$ 为标准错误，其定义为：

$$SE(E') = \sqrt{\frac{E' \times (N' - E')}{N'}}$$

使用此方法时，CCP 只能在集合 $\{T_0,T_1,\cdots,T_n\}$ 中选择树，而不是从原始树中所有可能的子树中获得。若关于剪枝的最佳决策树不在其中，那么，CCP 方法将无法得到最优树。

4. 基于错误的剪枝（Error Based Pruning，EBP）

C4.5 采用 EBP 做剪枝算法，它对期望错误率的估计比 PEP 更悲观。

从概率的角度来看，错误样本率 $r(t)$ 可看成 $n(t)$ 次实验中某事件发生 $e(t)$ 次的概率。为 $r(t)$ 设定一个置信区间 $[L_{CF},U_{CF}]$，对该置信区间设定一个置信水平 CF，该置信区间的上限 U_{CF} 可通过概率分布 $P\left(\dfrac{e(t)}{n(t)} \leqslant U_{CF}\right)=CF$ 求得，并用该上限作为对期望错误率的估计。用 CF 值来控制剪枝，值越高剪枝越少，值越低则剪枝越多。C4.5 中默认 $CF=0.25$，根据不同的数据集设置不同的 CF 值会使得剪枝效果更好。

EBP 是自底向上进行剪枝，其具体步骤如下。

（1）计算叶节点的错误样本率估计的置信空间的上限，假设错分样本的概率服从二项式分布。

令 $E=e(t)$，$N=n(t)$，假设错分样本服从二项分布，则有

$$f(E;N;U_{CF}) = C_N^E U_{CF}^E (1-U_{CF})^{N-E}$$

函数 f 为 N 次实验中发生 E 次错误的概率，U_{CF} 为一次错误发生的概率。由 $P\left(\dfrac{e(t)}{n(t)} \leqslant U_{CF}\right) = CF$，即 N 次实验中某事件发生不大于 E 次的概率之和等于 CF，所以

$$\sum_{x=0}^{E} C_N^x U_{CF}^x (1-U_{CF})^{N-x} = CF$$

其中 C_N^x 为二项系数

$$C_N^x = \frac{N!}{x! \times (N-x)!}$$

（2）计算叶节点的预测错分样本数。

叶节点的预测错分样本数=到达该叶节点的样本数×该叶节点的预测错分样本率 U_{CF}。

（3）判断是否剪枝以及如何剪枝。

分别计算 3 种预测错分样本数。

① 计算以节点 t 为根的子树 T_t 的所有叶节点预测错分样本数之和 E_1。

② 计算子树 T_t 被剪枝以叶节点代替时的预测错分样本数 E_2。

③ 计算子树 T_t 的最大分支的预测错分样本数 E_3。

对这 3 个值进行比较。

① E_1 最小时，不剪枝。

② E_2 最小时，进行剪枝，对子树 T_t 进行裁剪并以一个叶节点替代。

③ E_3 最小时，采用嫁接策略，并用此最大分支替代子树 T_t。

以图 4-9 的子树为例讲解计算过程。

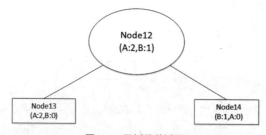

图 4-9　子树裁剪过程

对于 Node13，E(Node13)=0，N(Node13)=2，则有 $C_2^0 U_{CF}^0 (1-U_{CF})^2 = 0.25$，可得 U_{CF}(Node13)=0.5，Node13 的预测错分样本数为 2×0.5=1；对于 Node14，E(Node14)=0，N(Node14)=1，则有 $C_1^0 U_{CF}^0 (1-U_{CF})^1 = 0.25$，可得 U_{CF}(Node14)=0.75，Node14 的预测错分样本数为 1×0.75=0.75；所以 E1=1+0.75=1.75。

对于 Node12，E(Node12)=1，N(Node12)=3，则有 $C_3^0 U_{CF}^0 (1-U_{CF})^3 + C_3^1 U_{CF}^1 (1-U_{CF})^2 = 0.25$，可得 U_{CF}(Node12)=0.674，Node12 的预测错分样本数 3×0.674=2.022；所以 E2=2.022。

Node13 为 Node12 的最大分支，所以 E3=1。

由于 $E3$ 最小，所以最终的裁剪结果为利用 Node13 代替 Node12。

EBP 剪枝算法以统计频率值来计算错分样本的概率，并没有考虑到实际情况中存在的一些问题，

比如噪声数据和脏数据等。通过这种方法得到的错分样本的概率就会与实际情况有所差别，从而造成对剪枝的误判，这就会使最终得到的决策树分类精度达不到预期要求。

4.1.11　决策树的生成与可视化

【示例 4-3】生成决策树并可视化。

```
(1)  # -*- coding: utf-8 -*-
(2)  from sklearn import tree
(3)  import numpy as np
(4)  import graphviz
(5)  # 处理数据
(6)  filename = './data/Wine.csv'
(7)  labelname = './data/label_wine.csv'
(8)  data = np.loadtxt(open(filename, "rb"), delimiter=",", skiprows=0)
(9)  label = np.loadtxt(open(labelname, "rb"), dtype=int, delimiter=",", skiprows=0)
(10) # 训练模型
(11) clf = tree.DecisionTreeClassifier(criterion='gini')
(12) clf.fit(data, label)
(13) dot_data = tree.export_graphviz(clf, out_file=None,
(14)                                 filled=True, rounded=True,
(15)                                 special_characters=True)
(16) graph = graphviz.Source(dot_data)
(17) graph.render("Wine.dot", "img/", view=True)
```

Sklearn.tree.export_graphviz 函数将决策树转换为 dot 形式输出，再利用 GraphViz 将 dot 文件转换成 pdf 或者 png 文件，由此可得决策树的可视化形式。

安装 GraphViz 软件后，在命令行状态下执行如下命令可以将上例中产生的 Wine.dot 文件转换为 png 格式图形文件：dot-Tpng-Gdpi=600 Wine.dot -o Wine.png。

训练的决策树模型如图 4-10 所示。

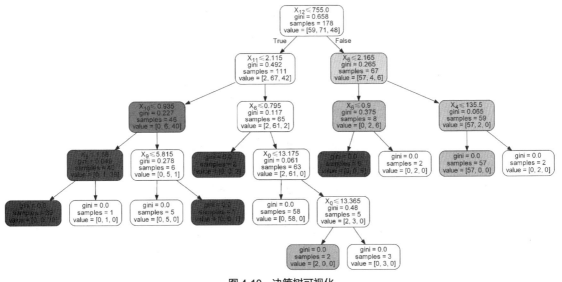

图 4-10　决策树可视化

上述例子的属性值类型是连续的，下面我们要处理对分类属性值进行决策树建模的情况。

表 4-8   **标称属性类型的训练数据**

ID	Weather	Temp	Humidity	Wind Speed	Activity
1	Sunny	Hot	High	Weak	Cancel
2	Sunny	Hot	High	Strong	Cancel
3	Cloudy	Hot	High	Weak	Conduct
4	Rain	Moderate	High	Weak	Conduct
5	Rain	Cold	Normal	Weak	Conduct
6	Rain	Cold	Normal	Strong	Cancel
7	Cloudy	Cold	Normal	Strong	Conduct
8	Sunny	Moderate	High	Weak	Cancel
9	Sunny	Cold	Normal	Weak	Conduct
10	Rain	Moderate	Normal	Weak	Conduct
11	Sunny	Moderate	Normal	Strong	Conduct
12	Cloudy	Moderate	High	Strong	Conduct
13	Cloudy	Hot	Normal	Weak	Conduct
14	Rain	Moderate	High	Strong	Cancel

在表 4-8 中，分类的目标属性为"Activity"，其他属性值都是离散的，在进行模型训练前，要进行预处理。

（1）利用 DicVectorizer() 对特征值进行预处理。

DicVectorizer()：将字典类型的列表数据进行编码并转化为数组数据。

① 当特征值为字符串类型时，将字符型的"字典字符键+分隔符+字典字符 value"映射成特征名称，特征值为 0 或 1，即对每个特征所取的每一个值都赋予一个布尔变量。

② 当特征值为数字型时，将字典字符集键映射成特征名称，字典字符 value 映射成特征值，即保留原特征取值作为编码。

表 4-8 中的可选择的特征属性值共有以下 10 种。

['Humidity=High', 'Humidity=Normal', 'Temp=Cold', 'Temp=Hot' 'Temp=Moderate', 'Weather=Cloudy', 'Weather=Rain', 'Weather=Sunny', 'Windspeed=Strong', 'Windspeed=Weak']。

为每个属性值构建一个二元属性，这样训练集就变成了 10 个属性，每个属性用 0 和 1 进行编码，这样就可以使用很多机器学习的决策树构造算法进行训练。上表的数据进行编码后就变成如下内容。

[1. 0. 0. 1. 0. 0. 0. 1. 0. 1.]
[1. 0. 0. 1. 0. 0. 0. 1. 1. 0.]
[1. 0. 0. 1. 0. 1. 0. 0. 0. 1.]
[1. 0. 0. 0. 1. 0. 1. 0. 0. 1.]
[0. 1. 1. 0. 0. 0. 1. 0. 0. 1.]
[0. 1. 1. 0. 0. 0. 1. 0. 1. 0.]
[0. 1. 1. 0. 0. 1. 0. 0. 1. 0.]
[1. 0. 0. 0. 1. 0. 0. 1. 0. 1.]
[0. 1. 1. 0. 0. 0. 0. 1. 0. 1.]

$$[0.\quad 1.\quad 0.\quad 0.\quad 1.\quad 0.\quad 1.\quad 0.\quad 0.\quad 1.]$$
$$[0.\quad 1.\quad 0.\quad 0.\quad 1.\quad 0.\quad 0.\quad 1.\quad 1.\quad 0.]$$
$$[1.\quad 0.\quad 0.\quad 0.\quad 1.\quad 1.\quad 0.\quad 0.\quad 1.\quad 0.]$$
$$[0.\quad 1.\quad 0.\quad 1.\quad 0.\quad 1.\quad 0.\quad 0.\quad 0.\quad 1.]$$
$$[1.\quad 0.\quad 0.\quad 0.\quad 1.\quad 0.\quad 1.\quad 0.\quad 1.\quad 0.]$$

第一列对应属性 "Humidity=High"，第二列则是 "Humidity=Normal"，余下的以此类推。

（2）对于分类目标属性 "Activity"，则采用 LabelBinarzer() 将标签特征二元化。

【示例 4-4】处理离散型特征值。

```
(1)   # -*- coding: utf-8 -*-
(2)   from sklearn.feature_extraction import DictVectorizer
(3)   import csv
(4)   from sklearn import tree
(5)   from  sklearn import  preprocessing
(6)   import graphviz
(7)   # 将特征名称放入字典中
(8)   activedata = open('./data/data_activity.csv', 'r')
(9)   reader = csv.reader(activedata)
(10)  headers = next(reader)
(11)  # 将各样本的特征以字典形式放入列表，将各样本的类别放入列表
(12)  FeatureList = []
(13)  Labellist = []
(14)  for row in reader:
(15)      Labellist.append(row[len(row) - 1])
(16)      rowDict = {}
(17)      for i in range(len(row) - 1):
(18)          rowDict[headers[i]] = row[i]
(19)      FeatureList.append(rowDict)
(20)  # 将特征、标签的字符串取值转换为数值
(21)  vec = DictVectorizer()
(22)  dummyX = vec.fit_transform(FeatureList).toarray()
(23)  print(vec.get_feature_names())
(24)  print("dummyX: " + str(dummyX))
(25)  lb = preprocessing.LabelBinarizer()
(26)  dummyY = lb.fit_transform(Labellist)
(27)  print("dummyY: " + str(dummyY))
(28)  # 训练模型
(29)  clf = tree.DecisionTreeClassifier(criterion='entropy')
(30)  clf = clf.fit(dummyX, dummyY)
(31)  # 可视化决策树
(32)  dot_data = tree.export_graphviz(clf, out_file=None,
          filled=True, rounded=True, feature_names=vec.get_feature_names(),
(33)                                  special_characters=True)
(34)  graph = graphviz.Source(dot_data)
(35)  graph.render("ActivityID3Tree.dot", "img/", view=True)
```

生成的决策树模型如图 4-11 所示。

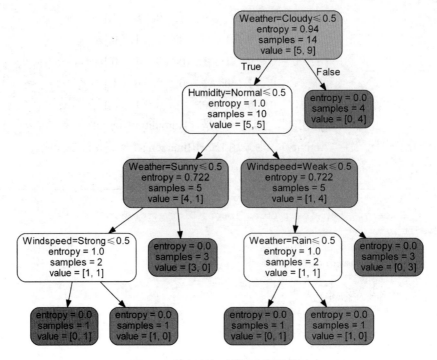

图 4-11 标称属性训练集得到的决策树

4.1.12 几种属性选择度量的对比

信息增益（Information Gain）：偏向于多值属性。一个属性的信息增益越大，表明该属性减少样本的熵的能力更强，这个属性使得数据由不确定性变成确定性的能力越强。所以，如果是取值更多的属性，更容易使得数据更"纯"（尤其是连续型数值），其信息增益更大，决策树会首先挑选这个属性作为树的顶点。结果训练出来的形状是一棵庞大且深度很浅的树，这样的划分是极为不合理的。

增益率（Gain Ratio）：增益率引入了分裂信息，取值数目多的属性分裂信息也会变大。将增益除以分裂信息，再加上一些额外操作，可以有效地解决信息增益过大的问题。增益率倾向于不平衡的分裂，使得其中一个子集比其他子集要小得多。

Gini 系数：偏向于多值属性，当类数目较大时，计算比较复杂，它倾向于大小相等的分区和纯度。

4.2 贝叶斯分类器

4.2.1 贝叶斯决策理论

贝叶斯决策论是概率框架下实施决策的基本方法，假设有 N 种可能的类别标记，记为 $y = \{c_1, c_2, \cdots, c_N\}$，则基于后验概率 $P(c_i|x)$ 可获得将样本 x 分类为 c_i 所产生的期望损失（也称条件风险）为：

$$R(c_i \mid x) = \sum_{j=1}^{N} \lambda_{ij} P(c_j \mid x) \qquad （公式 4-11）$$

其中，λ_{ij} 是将一个真实标记为 c_j，但被标记成为 c_i 的样本所产生的损失。

构建贝叶斯分类器的任务是寻找一个判定准则 $h: x \rightarrow y$，将总体风险最小化

$$R(h) = E_x[R(h(x) \mid x)]$$ （公式 4-12）

显然，对每一个样本 x，若 h 能最小化条件风险 $R(h(x)|x)$，则总体风险 $R(h)$ 也将被最小化。这就产生了贝叶斯判定准则：为最小化总体风险，只需在每个样本上选择那个能使条件风险 $R(c|x)$ 最小的类别标记，即

$$h^*(x) = \arg\min_{c \in y} R(c \mid x)$$ （公式 4-13）

此时，h^* 被称为贝叶斯最优分类器，与之对应的总体风险 $R(h^*)$ 也被称为贝叶斯风险。$1-R(h^*)$ 反映了分类器所能达到的最好性能。

具体来说，若目标是最小化目标分类错误率，则误判损失 λ_{ij} 可写为

$$\lambda_{ij} = \begin{cases} 0, & i = j \\ 1, & \text{其他} \end{cases}$$ （公式 4-14）

此时的条件风险 $R(c|x)=1-P(c|x)$，于是，最小化分类错误率的贝叶斯最优分类器为

$$h^*(x) = \arg\max_{c \in y} P(c \mid x)$$ （公式 4-15）

即对每一个样本 x，选择能使后验概率 $P(c|x)$ 达到最大的类别标记。

通常情况下 $P(c|x)$ 很难直接获得，根据贝叶斯定理

$$P(c \mid x) = \frac{P(x,c)}{P(x)} = \frac{P(c)P(x \mid c)}{p(x)}$$ （公式 4-16）

对公式 4-15 化简得

$$h^*(x) = \arg\max_{c \in y} P(c \mid x) = \arg\max_{c \in y} \frac{P(c)P(x \mid c)}{P(x)} = \arg\max_{c \in y} P(c)P(x \mid c)$$ （公式 4-17）

其中，$P(c)$ 是类先验概率；$P(x|c)$ 是样本 x 相对于类标记 c 的类条件概率，或称为似然；对于给定的样本 x，$P(x)$ 与类标记无关，所以估计 $P(c|x)$ 的问题转换为如何基于训练数据来估计先验概率 $P(c)$ 和 $P(x|c)$。

先验概率 $P(c)$ 表示的是各类样本在样本空间内所占的比例，根据大数定律，当样本集合包含充足的独立同分布样本时，可以通过各类样本出现的频率来对 $P(c)$ 进行估计。

对于 $P(x|c)$ 估计来说，涉及关于 x 所有属性的联合概率，如果直接根据样本出现的频率来估计则会遇到很多困难。

4.2.2　极大似然估计

通常使用以下两种方法来进行估计。

第一种方法类似于先验分布，通过统计频率的方式来计算似然 $P(x|c)$。但这种方法涉及到计算各个不同属性的联合概率，当属性值很多且样本量很大的时候，估计会很麻烦。

第二种方法是使用极大似然法来进行估计。极大似然法首先要假定条件概率 $P(x|c)$ 服从某个分布，然后基于样本数据对概率分布的参数进行估计。但是这种方法的准确性严重依赖于假设的分布，如果假设的分布符合潜在的真实数据分布，则效果不错；否则效果会很糟糕。在现实应用中，这种假设通常需要一定的经验。

对于极大似然估计，记 c 的条件概率为 $P(x|c)$，假设 $P(x|c)$ 有确定的形式且被参数向量 θ 唯一确定，那么，利用训练集来估计参数，并将 $P(x|c)$ 记为 $P(x|c;\theta)$。因此对于参数 θ 进行极大似然估计，就是在 θ 的取值范围内寻找一组合适的参数使得 $P(x|c)$ 最大，也就是寻找一组能够使得数据 (x,c) 出现的可能性最大的值。我们令 D_c 为训练集中标签为 c 的样本集合，假设样本都是独立同分布的，那么，参数 θ 对于数据集 D_c 的对数似然为

$$L(\theta;c) = \log P(D_c \mid \theta;c) = \sum\nolimits_{x \in D_c} \log P(x \mid \theta;c) \qquad （公式 4-18）$$

那么，参数 θ 的极大似然估计 $\hat{\theta} = \arg \max L(\theta;c)$。

4.2.3 朴素贝叶斯分类器

在上面描述中，基于贝叶斯公式 4-16 来估计后验概率 $P(c|x)$ 的主要困难在于，类条件概率 $P(x|c)$ 是所有属性上的联合概率，在有限的样本下是很难估计准确的。朴素贝叶斯方法通过假设所有的属性都是相互独立的，这样就可以避免计算属性上的联合概率，从而将计算后验概率变为

$$P(c \mid x) = \frac{P(c)P(x \mid c)}{P(x)} = \frac{P(c)}{P(x)} \prod\nolimits_{i=1}^{d} P(x_i \mid c) \qquad （公式 4-19）$$

其中，d 表示属性数目，x_i 为 x 在第 i 个属性上的取值。

由于对所有类别来说 $P(x)$ 都是相同的，因此，基于公式 4-15 的贝叶斯判定准则有

$$h_{nb}(x) = \arg \max_{c \in y} P(c) \prod\nolimits_{i=1}^{d} P(x_i \mid c) \qquad （公式 4-20）$$

这就是朴素贝叶斯分类器的表达式。

朴素贝叶斯分类器（Naive Bayesian）的训练过程就是基于训练集 D 来估计类先验概率 $P(c)$，并为每个属性估计条件概率 $P(x_i|c)$。

（1）类先验概率

令 D_c 表示训练集合 D 中第 c 类样本组合的集合，则可估计出类先验概率。

$$P(c) = \frac{|D_c|}{D} \qquad （公式 4-21）$$

（2）条件概率

对离散值属性而言，令 $D_{c,xi}$ 表示 D_c 中在第 i 个属性上取值为 x_i 的样本组成的集合，则条件概率 $P(x_i|c)$ 可估计为

$$P(x_i \mid c) = \frac{|D_{c,x_i}|}{|D_c|} \qquad （公式 4-22）$$

对连续值考虑概率密度，假定 $p(x_i,c) \sim N(\mu_{c,i}, \sigma_{c,i}^2)$，其中，$\mu_{c,i}$ 和 $\sigma_{c,i}^2$ 分别是第 c 类样本在第 i 个属性上取值的均值和方差，则有

$$P(x_i,c) = \frac{1}{\sqrt{2\pi}\sigma_{c,i}} \exp\left(-\frac{(x_i - \mu_{c,i})^2}{2}\right) \qquad （公式 4-23）$$

下面用表 4-9 中的训练数据集训练一个朴素贝叶斯分类器，这个数据集描述的是天气是否适合打高尔夫球。已知天气情况，预测所属分类，即合适（"Yes"）或者不合适（"No"）打高尔夫球，建模后对测试数据进行预测。

表 4-9   训练数据集

ID	Outlook	Temperature	Humidity	Windy	Playgolf
0	Rainy	Hot	High	FALSE	No
1	Rainy	Hot	High	TRUE	No
2	Overcast	Hot	High	FALSE	Yes
3	Sunny	Mild	High	FALSE	Yes
4	Sunny	Cool	Normal	FALSE	Yes
5	Sunny	Cool	Normal	TRUE	No
6	Overcast	Cool	Normal	TRUE	Yes
7	Rainy	Mild	High	FALSE	No
8	Rainy	Cool	Normal	FALSE	Yes
9	Sunny	Mild	Normal	FALSE	Yes
10	Rainy	Mild	Normal	TRUE	Yes
11	Overcast	Mild	High	TRUE	Yes
12	Overcast	Hot	Normal	FALSE	Yes
13	Sunny	Mild	High	TRUE	No

测试数据如表 4-10 所示。

表 4-10   测试数据

	Outlook	Temperature	Humidity	Windy	Playgolf
today	Sunny	Hot	Normal	False	?

可以打高尔夫球的概率：

$$P(\text{Yes} \mid \text{today}) = P(\text{Outlook} = \text{Sunny} \mid \text{Yes}) \times P(\text{Temperature} = \text{Hot} \mid \text{Yes})$$
$$\times P(\text{Humidity} = \text{Normal} \mid \text{Yes}) \times P(\text{Windy} = \text{False} \mid \text{Yes})$$
$$\times P(\text{Yes}) / P(\text{today})$$

不能打高尔夫球的概率：

$$P(\text{No} \mid \text{today}) = P(\text{Outlook} = \text{Sunny} \mid \text{No}) \times P(\text{Temperature} = \text{Hot} \mid \text{No})$$
$$\times P(\text{Humidity} = \text{Normal} \mid \text{No}) \times P(\text{Windy} = \text{False} \mid \text{No})$$
$$\times P(\text{No}) / P(\text{today})$$

根据公式 4-20 可以忽略 $P(\text{today})$，然后再根据公式 4-22 计算相应的概率：

$$P(\text{Yes} \mid \text{today}) = \frac{3}{9} \times \frac{2}{9} \times \frac{6}{9} \times \frac{6}{9} \times \frac{9}{14} \approx 0.0212$$

$$P(\text{No} \mid \text{today}) = \frac{2}{5} \times \frac{2}{5} \times \frac{1}{5} \times \frac{2}{5} \times \frac{5}{14} \approx 0.0045$$

因为(Yes|today)>P(No|today)，所以分类的结果是"Yes"。

需要注意，若某个属性值在训练集中没有与某个类同时出现过，则直接基于公式 4-22 进行概率估计，再根据公式 4-20 进行判别将出现问题。例如，在使用以上数据集训练朴素贝叶斯分类器时，对于"Outlook=Overcast"的测试用例，有

$$P(\text{Outlook} = \text{Overcast} \mid \text{Playgolf} = \text{No}) = \frac{0}{5} = 0$$

由于公式 4-22 的连乘式计算出来的概率值为 0。因此，无论该样本的其他属性取什么值，分类的结果都将是 Playgolf=Yes，这显然不合理。

为了避免这个问题，在估计概率值时通常要进行"平滑"处理，常用的有拉普拉斯修正（Laplacian Correction）。假设样本数量足够大，每个计数加一，对于概率计算的影响可以忽略不计。具体地说，

令 N 表示训练集 D 上所有的类别数，N_i 表示第 i 个属性所有可能的取值。

（1）类先验概率

$$\hat{P}(c) = \frac{|D_c|+1}{|D|+N}$$

（公式 4-24）

（2）条件概率

$$\hat{P}(x_i \mid c) = \frac{|D_c, x_i|+1}{|D_c|+N_i}$$

（公式 4-25）

上例中，类先验概率可估计为：

$$\hat{P}(\text{Playgolf} = \text{Yes}) = \frac{9+1}{14+2} = 0.625$$

$$\hat{P}(\text{Playgolf} = \text{No}) = \frac{5+1}{14+2} = 0.375$$

类似地，条件概率可估计为：

$$\hat{P}(\text{Outlook} = \text{Sunny} \mid \text{Playgolf} = \text{Yes}) = \frac{3+1}{9+3} \approx 0.33$$

$$\hat{P}(\text{Outlook} = \text{Sunny} \mid \text{Playgolf} = \text{No}) = \frac{2+1}{5+3} \approx 0.375$$

同时，上文提到的

$$\hat{P}(\text{Outlook} = \text{Overcast} \mid \text{Playgolf} = \text{No}) = \frac{0+1}{5+3} \approx 0.125$$

4.2.4　贝叶斯网络基础

朴素贝叶斯分类假定类条件独立，即给定样本的类标号，属性的值相互条件独立，这一假定简化了计算。当假定成立时，与其他所有分类算法相比，朴素贝叶斯分类是最精确的。然而，在实践中，变量之间的依赖可能存在。贝叶斯信念网络（Bayesian Belief Network）表示属性联合条件概率分布，它允许在变量的子集间定义类条件独立性。它提供一种因果关系的图形，可以在其上进行学习。这种网络也被称作信念网络、贝叶斯网络或概率网络。

贝叶斯网络是一种图形模型(概率理论和图论相结合的产物)，可用于描述随机变量之间依赖关系，是一种将因果知识和概率知识相结合的信息表示框架。它使得不确定性推理在逻辑上变得更为清晰，也更容易理解，因此成为知识发现和决策支持的有效方法。通过从大量数据中构造贝叶斯网络模型，可以进行不确定性知识的发现。

贝叶斯网络由网络结构和条件概率表两部分组成。

（1）贝叶斯网络的网络结构是一个有向无环图（Directed Acylic Graph，DAG），如图 4-12 所示，表示变量之间的依赖关系。重要的是，有向图蕴含了条件独立性假设。贝叶斯网络规定图中的每个节点 x_i，如果已知它的父节点，则 x_i 条件独立于它的所有非后代节点。

（2）条件概率表，把各个节点与它的直接父节点关联起来。条件概率表可以用 $P(x_i \mid pa_i)$ 来描述，它表达了节点同其父节点的关系——条件概率。没有任何父节点的节点，它的条件概率为其先验概率。

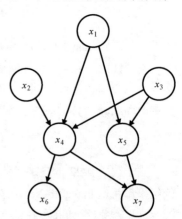

图 4-12　贝叶斯网络

含有 K 个节点的贝叶斯网络，联合概率分布等于每个节点给定父节点的条件概率的乘积：

$$P(X) = \prod_{i=1}^{K} P(x_i \mid pa_i) \qquad （公式 4-26）$$

因此，图 4-12 的贝叶斯网络联合概率分布为：

$$P(x_1, x_2, x_3, x_4, x_5, x_6, x_7) = P(x_1)P(x_2)P(x_3)P(x_4 \mid x_1, x_2, x_3)P(x_5 \mid x_1, x_3)P(x_6 \mid x_4)P(x_7 \mid x_4, x_5)$$

由此可见，贝叶斯网络可以表达变量的联合概率分布，并且使变量的联合概率求解过程大大简化。

4.2.5　通过贝叶斯网络判断条件独立

下面介绍贝叶斯网络的 3 种基本结构形式。

（1）Tail-to-Tail（同父结构），如图 4-13 所示。

根据公式 4-26，联合概率分布 $P(a,b,c) = P(c)P(a \mid c)P(b \mid c)$，则：

① 当 c 作为条件已知时，因为：$P(a,b \mid c) = \dfrac{P(a,b,c)}{P(c)}$，可得：

图 4-13　Tail-to-Tail 结构的贝叶斯网络

$P(a,b \mid c) = \dfrac{P(a,b,c)}{P(c)} = \dfrac{P(c)P(a \mid c)P(b \mid c)}{p(c)} = P(a \mid c)P(b \mid c)$，即当 c 已知时，a、b 条件独立。

② 当 c 未知时，$P(a,b) = \sum_c P(a \mid c)P(b \mid c)P(c) \neq P(a)P(b)$，即此时 a、b 不独立。

（2）Head-to-Tail（顺序结构），如图 4-14 所示。

根据公式 4-26，联合概率分布 $P(a,b,c) = P(a)P(c \mid a)P(b \mid c) = P(c)P(a \mid c)P(b \mid c)$。

① 当 c 作为条件已知时，因为 $P(a,b \mid c) = P(a,b,c) / P(c)$，可得 $P(a,b \mid c) = \dfrac{P(a,b,c)}{P(c)} = \dfrac{P(c)*P(a \mid c)P(b \mid c)}{p(c)} = P(a \mid c)P(b \mid c)$。所以，在 c 给定的情况下，a、b 是条件独立的。

② 当 c 未知时，$P(a,b) = P(a)\sum_c P(c \mid a)P(b \mid c) \neq P(a)P(b)$，即 c 未知时，a、b 不独立。

（3）Head-to-Head（V 型结构），如图 4-15 所示。

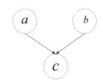

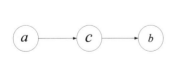

图 4-14　Head-to-Tail 结构的贝叶斯网络　　　　图 4-15　V 型结构的贝叶斯网络

根据公式 4-26，联合概率分布 $P(a,b,c) = P(a)P(b)P(c \mid a,b)$。

① 当 c 作为条件已知时：$P(a,b|c) = \dfrac{P(a)P(b)P(c \mid a,b)}{P(c)} \neq P(a \mid c)P(b \mid c)$，即 c 已知时，a、b 不是条件独立的。

② 当 c 未知时：$P(a,b) = \sum_c P(c \mid a,b)P(a)P(b) = P(a)P(b)$，即 c 未知时，a、b 是条件独立。

从以上几种典型结构中可以看出，在贝叶斯网络中一个变量是否已知，对另外两个变量间的独立性有影响。通常使用"有向分离（D-Separation）"方法来判断有向图变量间的条件独立性。

首先，找出有向图中所有的 V 型结构，在两个父节点之间加上一条无向边，并将所有有向边改为无向边，这样得到的无向图又被称为"道德图"（Moral Graph）。

给定不相交的节点集合 A、B 和 C，如果在道德图中将变量集合 C 去除后，A 和 B 分别处于两个连通分量中，则称 A 和 B 被 C 有向分离，A 和 B 在 C 已知的条件下独立，记为：

$$A \perp B \mid C$$

【示例 4-5】在图 4-16 所示的贝叶斯网络中，分别判断节点 a 和 d 在给定 e 或者 b 的条件下，是否独立？

在图 4-17 的道德图中，如果将节点 e 删除，节点 a 和 d 仍然在同一个连通分量里。因此，删除节点 e、a 和 d 不条件独立。而若删除了节点 b，则 a 和 d 将分别处于两个连通分量里，因此，$a \perp d \mid b$。

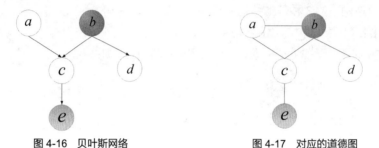

图 4-16　贝叶斯网络　　　　图 4-17　对应的道德图

4.2.6　贝叶斯网络推理实例

分析图 4-18 中给出的贝叶斯网络，对是否是肺病给出诊断。下面给出在几种不同情况下的诊断推理过程。假设每个变量都是二元的，分别取"T"和"F"表示"是"和"否"。

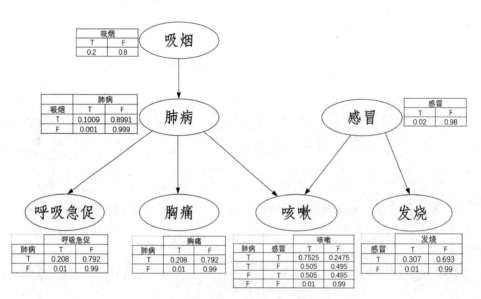

图 4-18　诊断肺病和感冒的贝叶斯网络

（1）计算得肺病的先验概率。在没有任何先验信息的条件下，计算先验概率 P(肺病=T)来确定一个人是否患有肺病。

$$P(肺病=T) = \sum_{吸烟} P(肺病 = T \mid 吸烟) P(吸烟) = 0.2 \times 0.1009 + 0.8 \times 0.001 = 0.02098$$

$$P(肺病=F) = 1 - 0.02098 = 0.97902$$

（2）出现呼吸急促症状时，患肺病的概率。

$$P(呼吸急促=T) = \sum_{肺病} P(呼吸急促 = T \mid 肺病) P(肺病)$$

$$= 0.02908 \times 0.208 + 0.97902 \times 0.01 \approx 0.0142$$

$$P(呼吸急促=F) = 1 - 0.0142 = 0.9858$$

$$P(肺病 = T \mid 呼吸急促=T) = \frac{P(呼吸急促 = T \mid 肺病 = T) \times P(肺病 = T)}{P(呼吸急促=T)}$$

$$= \frac{0.208 \times 0.02098}{0.0142} = 0.3083$$

可以看出，当病人出现了呼吸急促现象时，患肺病的概率大大提高了。

（3）当病人咳嗽时，患有肺病的概率。

$$P(咳嗽=T) = \sum_{肺病，感冒} P(咳嗽 = T \mid 肺病，感冒) P(肺病) P(感冒)$$

$$= 0.7527 \times 0.02098 \times 0.02 + 0.505 \times 0.02098 \times 0.98$$

$$+ 0.505 \times 0.97902 \times 0.02 + 0.01 \times 0.97902 \times 0.98 = 0.0302$$

$$P(咳嗽=T \mid 肺病=T) = \sum_{感冒} P(咳嗽 = T \mid 感冒, 肺病=T) P(感冒)$$

$$= 0.7525 \times 0.02 + 0.505 \times 0.98 = 0.50995$$

最后得出：

$$P(肺病=T \mid 咳嗽=T) = \frac{P(咳嗽=T \mid 肺病=T) \times P(肺病=T)}{P(咳嗽=T)} = \frac{0.50995 \times 0.02098}{0.0302} = 0.3543$$

【示例 4-6】贝叶斯网络模型及应用。

```
(1)  # coding:utf-8
(2)  from pgmpy.models import BayesianModel
(3)  from pgmpy.factors.discrete import TabularCPD
(4)  from pgmpy.inference import VariableElimination
(5)  # 通过边来定义贝叶斯模型
(6)  # 变量说明：
(7)  # 'SK':'吸烟';'LD':'肺病';'ST':'呼吸急促';'CP':'胸痛';'CG':'咳嗽';'CD':'感冒';'FE':'发烧'
(8)  # 定义贝叶斯网络模型，给出节点间关系
(9)  model = BayesianModel([('SK', 'LD'), ('LD', 'ST'), ('LD', 'CP'), ('LD', 'CG'), ('CD',
'CG'), ('CD', 'FE')])
(10) # 定义条件概率分布 CPD：
(11) # variable: 变量
(12) # variable_card: 基数
(13) # values: 变量值
(14) # evidence: 父节点
(15) cpd_SK = TabularCPD(variable='SK', variable_card=2, values=[[0.8, 0.2]])
(16) cpd_LD = TabularCPD(variable='LD', variable_card=2,
(17)                     values=[[0.999, 0.8991],
(18)                             [0.001, 0.1009]],
(19)                     evidence=['SK'],
```

```
(20)                                evidence_card=[2])
(21) cpd_ST = TabularCPD(variable='ST', variable_card=2,
(22)                              values=[[0.99, 0.792],
(23)                                      [0.01, 0.208]],
(24)                              evidence=['LD'],
(25)                              evidence_card=[2])
(26) cpd_CP = TabularCPD(variable='CP', variable_card=2,
(27)                              values=[[0.99, 0.792],
(28)                                      [0.01, 0.208]],
(29)                              evidence=['LD'],
(30)                              evidence_card=[2])
(31) cpd_CG = TabularCPD(variable='CG', variable_card=2,
(32)                              values=[[0.99, 0.495, 0.495, 0.2475],
(33)                                      [0.01, 0.505, 0.505, 0.7525]],
(34)                              evidence=['LD', 'CD'],
(35)                              evidence_card=[2, 2])
(36) cpd_CD = TabularCPD(variable='CD', variable_card=2,
(37)                              values=[[0.98, 0.02]])
(38) cpd_FE = TabularCPD(variable='FE', variable_card=2,
(39)                              values=[[0.99, 0.693],
(40)                                      [0.01, 0.307]],
(41)                              evidence=['CD'],
(42)                              evidence_card=[2])
(43) # 将有向无环图与条件概率分布表关联
(44) model.add_cpds(cpd_SK, cpd_LD, cpd_ST, cpd_CP, cpd_CG, cpd_CD, cpd_FE)
(45) # 验证模型：检查网络结构和 CPD，并验证 CPD 是否正确定义以及总和是否为 1
(46) print model.check_model()
(47) infer = VariableElimination(model)
(48) print (u"P(肺病):")
(49) print(infer.query(['LD']) ['LD'])
(50) print (u"P(呼吸急促):")
(51) print(infer.query(['ST']) ['ST'])
(52) print (u"P(肺病|呼吸急促):")
(53) print infer.query(['LD'], evidence={'ST':1})['LD']
(54) print (u"P(咳嗽):")
(55) print(infer.query(['CG']) ['CG'])
(56) print (u"P(咳嗽|肺病=T):")
(57) print infer.query(['CG'], evidence={'LD':1})['CG']
(58) print (u"P(肺病|咳嗽=1):")
(59) print infer.query(['LD'], evidence={'CG':1})['LD']
```

P(肺病):

LD	phi(LD)
LD_0	0.9790
LD_1	0.0210

P(呼吸急促):

ST	phi(ST)
ST_0	0.9858
ST_1	0.0142

P(肺病|呼吸急促):

LD	phi(LD)
LD_0	0.6917
LD_1	0.3083

P(咳嗽):

CG	phi(CG)
CG_0	0.9698
CG_1	0.0302

P(咳嗽|肺病=T):

CG	phi(CG)
CG_0	0.4900
CG_1	0.5100

P(肺病|咳嗽=1):

LD	phi(LD)
LD_0	0.6455
LD_1	0.3545

上述代码中使用了概率图模型 pgmpy，该模型需要提前安装。在设置条件概率表（CPD）时，数组下标对应相应的二元属性值，例如：cpd_LD[0，0]对应[肺病=F，吸烟=F]，即 0.999。cpd_LD[0，1]对应[肺病=F，吸烟=T]，即 0.8991。

4.3 基于实例的分类算法

4.3.1 KNN 分类器

KNN（K-Nearest Neighbor）算法是一个有监督学习的分类算法，其算法原理可总结为："近朱者赤，近墨者黑"。

举例来说，在市场调查中定向发放问卷前，会针对候选人群进行删选，尽可能选择那些有可能给出反馈的人进行推送，从而提高调查效率。如何判断一个人是否会及时填写调查问卷并反馈呢？直观上就是，KNN 方法把每个候选人与历史数据中的客户进行比较，观察候选人与哪些老客户比较"相似"，根据这些相似点来判断候选人是"反馈"还是"不反馈"。假设老客户信息如表 4-11 所示。

表 4-11　　　　　　　　　　　　　客户信息表

ID	年龄	年收入（万）	信用卡数量	反馈（分类属性）
1	30	10	3	是
2	35	15	5	是
3	24	9	1	否

与之前学习的分类算法不同，KNN 方法并不急于从历史数据训练出一个分类模型，并用于新数据的预测。KNN 对于给定的一个新数据，例如此例中，有一个候选顾客情况如表 4-12 所示。

表 4-12　　　　　　　　　　　　候选客户信息

ID	年龄	年收入（万）	信用卡数量	反馈（分类属性）
100	34	13	4	？

KNN 的方法是将此数据和历史数据进行比较，找出 K 个与它最接近的数据，假设 $K=2$，发现和它最相似的是 ID 为 1 和 2 的人，而它们的分类属性值都是"反馈"，则预测这个新客户也会提供反馈信息，进而给他发送调查问卷。

KNN 这种分类方法是惰性学习（Lazy Learning）的典型代表，也被称为基于实例的学习法。KNN 算法是通过比较一个未分类样本与已知训练样本集的相似性来确定该样本的类别。显然，当 $K=1$ 时，KNN 算法就是 NN 算法。

KNN 算法基本过程如下。

（1）距离计算：给定测试实例，计算出测试实例与训练集中每个样本的距离。

（2）寻找近邻：找出与测试实例距离最小的前 K 个训练样本作为测试实例的 K—近邻。

（3）确定类别：将 K 个最近邻的主要归属类别作为测试实例的确定类别。

图 4-19 展示了 KNN 算法的原理。

图 4-19　KNN 算法原理

KNN 没有显式的训练过程，在训练阶段只是把数据进行保存，训练时间开销为 0，等收到测试样本后进行处理。

K 值的选择对判定的结果存在直观的影响。从图 4-19 中可以看出，当 $K=4$ 时，未知点会根据最近邻原理选取 3 个五角星，1 个三角形，依据少数服从多数原理，将未知点归为五角星类别；当 $K=11$ 时，未知点根据最近邻原理会选取 5 个五角星，6 个三角形，此时未知点归属为三角形类别。K 值过大时，意味着最后选取的参考样本点数量较大，极限的情况则是考虑所有的样本，此时就会存在一个明显的问题，当训练样本集不平衡时，此时占数多的类别更占优势。所以较大的 K 值能够减小噪声的影响，但会使类别之间的界限变得模糊；但 K 值过小时，便是取最近的样本点，这样的学习缺少了泛化能力，同时很容易受噪声数据和异常值的影响。因此，K 值的设定在 KNN 算法中十分关键，取值过大易造成欠拟合效果，取值过小易造成过拟合效果。常见确定 K 值的方法如下。

（1）取训练集中样本总数的平方根。

（2）根据验证集，通过交叉验证确定 K 值。

KNN 算法中的类别确定也需要认真考虑，采用少数服从多数的投票原理来确定测试案例的所属类别，当 K 值较大时，在不平衡数据集中将会更倾向于占数更多的类别；另一种方法则是采用权重投票法，具体做法是近距离权重较大，远距离权重较小，最后取均值作为类别的判定标准。这种做法的缺点是针对不同的领域权重会有不同的要求，以至于实用性并不高。

KNN 算法的实现一般可分为如下两类方法。

（1）枚举法：上述例子采用的就是枚举法，即直接计算指定数据点到所有样本点之间的距离，选取距离最近的 K 个训练样本，根据它们的类别得出分类结果。这种方法算法时间复杂度十分高，在样本量较大时算法效率较低。

（2）基于索引树结构实现：利用树结构加速 K 个邻近点的查询。原理是构造一棵包含 N 个元素的树，只需 $\log_2 N$ 层节点，从而可大大缩小搜索范围。

下面介绍基于 KD 树的 KNN 算法实现。

KD 树（K-Dimensional 树）是一种分割 K 维数据空间的数据结构，对 K 维空间中的点进行存储和快速检索。KD 树是平衡二叉树，在构造的过程中不断用垂直于坐标轴的超平面划分空间，K 维空间逐步被划分为一系列的更小的 K 维超矩形区域，KD 树的每个节点对应一个区域。在寻找最近邻时可以逐步缩小搜索范围，实现快速检索。需要注意的是，KD 树的 K 是指 K 维空间，即样本点的特征维数；KNN 中的 K 是指与测试实例最近的前 K 个样本。

图 4-20 所示为一个 KD 树的空间划分示意图。

二维空间上的对象分布　　　　　　对应的 KD 树

图 4-20　KD 树空间划分示意图

【**示例 4-7**】**构造 KD 树**　令 $K=2$，数据集为{（1，2），（4，3），（3，5.5），（7，0），（8，5），（6，1）}，构建 KD 树的流程如下。

（1）构建根节点时，此时的切分维度为 $x^{(1)}$，如上点集合在 $x^{(1)}$ 维从小到大顺序为（1，2）、（3，5.5）、（4，3）、（6，1）、（7，0）、（8，5）。选取中位数所在的点（4，3）进行分割（中位数要选取实际存在的点）。

（2）（1，2）、（3，5.5）被分配到（4，3）节点的左子树，（6，1）、（7，0）、（8，5）则被分配到（4，3）节点的右子树。

（3）构建（4，3）节点的左子树时，点集合（1，3）、（3，6）此时的切分维度为 $x^{(2)}$，取中值点（1，2）进行切割，（3，5.5）挂在其右子树。

（4）构建（4，3）节点的右子树时，点集合（6，1）、（7，0）、（8，5）此时的切分维度为 $x^{(2)}$，取中值点（6，1）进行切割，（7，0）挂在其左子树，（8，5）挂在其右子树。

得出的 KD 树如图 4-21 所示。

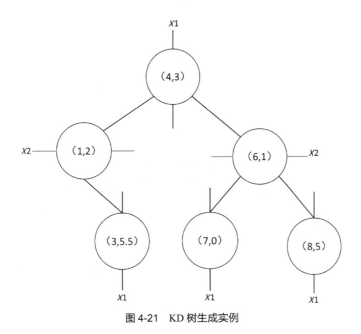

图 4-21　KD 树生成实例

下面介绍分裂维度的选择方法，即每一次选择哪个特征进行分割，常用的方法有如下两种。

（1）对当前的数据样本集合，计算每一个特征的样本方差。选出方差最大的特征作为分裂维度。原因是方差越大，代表这个特征各样本间数据的差别越大。在一定程度上说明样本间越分散，在越分散的维度进行分割效率就会越高。

（2）对于数据分布比较均匀的样本集，最简单的方法是第 x 层的分裂维度为 $x\%K$，（根节点为树的第一层）。这种方法可以避免连续选择在某个维上进行分裂。

选择好维度后，要对分裂节点进行选择：将当前样本集按照选定的 Axis 维取值由小到大进行排序，选择排序后此维度上中位数所在的样本作为分裂点，即 Position=Dataset[Median]，Value=Position[Axis]。构造 KD 树的流程如图 4-22 所示。

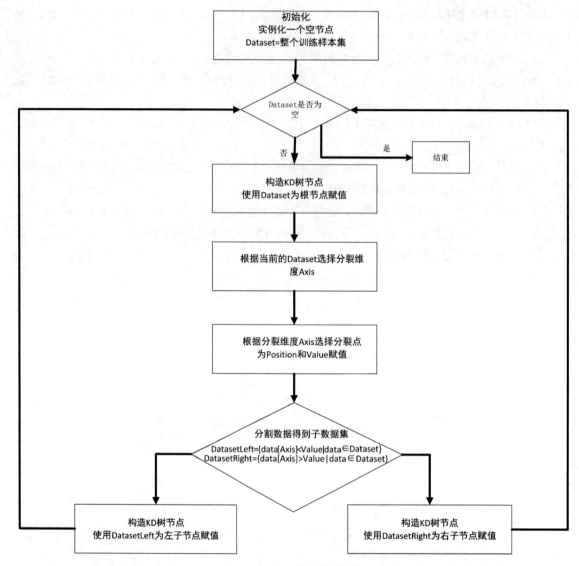

图 4-22　KD 树构造的流程图

数据的查找也是 KD 树算法的重要环节，其目的是检索在 KD 树中与查询点距离最近的数据点。下面举例说明这个搜索过程。以图 4-21 中构造好的 KD 树为例，查找目标点（2，3.5）的最近邻点。

（1）由根节点开始，先进行二叉查找。分割平面为 $x^{(1)}=4$，因此从节点（4，3）查找到节点（1，2）；分割平面为 $x^{(2)}=2$，所以从节点（1，2）查找到节点（3，5.5），形成搜索路径为：（4，3）—>（1，2）—>（3，5.5）。

（2）取（3，5.5）为当前最近邻点，以目标查找点为圆心，目标查找点到当前最近点的距离 2.23 为半径确定一个圆。回溯到（1，2），计算其与目标查找点之间的距离为 1.80<2.23 更新最近邻点为（1，2）。以目标查找点为圆心，目标查找点到当前最近点的距离 1.80 为半径确定一个圆。

（3）该圆与 $x^{(2)}=2$ 相交，但（1，2）的左子节点为空，所以当前最近点仍为（1，2）。

（4）回溯到（4，3），计算其与目标查找点之间的距离为 2.06>1.80，不更新。此时的圆与 $x^{(1)}=4$

不相交，说明（4，3）的右侧空间内不可能存在更近的点，故最终得出的最近邻点为（1，2）。

可以看出在如图 4-23 所示的搜索过程中：

（1）如果目标点位于当前节点确定分割超平面的某侧，那么，在寻找该点最近邻节点时首先考虑的是该侧而不是相反侧；

（2）每一个没有遍历过的区域都由一个分割平面确定，如果当前的最近邻区域（超球面）与分割超平面没有相交，那么，整个未遍历的区域就一定不会存在更加邻近的点。

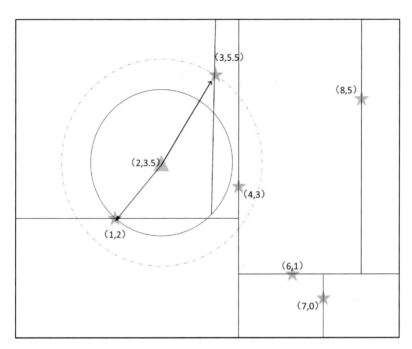

图 4-23　KD 树搜索示例

需要注意的是，上述第一点是更大可能地找到最近邻节点，而不是一定可以找到最近邻节点。因为无法保证目标点同其最近邻节点一定属于任意超平面的同侧。第二点则是算法的巧妙之处，要对遍历路径中未遍历节点区域进行搜索，如果直接回溯，仍需进行全局搜索。而以目标点为中心，当前最近邻叶子节点与目标点距离为半径构造超球面，如果存在更近的点，那么该点一定位于该超球面内。

上述是寻找最近邻的方法，在寻找 K 个最近邻时只需做少许更改，将维护当前最短距离和当前最邻近节点改为维护一个最大距离（当前 K 个最邻近节点中离考察点最大的距离）和一个（最大元素个数为 K）当前最近邻近链接表即可。

KD 树搜索的平均计算复杂度是 $O(N\log_2 N)$，其中 N 为训练样本数。KD 树适用于训练样本数远大于空间维数时的 K 近邻搜索，当空间维数接近训练样本数时，它的训练效率会迅速下降，直至线性扫描的速度。

下面给出 KD 树搜索的流程，如图 4-24 所示。

【示例 4-8】KNN 算法 Sklearn 实践。

数据集采用 UCI 机器学习的 Wine 数据集，数据包括了 3 种酒中 13 种不同成分的数量。在"wine.data"文件中，每行代表一种酒的样本，共有 178 个样本；一共有 14 列，其中，第一列为类标志属性，共分为 3 类，分别记为"1""2""3"；后面的 13 列为每个样本的对应属性的样本值。其中，第 1 类有 59 个样本，第 2 类有 71 个样本，第 3 类有 48 个样本。

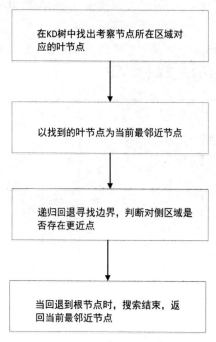

- 从根节点出发，递归地向下访问；
- 若考察点当前维的值小于切分值，则移动到左子节点；反之移动到右子节点。直到节点为叶节点为止。

- 如果该节点保存的样本点同考察点的距离小于当前最近距离，则更新当前最邻近节点；
- 当前最邻近点一定存在于该节点一个子节点对应的区域。检查该节点对应的回溯子节点的对侧区域是否含有更近的点。即以考察点为半径，以当前最近距离为半径作超球面，判断待检查区域是否与该超球面交割；
- 如果交割，说明在此对侧区域有可能存在更近点，移动到另一个节点，递归最近邻搜索；反之回退。

图 4-24　KD 树搜索流程图

实践中以 80%：20%将数据分为训练数据和测试数据，在 13 种特性的基础上，预测测试数据的类别，所有参数全部取默认值。表 4-13 为参数说明。

表 4-13　　　　　　　　　　　　KNeighborsClassifier 参数说明

参数名称	说明
KNeighborsClassifier(n_neighbors=5,weights='uniform',algorithm='auto',leaf_size=30,p=2,metric='minkowski', metric_params=None, n_jobs=1, **kwargs)	
n_neighbors	每次考虑的最邻近节点个数 K，默认值为 5
weights	（1）uniform：统一权重，在邻居区域的所有点使用相同权重； （2）distance：权重为两点距离的倒数，在这种情况下，查询点的较近的邻居比较远的邻居具有更大的影响； （3）callable：用户定义的函数，它接受一组距离，并返回一个包含权重的相同大小的数组
algorithm	（1）ball_tree：利用 BallTree （2）kd_tree：利用 KDTree （3）brute：利用蛮力搜索 （4）auto：将尝试根据传递给 fit 方法的值确定最合适的算法
leaf_size	传递给 BallTree 或 KDTree 的叶子大小，默认值为 30
metric	距离度量采用的算法
p	计算闵可夫斯基距离时的幂指数
metric_params	闵可夫斯基距离的参数，默认值为 None

```
(1) # -*- coding: utf-8 -*-
(2) import numpy as np
(3) import matplotlib.pyplot as plt
(4) from sklearn.neighbors import KNeighborsClassifier
```

```
(5)  #处理数据
(6)  filename = 'data/wine.data'
(7)  wine = []
(8)  with open(filename, 'r')as f:
(9)      for line in f.readlines():
(10)         x = line[:-1].split(',')
(11)         wine.append(x)
(12) wine = np.array(wine)
(13) data = []
(14) label = []
(15) np.random.shuffle(wine)
(16) data = np.array(wine[:, 1:])
(17) label = np.array(wine[:, 0])
(18) data = data[:, :].astype(float)
(19) label = label[:].astype(int)
(20) np.random.shuffle(data)
(21) np.random.shuffle(label)
(22) #80%数据用于训练, 20%数据用于测试
(23) data_train = data[:int(data.shape[0] * 0.8)]
(24) label_train = label[:int(label.shape[0] * 0.8)]
(25) data_test = data[int(data.shape[0] * 0.8):]
(26) label_test = label[int(label.shape[0] * 0.8):]
(27) #训练模型
(28) clf = KNeighborsClassifier()
(29) clf.fit(data_train, label_train)
(30) label_predict = clf.predict(data_test)
(31) #与真实标签比较
(32) x = range(data_test.shape[0])
(33) fig = plt.figure()
(34) ax1 = fig.add_subplot(211)
(35) ax2 = fig.add_subplot(212)
(36) ax1.set_title('Predict class')
(37) ax2.set_title('True class')
(38) plt.xlabel('samples')
(39) plt.ylabel('label')
(40) ax1.scatter(x, label_predict, c=label_predict, marker='o')
(41) ax2.scatter(x, label_test, c=label_test, marker='s')
(42) plt.show()
```

4.3.2 局部加权回归

局部加权回归（Locally Weighted Regression）是一种非参数学习方法，它的主要思想就是只对预测样本附近的一些样本进行选择，根据这些样本得到的回归方程比较拟合样本数据，这样就不会存在欠拟合和过拟合的现象。与 KNN 方法类似，因为局部加权回归算法在每次预测新样本时都会依赖训练集求解新的参数，所以每次得到的参数值都是不确定的。

首先，观察参数化的回归方法存在的"欠拟合"与"过拟合"的问题。

在图 4-25（a）中，由于模型没有很好地捕捉到数据特征，因此不能很好地拟合数据，这种现象被称为欠拟合；在图 4-25（c）中，由于模型适应所有的训练数据，其中也包括噪声数据，这种现象被称为过拟合。从上述现象中可以看出，线性模型的拟合能力是十分有限的，对于非线性数据用其描述并不理想。为了解决非线性数据上建立线性模型的问题，研究人员建立了局部加权回归模型。

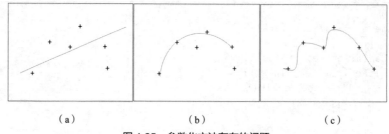

（a）　　　　　　　　（b）　　　　　　　　（c）

图 4-25　参数化方法存在的问题

局部加权回归模型所做出的改善可以从两方面做出解释，即局部和加权。局部是指当对新样本进行预测估计时，并不考虑所有的训练点进行回归，而是侧重选择与其相近的点参与回归。对某个样本进行预测时，与其相近的点意味着在各个特征取值上十分相仿，参考意义更好，同时可以免去不相干点或噪声对训练样本的干扰。权重则是对局部实现的一种手段，在该算法中，距离新样本越近的点权重越大，对参数的贡献也就越多；反之则越小。综上所述，局部加权回归针对线性回归所做出的改进，是注重样本临近点的精确拟合，忽略了距离较远的点的贡献。

首先观察普通线性回归：通过拟合 θ 寻找 $\sum_i (y^{(i)} - \theta^{\mathrm{T}} x^{(i)})^2$ 的最小值，预测值为 $\theta^{\mathrm{T}} x$ ；而局部加权回归则是通过拟合 θ 寻找 $\sum_i w^{(i)} (y^{(i)} - \theta^{\mathrm{T}} x^{(i)})^2$ 的最小值，预测值为 $\theta^{\mathrm{T}} x$ 。其中，$w^{(i)}$ 并非一个定值，它有很多计算方法，常见的计算方法为：

$$w^{(i)} = \exp\left(-\frac{(x^{(i)} - x)^2}{2\tau^2}\right)$$

从上述公式中可以看出 $w^{(i)}$ 的范围为(0，1)，随着距离的增大权重会逐步降低。

当距离很近时，$|x^{(i)} - x| \approx 0$ ，$w^{(i)}$ 趋近于 1。

当距离很远时，$|x^{(i)} - x| \approx \infty$ ，$w^{(i)}$ 趋近于 0。

其中 τ 是宽度系数，控制权值变化的速率。图 4-26 中为宽度系数 τ 、样本点与预测点之间的距离以及权重值三者之间的关系示意图。图的上部是 x 及其临近样本分布，下面部分则给出权值与距离的关系，可以看出距离 x 越近的样本获得的权重越大。对于不同的 τ 值，权值下降的速率有很大差别。τ 值越小，权值下降的速率越大，即 x 临近节点的选择范围越小。

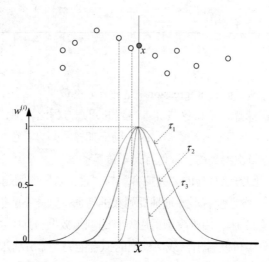

图 4-26　权重与宽度系数以及距离大小关系示意图

局部加权回归算法基本流程是，对每个待预测点 x 周围的点赋予一定的权重，越近的点权重越高，以此来选出该预测点对应的数据子集，然后在此数据子集上进行普通的回归：

（1）对于输入 x，利用权重高低选择 x 的邻域训练样本。

（2）根据邻域的训练样本求取参数 θ，使其均方差最小。

（3）利用参数 θ，得到输入 x 对应的预测值 $\theta^{\mathrm{T}} x$。

（4）对于新输入，重复上述过程。

局部加权回归算法的优点：（1）只需提供平滑参数和局部多项式的阶数便可构造模型。非常灵活，适合没有理论模型基础的复杂建模过程；（2）对训练数据拟合效果较好；（3）对特征的选择依赖程度较小。它的缺点有：（1）数据的使用效率较低，需要规模较大、采样密集的数据集才能生成好的模型；（2）计算量较大，每次预测都需要扫描所有的数据并重新计算参数；（3）容易出现过拟合现象。

4.3.3　基于案例的推理

Patrick Herry 曾说：“我有一盏指引我前进的明灯，这是经验之灯。我不知道除往事之外，还有什么方法能够判断未知”。这句话与基于案例的推理（Case Based Reasoning，CBR）的核心思想十分契合。

CBR 的核心思想是利用一个存储问题解决方法的数据库来解决新问题。为了求解一个新问题，从存储历史案例的数据库中查找与该问题相同或相似的源案例，并把查找到的源案例中存储的解决办法直接重用或稍加修改到新问题的求解过程中，以指导解决当前问题。即 CBR 是把过去问题解决方案中的经验或知识以案例的形式记录下来，新问题的求解过程是由目标案例的提示而获得记忆中的源案例，由源案例指导目标案例求解的过程，是一种模仿人类推理和思维过程的方法。

CBR 用与当前相似案例的解决方法来解决当前事件或问题，其思想基于以下假设。

（1）正则性：CBR 系统的核心是用过去相似事件的解决方案作为当前案例的解决方案，即相似问题有相似的解决方案。如果某领域中相似问题的解决方案不能用于新的目标问题的话，则 CBR 方法不适合该领域。然而，通常情况下，世界是一个规则空间，相似问题有相似解决方案在许多领域都适用。

（2）典型性：指过去出现的问题在将来还有重复发生的可能，即案例库中应该有与可能遇到的问题比较相似的案例，这就要求案例库中的案例具有代表性或典型意义；否则，从案例库中检索案例并没有意义。

（3）经验性：CBR 中的案例库是 CBR 系统知识的主要来源，如果一个系统中问题的解决主要取决于领域知识，而把经验知识作为次要的知识来源的话，这个系统就不能成为 CBR 系统。例如，RBR 的知识主要是规则而不是经验。

（4）易适应性：指案例间微小差距容易通过修改和调整进行弥补。

CBR 最广泛应用的过程模型为由 Aamodt 和 Plaza 提出的 4R 模型。在 4R 模型中，过去事件处置的经验和方案作为案例存储在数据库中，当新的事件出现时，对其进行以下 4 个阶段处理。

（1）Retrieve：案例检索，从案例库中检索到与当前事件最为相似的案例。

（2）Reuse：案例重用，检索到的解决方案经重用作为新事件的建议解决方案。

（3）Revise：案例修订，解决方法经测试、评估和修订后得到当前事件最终解决方案。

（4）Retain：案例存储，最终解决方案可能与事件一起作为新的案例保存到案例库中，以便使系统具有自增量的学习能力。

CBR 主要过程如图 4-27 所示。下面将详细探讨图中 CBR 所涉及的各关键技术。

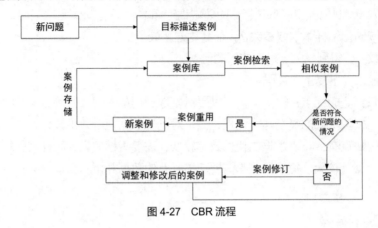

图 4-27　CBR 流程

1. 案例表示和组织

案例表示是案例推理的基础，它影响检索和重用的效率，涉及的关键技术有以下 3 个。

（1）每个案例使用什么结构进行表示。

（2）每个案例存储什么信息。

（3）对案例如何进行组织和索引。

案例通常被理解为通过"问题—原因—解决方案"来表达经验的知识。与规则、概念等一般性的知识性质不同，它反映的是过去的一个事件。在 CBR 中，案例有 3 种用途。

（1）为理解一个新的问题情况提供情景。

（2）为新问题的解决方案提供建议。

（3）用来对于所提出的解决方案提供评估。

根据这 3 种用途，案例一般由问题的描述、相应的解决方案以及方案实施效果 3 个部分组成。其中问题的描述和相应的解决方案是案例表示时必须包含的信息，方案的实施效果则根据案例库建立的需求而定。因此，一般案例描述为二元组的形式<问题；解决方案>。若要描述方案的实施效果，则将其描述为三元组的形式<问题；解决方案；实施效果>。

Schank 的动态存储模型和 Porter 的类别—样例模型是应用最广泛的存储模型。

Schank 的动态存储模型是在通用结构下组织具有相似特点的具体案例，通用结构就是具有普遍意义的情景，即一般情景（GE），它包含三种不同类型的要素：标准、案例和索引。标准是一般情景中所有案例所共有的特征，在一般情景之下被索引；索引是区别一般情景中案例的特征，一个索引由索引名和索引变量组成，它可能指向一个更具体的一般情景或案例，或者直接指向案例。

图 4-28 所示表示了这种结构和一个复杂的一般情景，它包含了基本案例和更具体的一般情景。整个案例记忆库就是一个识别网络。在这个识别网络中，节点要么是一个一般场景、一个索引名或索引值；要么是一个案例。一对索引名和索引值从一个一般情景指向另一个一般情景或案例。一般情景的主要作用是作为存储、匹配、检索案例的索引结构。在案例存储时，当一个新案例的特征（即索引名和索引值）与一个已有案例的特征相匹配时，一个新的一般情景就产生了。然后，在新的一般情景下，按照不同的索引，这两个案例又被区分开来（假定两个案例不是完全相同的）。因此，记

忆是动态的，因为两个案例的相似部分是被动态地概括为一个新的一般场景，在一般场景之下按照它们的不同点为案例编索引。

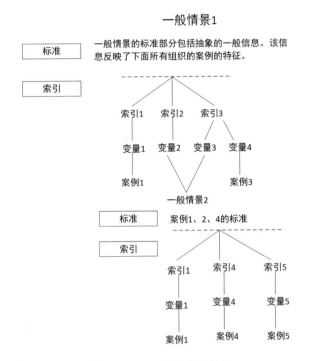

图 4-28　Schank 动态存储模型

通过寻找一般情景与描述的大部分相同的标准，就能检索到案例。这样，一般情景中的标准反过来就能用于寻找包含大部分其他问题特征的案例。新案例的保存以相同的方式实现，如上所述，在该过程中还有其他自动生成一般情景的过程。因为索引结构是一个识别网络，案例（或者案例的指向者）就被保存于将该案例与其他案例区别开来的索引中。这就很容易导致索引爆炸式增长。因此，就实用目的而言，使用这种索引体系的大部分 CBR 系统会将可用索引的数目限制在一定数量。

一般情景的主要作用是案例匹配与检索的索引结构。记忆库结构中的动态部分或许可以被视为具体情景中的知识与相同情景的一般知识在记忆库整合的尝试。这是一个简单，但又接近于真实的人类推理和学习模型。

Porter 的类别-样例模型是根据对人类思维过程的分析，将自然概念的不同特征辅以不同重要度，用以描述一个案例对某一范畴的从属关系。

从广义上讲，真实世界应该通过被称为样例的案例库进行定义。案例记忆是一个有关类别、语义关系、案例和索引指针的网络结构。语义网络中的节点是类别，链代表类别与类别之间的关系。类别知识由特征、样例及指针组成，每个案例都与一种类别相关。在描述一个案例关系时，一个类别的不同案例特征被赋予了不同的重要等级。索引指明一个案例或类别，它是 3 种链接的索引。

（1）特征链接：从问题的描述（特征）指向案例或类别。

（2）案例链接：从类别指向与之相关的案例。

（3）差异链接：从类别指向仅与原案例有细微差异的邻近案例。

一般而言，一个特征通常由名字和变量来描述；一个类别的样例是根据它们在类别中典型性的程度来划分的。

图 4-29 展示了这个记忆结构的一部分，这部分是特征和案例到类别的链接。无名索引则是从特征到类别的指示符。

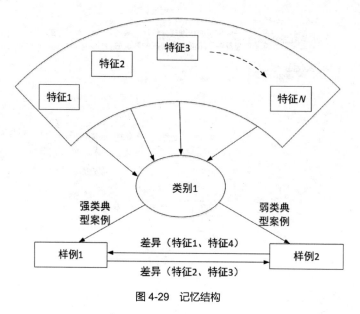

图 4-29　记忆结构

在记忆组织中，类别在语义网络中是互链的，这个网络包含了其他术语所指称的特征和中间状态。该网络代表了一种一般领域知识的背景，它为一些 CBR 的任务提供解释性的支持。例如，案例匹配的核心机制是一种被称作"基于知识的模式匹配"方法。一个新案例是通过搜寻相匹配的案例和通过建立相关的特征索引来被存储的。如果一个案例被发现与新案例之间仅存在微小差别，那么，新案例可能就不会被保留，或两个案例可能会被合并。

2. 案例检索

相似案例的检索是 CBR 的一个关键环节，它关系到对当前问题的理解。案例检索是从案例库中搜索出与目标案例最为相似，对目标案例最有帮助的训练案例。从概念上讲，这些训练案例可以视为新案例的近邻。案例检索的过程就是一个查找和匹配的过程。在 CBR 中相似案例的检索要达到两个目标：一是检索出的相似案例尽量少；二是检索出的案例与目标案例要尽可能地相似。

目前比较常用的检索算法有知识引导法、神经网络法、归纳索引法和最近相邻法。随着案例库中案例知识的增多，单独使用以上方法进行检索会存在一定的不足并会降低检索的效率。所以，通常会将各算法组合使用，例如，将归纳索引法与最近相邻法结合，首先，根据目标案例中权值较大的特征属性对案例库中的案例进行分类，初步检索出与目标案例较为匹配的案例候选集；然后，利用最近相邻法对案例候选集中的案例逐个进行匹配，选出与目标案例最为匹配的案例。

案例检索过程如图 4-30 所示。

3. 案例适用

案例适用是一个非常重要的认知过程，这个过程可以总结为案例评估、修改、调整。首先，将检索到的旧案例的解决方案应用到新问题中，并对应用的结果进行评估，如果成功，就不需要调整和修改；否则，就需要对解决方案进行调整或修改。

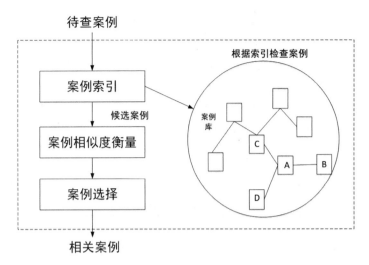

图 4-30　案例检索过程

在一些简单的系统中，可以直接将检索到的匹配案例的解决方案用于新案例，作为新案例的解决方案。这种方法适用于推理过程复杂，但解决方案很简明的问题。例如，申请银行贷款。在多数情况下，由于案例库中不存在与新案例完全匹配或有微小差异的存储案例，因此，需要对存储案例的解决方案进行调整。

案例修订是 CBR 的一个难点。案例修订可以对一个相似案例进行，也可以对多个相似案例重组并修改，如果各解决方案之间出现不相容，则可能需要回溯，搜索其他解。常见的方法有推导式调整法、参数调整法。推导式调整法是指重新利用产生匹配案例的解决方案的算法、方法或规则来推导得出新案例的解决方案；参数调整法是指将存储案例与当前案例的指定参数进行比较，然后对解决方案进行适当修改的方法。许多领域的 CBR 系统一般都还停留在检索阶段，且案例调整是针对特定的领域知识来进行的，因此不存在普遍的适用方法。

从上述内容中也可以观察到案例评估促进了推理过程的反馈和调节，确保了案例的动态调整和适应。反复调整和修订的机制预示着 CBR 既能够从成功的案例推理中学习，也能从失败的推理过程中学习。案例适用过程如图 4-31 所示。

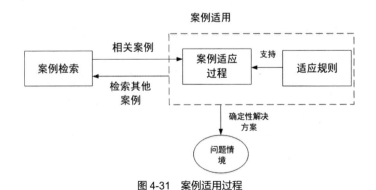

图 4-31　案例适用过程

4. 案例维护

案例维护是保证案例质量的一个重要手段。案例维护主要包括向案例库中添加新的案例即案例存储，或删除一些不常用的案例。若案例库中不存在解决目标案例的方案，可以考虑将解决新问题的方案添加到案例库中，使其更加完备，系统也会具有解决新问题的能力。将一个新的解决方案加入到案例库中，案例库中可用的成功案例将会增加，从而提高了案例复用的可能性以及案例推理的准确性。若案例库中的一些案例基本不能与其他案例相匹配时，可以考虑将这些案例删除，以便提高案例推理时检索的效率。此外，案例的维护还包括调整和修改一些不成功的案例或有关参数的过程，将这些信息存储起来以便为以后解决类似的问题提供解决方案。案例维护是对案例库不断更新与扩充的一种手段，同时也是确保建立的案例库保持长期有效的一个重要条件。

下面通过 RBR 与 CBR 的比较来总结 CBR 的优点，如表 4-14 所示。

表 4-14　　　　　　　　　　　　　　　RBR 与 CBR 的对比

基于规则推理的系统（RBR）	基于案例推理的系统（CBR）
限制性学习能力	学习作为 CBR 结构的一部分
用 if-then 规则进行推理和归纳	用明确的情景案例推理和归纳
用一种单调的密集的方式获得知识	获得案例知识容易
建立和维护知识库很浪费时间精力	建立和维护案例库非常容易
超出原始知识范围后不能解决问题	超出原始知识范围能够解决问题
对知识丰富的领域是不理想的	对经验丰富的领域是理想的

（1）CBR 与基于规则推理、模型推理不同，它能够支持那些未能精确定义或理解的领域内问题的解决。当一个领域知识不能被很好地理解时，那么在这个领域确定的规则是不完全的。在这种情况下，通过案例提出的解决方案比通过一系列规则推理出的解决方案更适合于问题的求解。案例是在一个给定的情景下实际发生的或者是不能发生的具体事件。

（2）在 CBR 系统中，知识获得变成了收集人们解决实际问题的案例。无需考虑专业知识获得的瓶颈这一难题，知识获得就变成一个提取过去案例的简单任务。在各种问题情景中，通过案例表示的具体样例比一系列规则或抽象模型更容易被使用者理解和运用。

（3）CBR 的知识系统将解决问题的经验知识作为案例来存储，且这些案例是根据情境特征来建立索引的，在许多领域容易收集，获取代价较低，而且运用十分灵活。由于知识库保存了成功和失败的解决方案，它可以给予推理者预先的提醒，以避免潜在问题的出现。另外，重用先前的解决方案有助于提高问题解决的效率，这是通过先前经验的推理，而不是重复做先前的工作。

（4）获得的新经验以案例形式作为以后解决新问题的经验知识存储在案例库中。所以，基于案例的专家系统本身具有增量和衍生学习功能。由于 CBR 系统能实现增量学习，它只需要处理在实践中实际发生的问题，而一般的系统必须要考虑到所有可能发生的问题。

（5）其他人工智能专家系统多为演绎推理模式，所有关于问题的答案都预先设定在知识库中，不具有创新求解能力。而 CBR 是类别推理模式，它基于经验的归纳推理，无需预先设定，这就扩大了解决问题的范围。

【示例 4-9】利用 CBR 对房产进行估值。

现需要对某房屋的财产价值进行预测，常用的方法是参考与待测房屋情况类似的房屋售价。表 4-15 是待估测房屋的各属性情况。

表 4-15　　　　　　　　　　　　　　　　　房屋信息

属性	值
售价	185000 元
地点	中山路
居住面积	90m²
房屋总面积	140m²
卧室数量	3 个
卫浴室数量	2 个

基于 CBR 进行估价的过程如下。

（1）对案例数据库进行初始检索。

按如下标准检索数据库，初步锁定训练样本范围。

① 售价数据要求在 24 个月内。

② 房屋地点与待测房屋地点之间距离要求在 10km 内。

③ 居住面积要求在待测房屋居住面积的（±25%）范围内。

④ 房屋总面积要求在待测房屋总面积（±50%）范围内。

⑤ 卧室数量要求在待测房屋数量的（±3）范围内。

⑥ 卫浴室数量要求在待测房屋数量的（±3）范围内。

（2）相似度计算。

计算待测样本与检索到的样本之间的相似性，并根据相似程度对训练样本打分。相似性度量会根据实际应用，对不用的属性赋予不同的权重，再将属性的相似度乘以该属性的权重作为该属性对最终相似性的贡献，最后将各属性贡献累加得到最终的相似性度量值。具体数值如表 4-16 所示。

表 4-16　　　　　　　　　　　　　　　　相似性度量计算

属性	待测样本	训练样本	相似度	属性权重	属性贡献
时间	/	6 个月	75%	0.222	0.1665
距离	/	2km	80%	0.222	0.1776
居住面积	90m²	81m²	90%	0.333	0.2997
房屋总面积	140m²	105m²	75%	0.111	0.08325
卧室数量	3 个	3 个	100%	0.056	0.056
浴室数量	2 个	1 个	50%	0.056	0.028
		相似度			0.81105

（3）案例规则调整。

① 对检索到的案例，调整其房屋售价以更好地反映房屋财产价值。

② 在原来案例的规则中添加额外的属性，以反映待测样本与训练样本之间更多的差异性，如房屋质量属性等。

（4）合并案例做出预测。

按上述规则综合训练样本的调整售价以及相似性，得出最终的预测价值。具体如表 4-17 所示。

表 4-17 房屋价格预测结果

检索到的案例 ID	调整售价（元）	相似性得分	预测售价（元）
806	197000	0.95	187150
863	202000	0.88	177760
211	196500	0.78	153270
985	192000	0.64	122880
973	201000	0.58	116580
总计		3.83	757640
最终预测价值（元）		757640/3.83=199900	

4.4 组合分类算法

在数据挖掘的很多应用中，直接建立一个高性能的分类器是很困难的。但是，如果能找到一系列性能较差的分类器（弱分类器），并把它们集成起来，也许就能得到更好的分类器。"三个臭皮匠，胜过诸葛亮"便是对这种思想最直接的解释。

组合分类方法主要就是改变训练集。通常的分类算法，根据训练集的不同，会给出不同的分类器。首先，可以通过改变训练集来构造不同的分类器，然后，再把它们集成起来。通常的做法是在原来的训练集上随机采样，从而得到新的训练集。

组合分类方法也称为集成学习，在集成学习中使用的多个学习器称为个体学习器。当个体学习器均为决策树时，称为"决策树集成"，当个体学习器均为神经网络时，称为"神经网络集成"。个体学习器越精确、差异越大，集成的效果就越好。实际上，对一个给定的训练集做分类问题时，弱学习器（分类规则较粗糙）要比强学习器（分类规则较精确）更容易学习。从更容易学习的弱学习器入手，将多个弱学习器通过一定的集成升级到强学习器，可以提高学习精度。

按照个体学习器生成方式的不同，有如下几种组合分类方法。

（1）个体学习器间不存在强依赖关系，可同时生成的并行化方法：Bagging、随机森林（Random Forest）。

（2）个体学习器间存在强依赖关系，必须串行生成的序列化方法：AdaBoost。

组合分类方法要解决以下两个问题。

（1）如何基于一个训练数据集学习到不同的弱学习器？

（2）弱学习器之间如何进行合理组合才能更有效升级？

4.4.1 Adaboost 算法

Adaboost 采用迭代的思想，每次迭代只训练一个弱分类器，训练好的弱分类器将参与下一次迭代的使用。也就是说，在第 K 次迭代中，一共就有 K 个分类器，前 $K-1$ 个是已经训练好的，其各种参数都不再改变，本次只训练第 K 个分类器。弱分类器之间的关系是：第 K 个更可能将第 $K-1$ 个弱分类器所没分对的数据分类正确。"更可能分对"是通过调整训练数据的权重分布实现的。最终分类输出要看这 K 个分类器的综合效果。

Adaboost 算法的主要流程原理，如图 4-32 所示，其具体流程如下。

（1）初始化训练数据的权值分布，每个数据所占权重相同，设共有 N 个训练数据样本，则各个数据所分配权重为 $1/N$。

（2）基于当前数据权重分布生成分类器，得出分类器的分类误差率 e，并选取分类误差率最低的分类器作为新的分类器。

（3）利用该分类器的分类误差率 e 计算此分类器在投票决策中所占权重 α。

（4）根据该分类器的分类情况调整训练数据的权重分布 w。

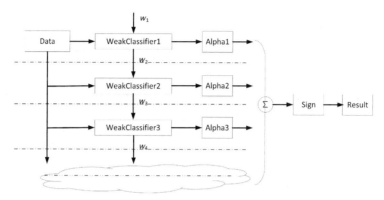

图 4-32　Adaboost 原理图

重复步骤（2）和（3），直至当前集成学习器的预测误差为 0 或达到分类器规定阈值。

可以看出，Adaboost 算法是通过不断调整训练数据的权重分布以保证每次所得到的弱学习器的不同，通过第 K 个弱分类器更可能将第 K-1 个没分对的数据分类正确，将各弱学习器之间合理组合进而得到有效升级。下面介绍算法过程中涉及的一些细节。

（1）首先介绍分类器的分类误差率 e 的计算。

其中有关定义如表 4-18 所示。

表 4–18　　　　　　　　　　　　　　　　有关定义

参数名称	含义
D	训练样本集合
x	各个样本的特征数据
y	各个样本的类别标签
G_m	第 m 次训练得到的分类器
$G_m(x_i)$	第 m 次训练得到的分类器对样本 x_i 的分类结果
w_{mi}	在第 m 次训练数据中第 i 个数据的权重，初始值为 1/N

给定一个二分类数据集，将各个样本的类别对应到集合{-1，1}：
$$D = \{(x_1, y_1), (x_2, y_2), \cdots, (x_n, y_n)\}$$

其中 $x_i \in X \subseteq R^n$，$y_i \in Y = \{-1,1\}$。由于样本的类别是+1 和-1，在决策时可以将分类器权重与类别直接相乘，各乘积累加之后为正，说明最后+1 类别所占权重更大，分类结果取+1，反之为-1，即各分类器之间可以直接通过线性组合再结合标签函数进行分类。

G_m 的分类错误率为：

$$e_m = P(G_m(x_i) \neq y_i) = \sum_{i=1}^{N} w_{mi} I(G_m(xi) \neq y_i)$$

$$I(p) = \begin{cases} 1, & p \text{ 为真} \\ 0, & p \text{ 为假} \end{cases}$$

仔细分析上述公式，对于分类器 G_m，如果权重较大的样本分类错误，带权重累加时对应的错误率也会较高。反之，权重较大的样本分类正确，占重要度较高的样本累加为 0，即使权重较低的样本分类错误，分类的错误率也会相对较低。训练样本权重间接影响分类器的错误率，更深的意义是为了强调部分样本的重要性。如果将重要的样本赋予了更高的权重，那么基于当前数据权重分布训练所得错误率最低的分类器便是我们最想要的。

需要强调的是 e_m 要求小于 1/2，这保证了弱分类器最起码要强于随机预测的分类器。

（2）分类器在决策中所占权重 α 的计算。

$$\alpha_m = \frac{1}{2}\log\frac{1-e_m}{e_m}$$

从公式中可以看出，因为 $e_m<1/2$，所以权重 $\alpha_m>0$。e_m 越大，α_m 越小，即错误率越高的分类器在最后投票决策时占的重要性越低，反之则越高。

设 F_m 为第 m 次训练得到的集成学习器，下面介绍各分类器权重的具体推导过程。

$$F_m(x_i) = F_{m-1}(x_i) + \alpha_m \times G_m(x_i)$$

该模型对应的指数损失函数为：

$$\begin{aligned}Z &= e^{(-y_i \times F_m(x_i))} \\ &= e^{(-y_i \times (F_{m-1}(x_i)+\alpha_m \times G_m(x_i)))} \\ &= e^{(-y_i \times F_{m-1}(x_i))} \times e^{(-y_i \times \alpha_m \times G_m(x_i))}\end{aligned}$$ （公式4-27）

目的是最小化损失函数，从公式 4-27 可以看出，当前未知参数为 α_m 与 $G_m(x_i)$，损失函数的最小化与 $e^{(-y_i \times F_{m-1}(x_i))}$ 无关，根据预测正确和预测错误两种情况继续推导：

$$\begin{aligned}(\alpha_m, G_m(x)) &= \arg\min\sum_{i=1}^{N}\exp(-yi \times \alpha_m \times G_m(x_i)) \\ &= \arg\min\sum_{i=1}^{N}\exp(-\alpha_m(yi \times G_m(x_i))) \\ &= \arg\min\sum_i \exp(-\alpha_m)I(yi=Gm(xi))+\sum_i \exp(-\alpha_m)\times(-1)I(yi \neq G_m(x_i)) \\ &= \arg\min(\exp(-\alpha_m)\times(1-e_m)+\exp(\alpha_m)\times e_m)\end{aligned}$$

令导数等于 0，得到：

$$\alpha_m = \frac{1}{2}\log\frac{1-e_m}{e_m}$$

每个分类器的权重 α_m 表示的是该分类器的重要性，α_m 之和不等于 1。

（3）第 m 次训练时第 i 个数据所占权重 w_{mi}。

上面引出的损失函数，可以这样解释，损失越少，对应的损失函数值就越小，意味着预测的结果更加准确。将训练数据所占权重同损失函数联系在一起，当有预测错误时，损失函数值更大。这些被预测错的数据在下一次预测中被更加关注，它的权重也需要增大。具体如下。

$$F_m(x_i)=F_{m-1}(x_i)+\alpha_m \times G_m(x_i)$$
$$w_{mi}=e^{(-y_i f_{m-1}(x_i))}$$

可得：

$$w_{(m+1)i}=\begin{cases}\dfrac{w_{mi}}{Z_m}e^{-\alpha_m}, & G_m(x_i)=y_i \\ \dfrac{w_{mi}}{Z_m}e^{\alpha_m}, & G_m(x_i)\neq y_i\end{cases}$$

其中，Z_m 是规范化因子，实质上是对 $w_{(m+1)i}$ 进行归一化操作，使权值分布为一个概率分布。

$$Z_m = \sum_{i=1}^{N} w_{mi} e^{-\alpha_m y_i G_m(x_i)}$$

Adaboost 算法很好地利用了弱分类器进行级联，可以将不同的分类算法作为弱分类器，并具有很高的精度。不足之处在于，Adaboost 算法速度慢，在一定程度上依赖于训练数据集合和弱学习器的选择，训练数据不足或者弱学习器太"弱"，都将导致其训练精度的下降。它也易受到噪声的影响，因为它在迭代过程中总是给噪声分配较大的权重，使得这些噪声在以后的迭代中受到更多的关注。

【示例 4-10】Adaboost 实例。

现有 10 组学生的个人信息，现利用 Adaboost 算法判断学生是男生还是女生。

数据如表 4-19 所示，女标记为+1，男标记为-1。本示例采用 CART 为基础分类器，由于数据量过少，为了可以运用 Adaboost 算法，我们降低 CART 的性能，即限制 CART 树深为 2。

表 4-19		训练数据集	
ID	身高（m）	体重（kg）	性别
1	1.60	66	女
2	1.59	60	男
3	1.62	59	女
4	1.78	80	男
5	1.68	70	女
6	1.79	59	男
7	1.53	40	女
8	1.63	65	男
9	1.65	50	女
10	1.85	69	男

首先，我们对各组数据赋予权重，一共 10 组数据，各数据权重为 0.1。利用 CART 进行分类，得到的分类器 G_1 如图 4-33 所示。

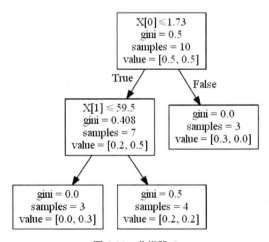

图 4-33　分类器 G_1

G_1 的预测结果为[-1，-1，1，-1，-1，-1，1，-1，1，-1]，对比 1 号数据和 5 号数据可知预测错误。G_1 在训练样本集上的误差率 $e_1 = P(G_1(x_i \neq y_i) = 0.2$，$G_1$ 的系数 $\alpha_1 = \dfrac{1}{2}\log\dfrac{1-0.2}{0.2} = 0.6931$。当前集合学习器为：$F_1(x)=0.6931G_1(x)$，$\mathrm{sign}(F_1(x))$ 在训练数据集上有两个误分类点。

更新训练数据的权重分布：$Z_1=0.8$，$W_2=$(0.249，0.0625，0.0625，0.0625，0.249，0.0625，0.0625，0.0625，0.0625，0.0625)。

在权值分布为 W_2 的训练数据上，得到的分类器 G_2 如图4-34所示。

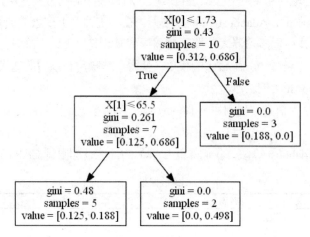

图4-34　分类器 G_2

G_2 的预测结果为[1，1，1，-1，1，-1，1，1，1，-1]，对比2号数据和8号数据可知预测错误。G_2 在训练样本集上的误差率 $e_2 = P(G_2(x_i \neq y_i)) = 0.0625 + 0.0625 = 0.125$。$G_2$ 的系数 $\alpha_2 = \frac{1}{2}\log\frac{1-0.125}{0.125} = 0.9729$；当前集成学习器为：$F_2(x)=0.6931G_1(x)+0.9729G_2(x)$，$\text{sign}(F_2(x))$ 在训练集上有两个误分类点。

更新权重分布：$Z_2=0.6606$，$W_3=$（0.1424，0.2503，0.0357，0.0357，0.1424，0.0357，0.0357，0.2503，0.0357，0.0357）。

在权值分布为 W_3 的训练数据上，得到的分类器 G_3 如图4-35所示。

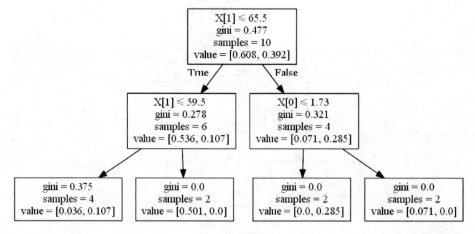

图4-35　分类器 G_3

G_3 的预测结果为[1，-1，1，-1，1，1，1，-1，1，-1]，对比6号数据可知预测错误。G_3 在训练样本集上的误差率 $e_3 = P(G_3(x_i \neq y_i)) = 0.0357$。$G_3$ 的系数 $\alpha_3 = \frac{1}{2}\log\frac{1-0.0357}{0.0357} = 1.6481$。当前集合

学习器为：$F_3(x) = 0.6931G_1(x) + 0.9729G_2(x) + 1.6481G_3(x)$，$\text{sign}(F_3(x))$ 在训练集上没有误分类点。

最终，集合学习器为：$\text{sign}(0.6931G_1(x) + 0.9729G_2(x) + 1.6481G_3(x))$。

【示例 4-11】Sklearn Adaboost 算法实践。

```
(1)  # -*- coding: utf-8 -*-
(2)  import numpy as np
(3)  import matplotlib.pyplot as plt
(4)  from sklearn.tree import DecisionTreeClassifier
(5)  from sklearn.ensemble import AdaBoostClassifier
(6)  # 处理数据
(7)  filename = 'data/wine.data'
(8)  wine = []
(9)  with open(filename, 'r')as f:
(10)     for line in f.readlines():
(11)         x = line[:-1].split(',')
(12)         wine.append(x)
(13) wine = np.array(wine)
(14) data = []
(15) label = []
(16) np.random.shuffle(wine)
(17) data = np.array(wine[:, 1:])
(18) label = np.array(wine[:, 0])
(19) data = data[:, :].astype(float)
(20) label = label[:].astype(int)
(21) # 80%数据用于训练，20%数据用于测试
(22) data_train = data[:int(data.shape[0] * 0.8)]
(23) label_train = label[:int(label.shape[0] * 0.8)]
(24) data_test = data[int(data.shape[0] * 0.8):]
(25) label_test = label[int(label.shape[0] * 0.8):]
(26) # 训练模型
(27) clf = DecisionTreeClassifier()
(28) bdt = AdaBoostClassifier(clf, n_estimators=30)
(29) bdt.fit(data_train, label_train)
(30) label_predict = bdt.predict(data_test)
(31) # 与真实标签比较
(32) x = range(data_test.shape[0])
(33) plt.figure()
(34) plt.title("Compare of True labels and Predict label")
(35) plt.xlabel('samples')
(36) plt.ylabel('label')
(37) plt.scatter(x, label_test, c='blue', s=40, marker='o', label='True label')
(38) plt.scatter(x, label_predict, c='green', s=80, marker='*', label='Predict label')
(39) plt.legend()
(40) plt.show()
```

4.4.2　Bagging 算法

Bagging 是与 Boosting 思想相对的集成算法。它包括以下主要思想。

（1）通过 T 次随机采样，对应得到 T 个采样集。

（2）基于每个采样集独立训练出 T 个弱学习器。

（3）通过集合策略将弱学习器集成和升级到强学习器。

Bagging 算法的原理如图 4-36 所示。

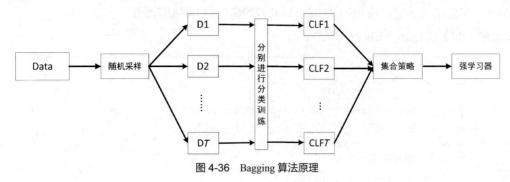

图 4-36　Bagging 算法原理

可以看出，Bagging 算法利用随机采样在原始数据集的基础上生成多个采样集，并学习到不同的弱学习器。弱学习器的训练结果利用集成策略，例如，投票法、平均法等进行联系，以得到有效升级。

在 Bagging 中重点是随机采样，一般采用自助采样法（Bootstraping），即随机采集一个样本放入采样集，然后把样本放回，重复如上过程，同一样本可能在某训练集中出现多次。每个采样集的大小与原数据集大小相同，平均每个弱学习器只使用了原数据集中 63.2% 的样本。

在 Bagging 训练过程中依靠的数据之间并不相互依赖，因此在 Bagging 中弱学习器之间不存在强依赖关系。与 Boosting 的串行机制不同，Bagging 希望每个学习器都是独立并行的，并采用平等的集合策略进行决策。

【示例 4-12】Bagging 算法实例。

采用身高体重数据如表 4-20 所示，预测性别。

表 4-20　身高和体重数据

ID	身高（m）	体重（kg）	性别
1	1.60	66	女
2	1.59	60	男
3	1.62	59	女
4	1.78	80	男
5	1.68	70	女
6	1.79	59	男
7	1.53	40	女
8	1.63	65	男
9	1.65	50	女
10	1.85	69	男

我们依然采用 CART 为基础分类器，由于数据量过少，为了可以运用 Bagging 算法，我们降低了 CART 的性能，即限制 CART 树深为 2。进行 5 轮随机采样，采样结果如表 4-21 所示。（CLF 展现的是训练数据集的分类情况）

表 4–21　第一轮采样数据

	第一轮：准确率 k=80%									
ID	4	1	9	5	7	5	3	3	4	2
数据	(1.78, 80)	(1.6, 66)	(1.65, 50)	(1.68, 70)	(1.53, 40)	(1.68, 70)	(1.62, 59)	(1.62, 59)	(1.78, 80)	(1.59, 60)
训练	1	2	3	4	5	6	7	8	9	10
结果	1	−1	1	−1	1	−1	−1	1	1	−1

训练得到的 CLF1 如图 4-37 所示。

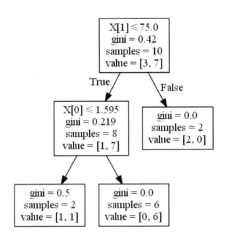

图 4-37　CLF1

第二轮采样结果如表 4-22 所示，训练得到的 CLF2 如图 4-38 所示。

表 4–22　第二轮采样数据

	第二轮：准确率 k=70%									
ID	4	8	9	9	9	6	3	3	6	1
数据	(1.78, 80)	(1.63, 65)	(1.65, 50)	(1.65, 50)	(1.65, 50)	(1.79, 59)	(1.62, 59)	(1.62, 59)	(1.79, 59)	(1.6, 66)
训练	1	2	3	4	5	6	7	8	9	10
结果	−1	1	1	−1	−1	−1	1	−1	1	−1

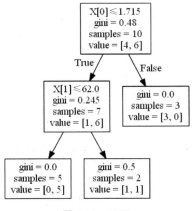

图 4-38　CLF2

第三轮采样结果如表 4-23 所示，训练得到的 CLF3 如图 4-39 所示。

表4-23　　　　　　　　　　　　　第三轮采样

第三轮：准确率 $k=80\%$									
ID	4	5	9	1	5	9	4	7	6	5
数据	(1.78, 80)	(1.68, 70)	(1.65, 50)	(1.6, 66)	(1.68, 70)	(1.65, 50)	(1.78, 80)	(1.53, 40)	(1.79, 59)	(1.68, 70)
训练	1	2	3	4	5	6	7	8	9	10
结果	1	1	1	-1	1	-1	1	1	1	-1

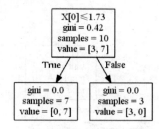

图 4-39　CLF3

第四轮采样结果如表 4-24 所示，训练得到的 CLF4 如图 4-40 所示。

表4-24　　　　　　　　　　　　　第四轮采样

第四轮：准确率 $k=70\%$									
ID	5	9	8	9	7	2	1	3	1	9
数据	(1.68, 70)	(1.65, 50)	(1.63, 65)	(1.65, 50)	(1.53, 40)	(1.59, 60)	(1.6, 66)	(1.62, 59)	(1.6, 66)	(1.65, 50)
训练	1	2	3	4	5	6	7	8	9	10
结果	1	-1	1	1	1	1	1	-1	1	1

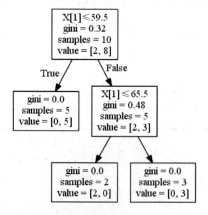

图 4-40　CLF4

第五轮采样结果如表 4-25 所示，训练得到的 CLF5 如图 4-41 所示。

表4-25　　　　　　　　　　　　　第五轮采样

第五轮：准确率 $k=60\%$									
ID	9	4	3	3	8	8	7	1	1	5
数据	(1.65, 50)	(1.78, 80)	(1.62, 59)	(1.62, 59)	(1.63, 65)	(1.63, 65)	(1.53, 40)	(1.6, 66)	(1.6, 66)	(1.68, 70)
训练	1	2	3	4	5	6	7	8	9	10
结果	1	1	1	1	1	1	1	-1	1	1

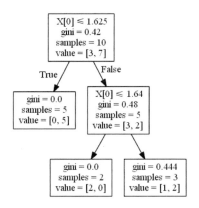

图 4-41　CLF5

以相对投票法作为集成策略，进行最终的集成分类，结果如表 4-26 所示。

表 4-26　　　　　　　　　　　　　　最终分类结果

轮	k	1	2	3	4	5	6	7	8	9	10
1	80%	1	-1	1	-1	1	-1	-1	1	1	-1
2	70%	-1	1	1	-1	-1	-1	1	-1	1	-1
3	80%	1	1	1	-1	1	-1	1	1	1	-1
4	70%	1	-1	1	1	1	1	1	-1	1	1
5	60%	1	1	1	1	1	1	1	-1	1	1
结果		1	1	1	-1	1	-1	1	-1	1	-1

最终集成分类器的准确率为 90%。

下面从误差角度来比较分析一下 Bagging 和 Boosting 的各自特点。

Boosting 注重对真实结果的逼近拟合，侧重偏差。降低偏差的方法是不断地修正预测结果与真实值间的距离。Bagging 还注重在多个数据集/多种环境下的训练，侧重方差。降低方差的方法就是利用相互交叉的训练集让每个学习器都得到充分的训练。

Bagging 的训练速度较 Boosting 更快，其性能依赖于基分类器的稳定性。如果基分类器不稳定，那么 Bagging 有助于降低训练数据的随机波动导致的误差；如果基分类器稳定，那么集成分类器的误差主要由基分类器的偏倚引起。由于每个弱学习器只使用了原数据集中 63.2%的样本，所以 Bagging 可以适用剩余的 36.8%的样本作为验证集来对泛化能力进行估计。

【示例 4-13】Bagging 算法实例。

```
(1) import numpy as np
(2) from sklearn.tree import DecisionTreeClassifier
(3) from sklearn import tree
(4) import graphviz
(5)
(6) data = [(1.60, 66), (1.59, 60), (1.62, 59), (1.78, 80), (1.68, 70), (1.79, 59), (1.53, 40),
(7)          (1.63, 65), (1.65, 50), (1.85, 69)]
(8) label = [1, -1, 1, -1, 1, -1, 1, -1, 1, -1]
```

```
(9)
(10) Data_train = []
(11) label_train = []
(12) for i in range(5):
(13)      Data_train.append([])
(14)      label_train.append([])
(15)      for j in range(10):
(16)           loc = np.random.randint(0, 9)
(17)           Data_train[i].append(data[loc])
(18)           label_train[i].append(label[loc])
(19) Data_train = np.array(Data_train)
(20) label_train = np.array(label_train)
(21) print Data_train.shape
(22) Data_train = np.array(Data_train)
(23) label_train = np.array(label_train)
(24) for i in range(5):
(25)      clf = DecisionTreeClassifier(max_depth=2)
(26)      clf.fit(Data_train[i], label_train[i])
(27)      dot_data = tree.export_graphviz(clf, out_file=None,
(28)                          filled=True, rounded=True,
(29)                          special_characters=True)
(30)      graph = graphviz.Source(dot_data)
(31)      graph.render('CLF%d_CARTtreeBagging.dot' % (i+1), "img/", view=True)
(32)      print clf.predict(data)
```

4.4.3　随机森林

随机森林（Random Forests）是在 Bagging 算法的基础上做了修改。与 Bagging 相同，随机森林算法用 Bootstrap 采样从样本集中选出 n 个样本，但是更进一步，它从所有属性中随机选择 k 个属性，然后再选择最佳分割属性作为节点建立 CART 决策树。随机森林算法进行了两次采样。重复以上步骤 k 次，建立 k 棵 CART 决策树，这 k 棵 CART 树构成随机森林，通过投票表决结果，决定数据属于哪一类。

随机森林是以 K 棵决策树 $\{h(X,\theta_k), k=1,2,\cdots,K\}$ 为基本分类器，进行集成学习后得到的一个组合分类器。当输入待分类样本时，随机森林输出的分类结果由每个决策树的分类结果投票决定。这里的 $\{\theta_k, k=1,2,\cdots,K\}$ 是一个随机变量序列，它由上面提到的两次抽样来决定。

（1）样本抽样：即 Bagging，从原样本集 X 中有放回地随机抽取 K 个与原样本集同样大小的训练样本集 $\{T_k, k=1,2,\cdots,K\}$，由每个训练样本 T_k 构造一棵决策树。

（2）特征子空间抽样：从全部属性中等概率随机抽取一个属性子集（通常取（$|\log_2(M)|+1$）个属性，M 为特征总数），再从这个子集中选取一个最优属性来分裂节点。

由于构建每棵决策树时，随机抽取训练样本集和属性子集的过程都是独立的，且都来自于同分布的总体，因此 $\{\theta_k, k=1,2,\cdots,K\}$ 是一个独立同分布的随机变量序列。

训练随机森林的过程就是训练各棵决策树的过程，由于各棵决策树的训练是相互独立的，因此随机森林的训练可以通过并行处理来实现。

运行结果如图 4-42 所示。

【示例 4-14】 随机森林 Sklearn 调用实例。

```
(1)  # -*- coding: utf-8 -*-
(2)  from numpy import  array
(3)  from sklearn.ensemble import RandomForestClassifier
(4)  from sklearn import tree
(5)  from sklearn.tree import export_graphviz
(6)  import graphviz
(7)  import matplotlib.pyplot as plt
(8)  # 处理数据
(9)  filename = 'data/4.4.3-wine.csv'
(10) data = []
(11) label = []
(12) with open(filename, 'r')as f:
(13)     for line in f.readlines():
(14)             x = line[:-3].split(',')
(15)             data.append(x)
(16)             y = line[-2]
(17)             label.append(y)
(18) data = array(data)
(19) label = array(label)
(20) data = data[:, :].astype(float)
(21) label = label[:].astype(int)
(22) # 80%数据用于训练，20%数据用于测试
(23) data_train = data[:int(data.shape[0] * 0.8)]
(24) label_train = label[:int(label.shape[0] * 0.8)]
(25) data_test = data[int(data.shape[0] * 0.8):]
(26) label_test = label[int(label.shape[0] * 0.8):]
(27) # 训练模型
(28) clf = RandomForestClassifier(n_estimators=3)
(29) clf.fit(data_train, label_train)
(30) label_predict = clf.predict(data_test)
(31) # 与真实标签比较
(32) x = range(data_test.shape[0])
(33) fig = plt.figure()
(34) ax1 = fig.add_subplot(211)
(35) ax2 = fig.add_subplot(212)
(36) ax1.set_title('Predict cluster')
(37) ax2.set_title('True cluster')
(38) plt.xlabel('samples')
(39) plt.ylabel('label')
(40) ax1.scatter(x, label_predict, c=label_predict, marker='o')
(41) ax2.scatter(x, label_test, c=label_test, marker='s')
(42) plt.show()
(43) for i in xrange(len(clf.estimators_)):
(44)     dot_data = tree.export_graphviz(clf.estimators_[i], out_file=None,
(45)                         filled=True, rounded=True,
(46)                         special_characters=True)
(47)     graph = graphviz.Source(dot_data)
(48)     graph.render('CLF%d_RF.dot' % (i + 1), "img/", view=True)
```

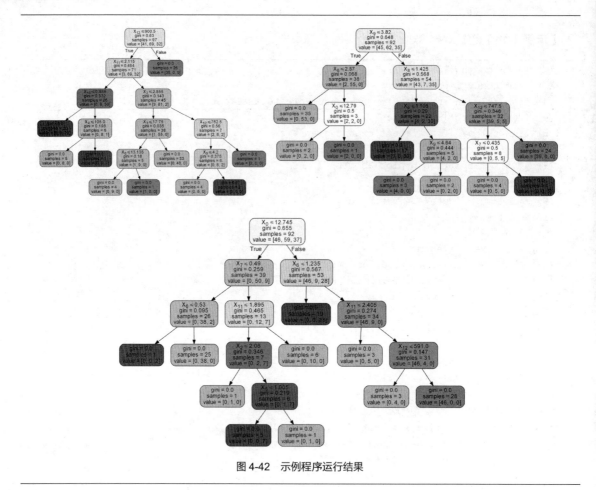

图 4-42　示例程序运行结果

4.5　分类器算法的评估

模型评估用来在不同的模型类型、调节参数、特征组合中选择适合的模型，因此，需要设计一个模型评估的流程来估计训练得到的模型对于非样本数据的泛化能力，并且还需要恰当的模型评估度量手段来衡量模型的性能表现。分类问题可以采用的评价指标有：准确率（Accuracy）、精确率（Precision）、召回率（Recall）和 F1 分数（F1-score）等。

首先介绍混淆矩阵（Confusion Matrix）的概念。

1.　混淆矩阵（Confusion Matrix）

混淆矩阵的每一列代表了预测类别，每一列的总数表示预测为该类别的数据的数目；每一行代表了数据的真实归属类别，每一行的数据总数表示该类别的数据实例的数目。每一列中的数值表示真实数据被预测为该类的数目。

以二分类为例，假设类别 1 为正，类别 0 为负，那么，对于数据测试结果有下面 4 种情况，

真正值（True Positive，TP）：预测类别为正，实际类别为正。

假正值（False Positive，FP）：预测类别为正，实际类别为负。

假负值（False Negative，FN）：预测类别为负，实际类别为正。

真负值（True Negative，TN）：预测类别为负，实际类别为负。

其中，TP 和 TN 表示分类器分类正确的样本，FP 和 FN 表示分类器分类错误的样本。

混淆矩阵如表 4-27 所示。

表 4–27　　　　　　　　　　　　　　　　混淆矩阵

		预测类别	
		1	0
实际类别	1	TP	FN
	0	FP	TN

2. 评价指标定义

准确率（Accuracy）：表示分类器预测正确的样本数占总体样本数的比重，计算公式 $Accuracy = \dfrac{(TP+TN)}{(TP+FP+TN+FN)}$。

在有些情况下，数据集实际类别并不平衡，我们更关心稀有类别的预测情况。由于准确率将每个类别看作同等重要，这时准确率对模型的评估不再有效。在这种情况下，可以使用精确率和召回率评估模型。

精确率（Precision）：表示在分类器预测类别为正的样本中，实际类别为正的样本的比重，计算公式 $p = \dfrac{TP}{(TP+FP)}$。

召回率（Recall）：表示在实际类别为正的样本中，被分类器预测类别为正的样本的比重，计算公式 $r = \dfrac{TP}{(TP+TN)}$。

考虑极端情况，如果分类器将所有样本都预测为正，那么模型具有极高的召回率，但是精确率却极低；反之，如果分类器仅将一个实际类别为正的样本预测为正，其余样本预测为负，那么模型具有很高的精确率，但是召回率却极低。因此，有时候我们需要综合考虑精确率和召回率，最常见的方法就是 F-score 方法。

F1-score 综合考虑精确率和召回率，是它们的加权调和平均值。当精确率和召回率的权重相同时，得到的调和平均值称为 F1-score，计算公式 $F1\text{-}score = \dfrac{p \times r}{2(p+r)} = \dfrac{2 \times TP}{(2 \times TP + FP + FN)}$。

【示例 4-15】Sklearn 中评价指标。

```
(1) from sklearn.metrics import classification_report
(2) y_true = [0, 1, 1, 1, 1]
(3) y_pred = [0, 0, 1, 1, 1]
(4) target_names = ['class 0', 'class 1']
(5) print(classification_report(y_true, y_pred, target_names=target_names))
```

```
             precision    recall  f1-score   support

    class 0       0.50      1.00      0.67         1
    class 1       1.00      0.75      0.86         4

avg / total       0.90      0.80      0.82         5
```

3. ROC 曲线和 AUC

ROC（Receiver Operating Characteristic）全称是"接受者操作特征"。ROC 曲线的面积就是 AUC（Area Under the Curve）。AUC 用于衡量"二分类问题"机器学习算法性能（泛化能力）。首先介绍几个有关概念。

真正率（TPR）：也叫**灵敏度**，表示在实际类别为正的样本中，预测类别为正的样本比重，计算公式 $TPR = \dfrac{TP}{(TP+FN)}$，和召回率计算公式一致。

假正率（FPR）：也叫**特异度**，表示在实际类别为负的样本中，预测类别为正的样本比重，计算公式 $FPR = \dfrac{TP}{(FP+TN)}$。

截断点（Cut Off Value）：即判断标准，是判定样本预测为正或负的界值。例如，如果截断点为 0.5，分类器预测一个样本类别为正的概率为 0.7，那么该样本预测类别即为正；如果截断值为 0.8，那么该样本的预测类别为负。

ROC 曲线对所有可能的截断点做计算，显示敏感度和特异度之间相互关系。首先，通过改变截断点，获得多个真正率与特异度序对，然后，以特异度为横坐标，真正率为纵坐标，做图得到的曲线称为 ROC 曲线。其曲线一定经过（0，0）和（1，1）两点，分别代表灵敏度为 0、特异度为 0 和灵敏度为 1、特异度为 1 的坐标点。

对于一个理想的分类模型，ROC 曲线表现为从原点垂直上升至左上角，然后水平到达右上角的一个直角折线。而完全无价值的分类模型，表现在图上是一条从原点到右上角的对角线，这条线也被称作机会线。

但对于大多数分类模型来说，预测类别为正的概率分布和预测为负的分布是重叠的。任何截断点都将导致一些实际类别为负的样本被错分为正类，或一些实际类别为正的样本被错分为负类，或两种情况兼有。

ROC 曲线下方的面积 AUC 可以用于评估分类模型的平均性能。理想的分类器模型 AUC 为 1，随机的分类器模型 AUC 为 0.5。AUC 越接近 1，认为分类模型平均性能越好。

在 Sklearn 中，sklearn.metrics.roc_curvey 和 sklearn.metrics.roc_auc_score 分别实现了 ROC 和 AUC 的相关计算：

```
fpr, tpr, thresholds = roc_curve(y_true, y_scores)
auc = roc_auc_score(y_true, y_scores)
```

其中，参数 y_true：样本实际类别，参数 y_scores：目标分数，即在通常情况下使用样本被预测为正类的概率。

相关计算过程如下：将 y_score 中的值按照降序排序，再将每一个值作为截断点 $threshold$，能够得到若干组 FPR 和 TPR 的值。例如，假设正类标签记为 1，负类标签记为 0，有 4 个样本，真实标签为 $y\_true=[0，0，1，1]$，分类器预测这 4 个样本为正类的概率为 $y\_score=[0.1，0.4，0.35，0.8]$，当选取 0.4 作为截断点 $threshold$ 时，第 2 个和第 4 个样本被预测为正类，其余为负类，混淆矩阵显示如表 4-28 所示。

表 4-28 混淆矩阵举例

		预测类别	
		1	0
实际类别	1	1	1
	0	1	1

$$FPR = \frac{FP}{(FP + TN)} = \frac{1}{1+1} = 0.5$$

$$TPR = \frac{TP}{(TP + FN)} = \frac{1}{1+1} = 0.5$$

其他组 *FPR* 和 *TPR* 计算过程类似。利用这些 *FPR* 和 *TPR* 值，可以绘制 ROC 曲线，计算 *AUC* 的值。下面的实例给出了绘制 ROC 的方法，结果如图 4-43 所示。

【示例 4-16】ROC 曲线绘制。

```
(1) import numpy as np
(2) from sklearn import metrics
(3) y_true = np.array([0, 0, 1, 1])
(4) y_scores = np.array([0.1, 0.4, 0.35, 0.8])
(5) fpr, tpr, thresholds = metrics.roc_curve(y_true, y_scores)
(6) auc = metrics.roc_auc_score(y_true, y_scores)
(7) print fpr
(8) print tpr
(9) print thresholds
(10) print auc
(11) # plot the roc
(12) import matplotlib.pyplot as plt
(13)
(14) fig = plt.figure()
(15) lw = 2
(16) plt.plot(fpr, tpr, color='darkorange',
(17)              lw=lw, label='ROC curve (area = %0.2f)' % auc)
(18) plt.plot([0, 1], [0, 1], color='navy', lw=lw, linestyle='--')
(19) plt.xlim([0.0, 1.0])
(20) plt.ylim([0.0, 1.05])
(21) plt.xlabel('FPR')
(22) plt.ylabel('TPR')
(23) plt.title('ROC example')
(24) plt.legend(loc="lower right")
(25) plt.show()
(26) fig.savefig('./img/4.5ROC.png', dpi=600)
```

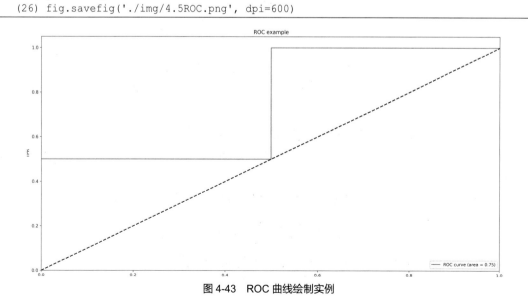

图 4-43　ROC 曲线绘制实例

4.6 回归分析

在大数据分析中，回归分析（Regression Analysis）是一种预测性的建模技术，它研究的是因变量（目标）和自变量（预测器）之间的关系。这种技术通常用于预测分析、时间序列模型以及发现变量之间的因果关系。

4.6.1 线性回归

简单线性回归模型有一个回归变量 x，回归变量 x 与响应变量 y 之间存在直线关系，简单线性回归模型为：

$$y = \beta_0 + \beta_1 x + \varepsilon$$

在式中，截距 β_0 与斜率 β_1 为未知常数，ε 为随机误差项，假设误差项的均值为 0，且方差 σ^2 未知。此外通常假设误差是不相关的，不相关意味着一个误差的值不取决于其他误差的值。

一般情况下，响应变量 y 和 k 个自变量（预测变量）相关，如果有两个或两个以上的自变量，就称为多元线性回归（Multivariable Linear Regression）。其模型为：

$$y = \beta_0 + \beta_1 x_1 + \beta_2 x_2 + \cdots + \beta_n x_n + \varepsilon$$

称为 n 个回归变量的多元线性回归模型，参数 β_j（$j=0$，1，$\cdots$，n）称为回归系数，这一模型描述了回归变量 x 组成的 n 维空间的一个超平面，参数 β_j 表示当其他回归变量 x_i（$i \neq j$）保持不变时，x_j 每变化一单位，响应变量 y 均值的变化期望值。

对于拥有 n 个特征值、p 个数据样本的数据，可以用一个 $p \times (n+1)$ 矩阵的形式表示，其中矩阵的每一行为一个数据样本，每一列代表一个特征值，x_{ij} 代表第 i 个数据样本中第 j 个特征值，使用矩阵记号表示为：

$$y = X\beta + \varepsilon$$

其中：$y = \begin{bmatrix} y_1 \\ y_2 \\ \vdots \\ y_p \end{bmatrix}$，$X = \begin{bmatrix} 1 & x_{11} & \cdots & x_{1n} \\ \vdots & \vdots & \ddots & \vdots \\ 1 & x_{p1} & \cdots & x_{pn} \end{bmatrix}$，$\beta = \begin{bmatrix} \beta_0 \\ \beta_1 \\ \vdots \\ \beta_n \end{bmatrix}$，$\varepsilon = \begin{bmatrix} \varepsilon_0 \\ \varepsilon_1 \\ \vdots \\ \varepsilon_p \end{bmatrix}$

在大多数的问题中，参数（回归系数）的值和误差的方差是未知的，必须通过样本数据进行估计，回归方程即回归模型拟合，一般用于预测响应变量 y 的未来观测值或估计响应 y 在特定水平下的均值。

在通常情况下会使用最小二乘法来估计回归方程中的回归系数。

使用残差来衡量模型与数据点的拟合度，残差定义为因变量的实际值与模型预测的值之间的差异：$r_i = y_i - f(x_i, \beta)$。

最小二乘法通过最小化平方残差总和来找到最佳参数值，下面定义代价函数 J_β 为残差平方和：

$$J_\beta(x) = \sum_{i=1}^{p} r_i^2 = \sum_{i=1}^{p} (y_i - X_i \beta)^2$$

具体过程可以通过对代价函数求解极值得到，求得系数的估计值为：

$$\hat{\beta} = (X^\mathrm{T} X)^{-1} X^\mathrm{T} Y$$

需要注意的是，这个求解过程的前提是 X 的秩 $\text{rank}(X)=n+1$，否则 $(X^{\mathrm{T}}X)$ 无法求逆，此时 X 的特征之间存在多重共线的问题。

下面我们通过一个实例，演示线性回归方法的使用。

【示例 4-17】线性回归实例。

```
(1)  # coding: utf-8
(2)  import numpy as np
(3)  import matplotlib.pyplot as plt
(4)  from sklearn import linear_model
(5)  filename='./data/regressor_data.csv'
(6)  data=np.loadtxt(open(filename,"rb"),delimiter=",",skiprows=0)
(7)  X=data[:,0]
(8)  Y=data[:,1]
(9)  # 把数据集合分为训练集合与测试集合
(10) num_training = int(0.8 * len(X))
(11) num_test = len(X) - num_training
(12) X_train = X[:num_training].reshape((num_training,1))
(13) Y_train = Y[:num_training]
(14) X_test = X[num_training:].reshape((num_test,1))
(15) Y_test = Y[num_training:]
(16) # 建立线性回归模型
(17) linear_regressor = linear_model.LinearRegression()
(18) # 使用训练数据构建模型
(19) linear_regressor.fit(X_train, Y_train)
(20) # 用得到的模型预测训练数据
(21) y_train_pred = linear_regressor.predict(X_train)
(22) plt.rcParams['font.sans-serif']=['STKAITI'] #用来正常显示中文标签
(23) plt.rcParams['axes.unicode_minus']=False #用来正常显示负号
(24) # 显示模型拟合效果
(25) fig=plt.figure(12)
(26) plt.subplot(121)
(27) plt.title(u'线性回归模型训练',{'fontsize':12})
(28) plt.scatter(X_train, Y_train)
(29) plt.plot(X_train, y_train_pred, color='black', linewidth=1,marker='^')
(30) # 显示测试数据拟合效果
(31) plt.subplot(122)
(32) plt.title(u'测试数据预测结果',{'fontsize':12})
(33) y_test_pred = linear_regressor.predict(X_test)
(34) plt.scatter(X_test, Y_test)
(35) plt.plot(X_test, y_test_pred, color='black', linewidth=2,marker='^')
(36) plt.show()
```

给定的数据集是一个简单的二维数据，分别代表自变量 X 和响应变量 Y。将数据集划分为训练集合与测试集合。得到训练好的模型后，用它对测试集中自变量 X 所对应的 Y 值进行预测。训练模型与测试模型的结果如图 4-44 所示。

评价回归模型的指标通常有如下几种。

（1）平均绝对误差（Mean Absolute Error，MAE）

$$MAE = \frac{1}{p}\sum_{i=1}^{p}|e_i|$$

用来衡量预测值和实际结果的差异，越小越好。

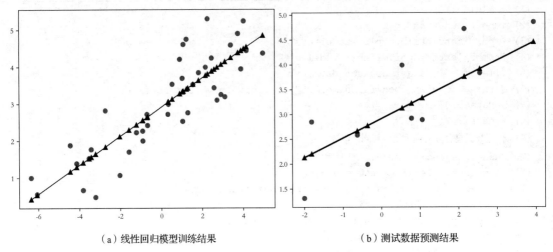

（a）线性回归模型训练结果　　　　　　　　（b）测试数据预测结果

图 4-44　线性回归示例

（2）均方误差（Mean Squared Error，MSE）

$$MSE = \frac{1}{p}\sum_{i=1}^{p}e_i^2$$

（3）中值绝对误差（Median Absolute Error，MedAE）

$$MedAE = median(e_1,\cdots,e_p)$$

即所有误差的中位数，此种方法非常适应含有离群点的数据集。

（4）可释方差得分（Explained Variance Score，EVS）

$$\exp lained\_variance = 1 - \frac{Var(y-\hat{y})}{Var(y)}$$

这个指标用来衡量回归模型对于数据集合方差的解释程度，越接近 1 表明模型的质量高。

（5）R^2 决定系数（拟合优度，R^2 Score）

$$R^2(y,\hat{y}) = 1 - \frac{\sum_{i=1}^{p}\left(y_i - \hat{y}_i\right)^2}{\sum_{i=1}^{p}\left(y_i - \bar{y}\right)^2}$$

它是表征回归方程在多大程度上解释了因变量的变化，或者说方程对观测值的拟合程度如何。由于因变量和自变量绝对值的大小会影响残差平方和，不利于在不同模型之间进行相对比较，而用拟合优度就可以解决这个问题。例如，一个模型中的因变量为 100，200…，而另一个模型中因变量为 1，2…，这两个模型中第一个模型的残差平方和可能会很大，而另一个会很小，但是这不能说明第一个模型就比第二个模型差。

下面的代码演示了如何输出回归模型的几种评价指标。

【示例 4-18】线性回归模型评价指标输出（接续示例 4-17 代码）。

```
(37) import sklearn.metrics as sm
(38) print "Mean absolute error =", round(sm.mean_absolute_error(Y_test,y_test_pred), 2)
(39) print "Mean squared error =", round(sm.mean_squared_error(Y_test,y_test_pred), 2)
(40) print "Median absolute error =",round(sm.median_absolute_error(Y_test, y_test_pred), 2)
(41) print "Explained variance score =",round(sm.explained_variance_score(Y_test, y_test_pred), 2)
(42) print "R2 score =", round(sm.r2_score(Y_test, y_test_pred), 2)
```

4.6.2　岭回归

在多元回归中，当特征之间出现多重共线时，使用最小二乘法估计系数会出现系数不稳定问题。因此，可以在矩阵 X^TX 的对角线元素上加入一个小的常数值 λ，然后取其逆求得系数：

$$\hat{\beta}_{ridge} = (X^TX + \lambda I_n)^{-1}X^TY$$

在使用岭回归（Ridge Regression）方法估计系数的大小时，代价函数 $J_\beta(x)$ 变换为如下形式：

$$J_\beta(x) = \sum_{i=1}^{p}\left(y_i - X_i^T\beta\right)^2 + \lambda\sum_{j=0}^{n}\beta_j^2 = \sum_{i=1}^{p}\left(y_i - X_i^T\beta\right)^2 + \lambda\|\beta\|^2$$

其中，$\|\beta\|^2$ 称为正则项，$\lambda\|\beta\|^2$ 称为收缩惩罚项，也称为正则化的 L2 范数。

也就是说，岭回归在估计系数 β 时，设置了一个特定形式的约束，使得最终得到的系数的 L2 范数较小。假设得到两个回归模型：$h_1 = x_1 + x_2 + x_3 + x_4$，$h_2 = 0.4x_1 + 4x_2 + x_3 + x_4$，两个模型得到的残差平方和相同，$h_1$ 的惩罚项为 4λ，h_2 的惩罚项为 18.16λ。相比得出，岭回归方法更倾向于 h_1。

岭回归是一种改良的最小二乘估计法，通过放弃最小二乘法的无偏性，以损失部分信息、降低精度为代价获得回归系数，它是更为符合实际、更可靠的回归方法，对存在离群点的数据的拟合要强于最小二乘法。

岭回归的优势在于它对系数的有偏估计，更趋向于将部分系数向 0 收缩。因此，它可以缓解多重共线性问题，以及过拟合问题。但是，由于岭回归中并没有将系数收缩到 0，而是使得系数整体变小，因此，某些时候模型的解释性会大大降低，也无法从根本上解决多重共线问题。

4.6.3　多项式回归

有时线性回归并不适用于全部的数据，我们需要曲线来适应数据，如二次模型、三次模型等。通常情况，回归函数是未知的，即使已知也未必可以用一个简单的函数变换转化为线性模型，常用的做法是使用多项式回归（Polynomial Regression）。一般来说，需要先观察数据，再去决定使用怎样的模型来处理问题。例如，如果从数据的散点图观察到有一个"弯"，就可考虑用二次多项式；有两个弯则考虑用三次多项式；有三个弯则考虑用四次多项式，依此类推。真实的回归函数不一定是某个次数的多项式，但只要拟合得好，用适当的多项式来近似模拟真实的回归函数是可行的。

下面主要介绍一元多项式回归模型。

和线性回归类似，一元多项式回归模型可以表示成如下形式：

$$y = \beta_0 + \beta_1 x + \cdots + \beta_n x^n + \varepsilon = X\beta + \varepsilon$$

其中：$y = \begin{bmatrix} y_1 \\ y_2 \\ \vdots \\ y_p \end{bmatrix}$，$X = \begin{bmatrix} 1 & x_1 & \cdots & x_1^n \\ \vdots & \vdots & \ddots & \vdots \\ 1 & x_p & \cdots & x_p^n \end{bmatrix}$，$\beta = \begin{bmatrix} \beta_0 \\ \beta_1 \\ \vdots \\ \beta_n \end{bmatrix}$，$\varepsilon = \begin{bmatrix} \varepsilon_0 \\ \varepsilon_1 \\ \vdots \\ \varepsilon_p \end{bmatrix}$。

令 $x_1 = x$，$x_2 = x^2$，$x_3 = x^3$，$x_4 = x^4$，原方程改写为：$y = \beta_0 + \beta_1 x_1 + \beta_2 x_2 + \beta_3 x_3 + \beta_4 x_4$。那么有关线性回归的方法就都可以使用了。

由一元多项式回归模型公式看出，只有一个自变量 x，但 x 的级数（Degree）不同。

【示例 4-19】多项式回归实例。

```
(1) # coding: utf-8
(2) import numpy as np
(3) import matplotlib.pyplot as plt
(4) from sklearn.linear_model import Ridge
(5) from sklearn.preprocessing import PolynomialFeatures
(6) from sklearn.pipeline import make_pipeline
(7) def f(x):
(8)        """ 使用多项式插值拟合的函数"""
(9)        return x * np.sin(x)
(10) # 为了画函数曲线生成的数据
(11) x_plot = np.linspace(0, 10, 100)
(12) # 生成训练集
(13) x = np.linspace(0, 10, 100)
(14) rng = np.random.RandomState(0)
(15) rng.shuffle(x)
(16) x = np.sort(x[:30])
(17) y = f(x)
(18) # 转换为矩阵形式
(19) X = x[:, np.newaxis]
(20) X_plot = x_plot[:, np.newaxis]
(21) colors = ['teal', 'yellowgreen', 'gold']
(22) linestyles=["-","--",":"]
(23) # lw = 2
(24) fig = plt.figure()
(25) plt.plot(x_plot, f(x_plot), color='cornflowerblue', linewidth=1,
(26)          label="ground truth")
(27) plt.scatter(x, y, color='navy', s=10, marker='o', label="training points")
(28) for count, degree in enumerate([3, 4, 5]):
(29)        model = make_pipeline(PolynomialFeatures(degree), Ridge())
(30)        model.fit(X, y)
(31)        y_plot = model.predict(X_plot)
(32)        plt.plot(x_plot, y_plot, color=colors[count], linestyle=linestyles[count],
linewidth=2,
(33)            label="degree %d" % degree)
(34)        plt.legend(loc='lower left')
(35) plt.show()
```

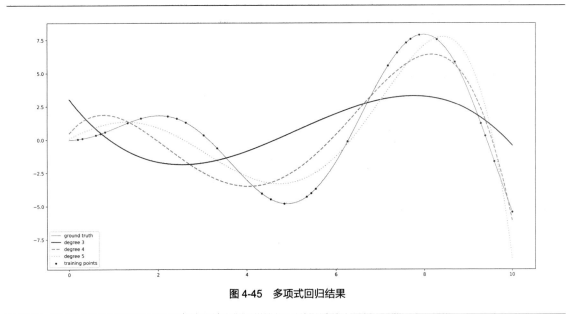

图 4-45　多项式回归结果

如图 4-45 所示，从函数曲线上随机选取 30 个点，作为训练集，分别用 3、4 和 5 阶的多项式回归模型来拟合函数曲线。可以看出，阶数越高，曲线的弯曲形状越大，越接近函数曲线。

4.6.4　逻辑回归

逻辑回归（Logistic Regression）虽然有"回归"二字，但是它是一个分类算法。逻辑回归是由统计学家大卫·考克斯（David Cox）于 1958 年提出的。二元逻辑模型用于估计一个或多个预测变量（特征）的二元响应概率，用于估计某种事物的可能性。逻辑回归与多元线性回归虽然有很多相同之处，但是最大的区别是它们的因变量不同，正是因为如此，这两种回归同属于一个家族，即广义线性模型（Generalized Linear Model）。

为什么不直接用传统的线性回归模型来解决二分类问题，而用逻辑回归方法呢？如果将线性回归用于二分类问题时，会采用下面这种形式，P 是属于类别的概率：

$$P = \beta_0 + \beta_1 x_1 + \beta_2 x_2 + \cdots + \beta_n x_n$$

这时存在的问题是，等式两边的取值范围不同，右边是 $(-\infty, +\infty)$，左边是 $[0，1]$，因此这个分类模型存在问题。此外，在很多应用中，当 x 很小或很大时，对因变量 P 的影响很小，而当 x 达到中间某个阈值时，对因变量 P 的影响变得很大，即概率 P 与自变量并不是线性关系。

因此，上面这个分类模型需要修改，一种方法是通过 logit 变换对因变量加以变换，具体如下。

$$\text{logit}(P) = \beta_0 + \beta_1 x_1 + \beta_2 x_2 + \cdots + \beta_n x_n = X\beta$$

$$\text{logit}(P) = \log \frac{P}{1-P}$$

其中：$P = \dfrac{e^{X\beta}}{1 + e^{X\beta}}$，$1 - P = \dfrac{1}{1 + e^{X\beta}}$。

假设用 $h_\beta(X)$ 代替上述解决方法中的 P，即 $h_\beta(X)$ 表示因变量 $y=1$ 的概率，$1 - h_\beta(X)$ 表示因变量 $y=0$ 的概率：$h_\beta(x) = P(y=1 \mid X; \beta) = \dfrac{e^{X\beta}}{1 + e^{X\beta}}$。

如果令 $y = X\beta$ ，那么上述公式可以改写成：

$$g(y) = h_\beta(x) = P(y=1 \mid X;\beta) = \frac{e^{X\beta}}{1+e^{X\beta}} = \frac{1}{1+e^{-y}}$$

这就是逻辑回归（Logistic Regression）模型。

逻辑回归本质上是线性回归，只是在特征到结果的映射中加入了一层函数映射，即先将特征线性求和得到 y ，然后使用图 4-46 所示的 sigmoid 函数 $g(y)$ 来预测，二者之间的关系如图 4-47 所示。

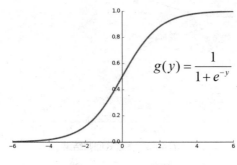

图 4-46　sigmoid 函数

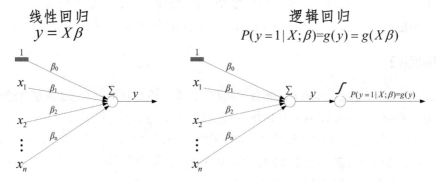

图 4-47　逻辑回归与线性回归的联系

假设样本是 $\{x, y\}$ ， y 是 0 或者 1，表示"正类"或者"负类"， x 是 n 维样本特征向量，那么这个样本 x 属于正类，也就是 $y=1$ 的"概率"可以通过下面的逻辑函数来表示：

$$P(y=1 \mid X;\beta) = g(y) = g(X\beta)$$

如图 4-46 所示， $X\beta = 0$ 就相当于是 1 类和 0 类的决策边界：当 $X\beta < 0$ 时，则有 $g(y) < 0.5$ ；当 $X\beta > 0$ 时，则有 $g(y) > 0.5$ 。对于二分类来说，如果样本 x 属于正类的概率大于 0.5，那么就判定它是正类，否则就是负类。

由此可见，在线性回归中 $X\beta$ 为预测值的拟合函数，而在逻辑回归中 $X\beta = 0$ 为决策边界。直接用线性回归做分类，因为考虑到所有样本点到分类决策面的距离，所以当两类数据分布不均匀时将导致非常大的误差，而逻辑回归则克服了这个缺点，它将所有数据采用 sigmod 函数进行了非线性映射，使得远离分类决策面的数据作用减弱。

4.6.5　决策树回归

在 CART 算法部分，介绍过它既可以用于分类也可用于回归。创建回归树时，由于观察值的取值是连续的、没有分类标签，只能根据观察数据创建一个预测的规则。在这种情况下，CART 使用平方残差最小化（Squared Residuals Minimization）来决定回归树（Regression Tree）的最优划分，该划分准则是期望划分之后的子树误差方差最小。

回归树与分类树的思路类似，但叶节点的数据类型不是离散型，而是连续型，其返回值应该是一个具体预测值。对于连续属性值的处理：本质上是将连续属性值离散化。虽然属性的取值是连续的，但对于有限的采样数据它是离散的，如果有 N 条样本，那么有 $N-1$ 种离散化的方法：$\leqslant v_i$ 的分到左子树，$>v_i$ 的分到右子树。计算在 $N-1$ 种情况下最优的准则函数值。

决策树将数据集划分成很多子模型数据，然后利用线性回归技术来建模。如果每次划分后的数据子集仍然难以拟合，就继续划分。在这种划分方式下创建出的预测树，每个叶子节点都是一个线性回归模型。这些线性回归模型反映了样本集合（观测集合）中蕴含的模式，也被称为模型树。CART 不仅支持整体预测，也支持局部模式的预测，并有能力从整体中找到模式，或根据模式组合成一个整体。整体与局部模式之间的相互结合，对于预测分析有重要价值。

【示例 4-20】决策树回归实例。

假设房价 y 与房屋面积 x_1、房龄 x_2 这两个特征有关，训练数据集如表 4-29 所示。

表 4-29　　　　　　　　　　　　决策树回归数据集

房屋面积（m²）	房龄（年）	房价（万元/m²）
100	1	4
110	2	3
120	3	2
130	4	3
140	5	3
150	1	3
160	2	4
170	3	5
180	4	4
190	5	4

我们按照某种准则，选取特征 $x_1 < 150$ 作为划分点，那么，数据集被分到两个子节点中，左子节点样本如表 4-30 所示。

表 4-30　　　　　　　　　　　　左子节点数据

房屋面积（m²）	房龄（年）	房价（万元/m²）
100	1	4
110	2	3
120	3	2
130	4	3
140	5	3

这 5 个样本房价的均值为 (4+3+2+3+3)/5 =3。右子节点样本如表 4-31 所示。

表 4–31　　　　　　　　　　　　　　右子节点数据

房屋面积（m²）	房龄（年）	房价（万元/ m²）
150	1	3
160	2	4
170	3	5
180	4	4
190	5	4

这 5 个样本房价的均值为(3+4+5+4+4)/5=4。

将样本的均值作为预测目标值，如图 4-48 所示。

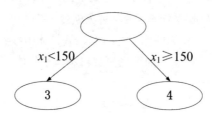

图 4-48　按照属性 x_1 划分的子树

在这个阶段，每个样本预测房价的目标值如表 4-32 所示。

表 4–32　　　　　　　　　　　　　　样本房价的预测值

房屋面积（m²）	房龄（年）	预测目标值（万元/m²）
100	1	3
110	2	3
120	3	3
130	4	3
140	5	3
150	1	4
160	2	4
170	3	4
180	4	4
190	5	4

对于左子节点，选取房龄 $x_2<2$ 作为划分点，重复上述计算过程，得到的回归树如图 4-49 所示。

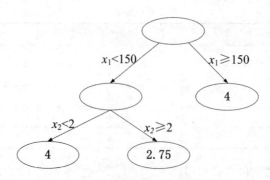

图 4-49　按照房龄进一步划分的子树

在这个阶段，部分样本对房价的预测值如表 4-33 所示。

表 4–33   房价预测

房屋面积（m²）	房龄（年）	预测值（万元/m²）
100	1	4
110	2	2.75
120	3	2.75
130	4	2.75
140	5	2.75

重复上述划分过程，直到满足停止条件，这样就生成一棵回归树。

在通常情况下，我们选取平方误差作为节点分裂的准则函数。也就是说，对于每一个特征，我们遍历每一个可能的划分点，计算分裂后左右子节点的平方残差，并且和当前节点的平方残差进行比较，如果平方误差和减小则选取最优的划分点继续分裂，否则停止分裂过程。

例如，在上述过程中，根节点的平方误差和为：

$(4-3.5)^2+(3-3.5)^2+(2-3.5)^2+(3-3.5)^2+(3-3.5)^2+(3-3.5)^2+(4-3.5)^2+(5-3.5)^2+(4-3.5)^2+(4-3.5)^2=6.5$

选取 $x_1<150$ 作为划分点后，左儿子节点的平方误差和为：

$(3-4)^2+(3-3)^2+(3-2)^2+(3-3)^2+(3-3)^2=2$

右儿子节点的平方误差和为：

$(4-3)^2+(4-4)^2+(4-5)^2+(4-4)^2+(4-4)^2=2$

如果没有其他划分点能够使分裂后的左右子树的平方误差和更小，那么 $x_1<150$ 即为最优划分点。另外，由于按照 $x_1<150$ 划分后左右子树的平方误差和比父节点的平方误差和小，因此可以继续分裂。

4.6.6　梯度提升决策树

梯度提升决策树（Gradient Boosting Decision Tree，GBDT），是一种迭代的决策树（Multiple Additive Regression Tree，MART）算法，该算法由多棵决策树组成，所有树的结论累加起来作为最终结果。GBDT 是泛化能力较强的算法，用到的决策树是回归树，用来做回归预测，调整后也可用于分类问题。

GBDT 主要由三个概念组成：回归树、梯度提升和提升树。

1.　回归树（Regression Decistion Tree，DT）

决策树分为两大类：回归树和分类树。前者用于预测实数值，如明天的温度、用户的年龄、网页的相关程度；后者用于分类标签值，如晴天/阴天/雾/雨、用户性别、网页是否是广告页面等。GBDT 的核心在于累加所有树的结果作为最终结果，而分类树的结果是没办法累加的，因此 GBDT 中的树都是回归树，不是分类树。

回归树总体流程类似于分类树，区别在于，回归树的每一个节点都会得一个预测值，以表 4-34 中年龄预测为例，x_1、x_2、x_3 和 x_4 四个职工年龄分别是 19、21、29 和 31，样本中有工资、睡觉时间、身高等特征，每一个节点的预测值等于属于这个节点的所有人年龄的平均值，如图 4-50 所示。

表4-34　　　　　　　　　　　　　　　　四个职工的特征信息

	工资（元/月）	睡觉时间（小时/天）	身高（cm）	年龄（年）
x_1	5000	7.5	165	19
x_2	5000	8.5	170	21
x_3	8000	7.5	170	29
x_4	8000	8.5	165	31

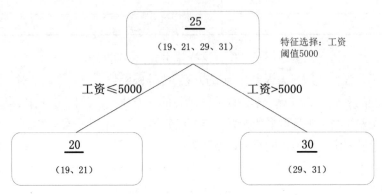

图 4-50　回归树举例

　　分枝时通过穷举每一个特征的每个阈值，寻找最好的分割点，但衡量最好的标准不是最大熵，而是最小化平方误差。也就是被预测出错的人数越多，平方误差就越大，通过最小化平方误差能够找到最可靠的分枝依据。分枝直到每个叶子节点上人的年龄都唯一或者达到预设的终止条件（如回归树个数的上限），如果最终叶子节点上人的年龄不唯一，则以该节点上所有人的平均年龄作为该叶子节点的预测年龄。

　　2. **梯度提升**（Gradient Boosting，GB）

　　梯度提升其实是一个算法框架，可以将已有的分类或回归算法放入其中，从而得到一个性能很强大的算法。梯度提升需要进行多次迭代，每次迭代产生一个模型，需要让每次迭代生成的模型对训练集的损失函数最小。如何让损失函数越来越小呢？采用梯度下降的方法，在每次迭代时通过向损失函数的负梯度方向移动来使损失函数越来越小，这样可以得到越来越精确的模型。

　　常见的损失函数有 log 损失、平方误差和绝对误差等。log 损失常用于分类任务，平方误差和绝对误差常用于回归任务，损失函数与其对应的负梯度列表信息，如表4-35 所示。

表4-35　　　　　　　　　　　　　　　损失函数与其对应的负梯度列表信息

损失函数	任务	表达式	$-\partial L(y_i, F_{(x_i)}) / \partial F(x_i)$
log 损失	分类	$2\log(1 + \exp(-2y_i F(x_i)))$	$4y / (1 + \exp(2yF(x_i)))$
平方误差	回归	$(y_i - F(x_i))^2$	$2(y_i - F(x_i))$
绝对误差	回归	$|y_i - F(x_i)|$	$sign(y_i - F(x_i))$

　　学习算法的目标是为了优化或者说误差最小化，梯度提升的思想是迭代多个（M 个）弱学习模型，将每个弱模型的预测结果相加，后面的模型 $F_{m+1}(x)$ 是基于前面模型 $F_m(x)$ 生成的，关系如下。

$$F_{m+1}(x) = F_m(x) + h(x) \qquad 1 \leqslant m \leqslant M$$

梯度提升的思想很简单，关键是如何生成 $h(x)$。如果损失函数是回归问题中的平方误差，那么 $h(x)$ 是能够通过 $2(y - F_m(x))$ 函数进行拟合，这就是基于残差的学习。残差学习在回归问题中能被很好的使用，但是在一般情况下（分类，排序等问题），往往是基于损失函数在函数空间的负梯度学习。

算法 4-2　梯度提升的具体步骤

1. 初始化模型为常数值

$$F_0(x) = \arg\min_\gamma \sum_{i=1}^n L(y_i, \gamma)$$

2. 迭代生成 M 个基学习器

（1）计算负梯度

$$r_{im} = -\left[\frac{\partial L(y_i, F(x_i))}{\partial F(x_i)}\right]_{F(x) = F_{m-1}(x)} \qquad i = 1, \cdots, n$$

（2）基于 $\{(x_i, \gamma_{im})\}_{i=1}^n$ 生成基学习器 $h_m(x)$

（3）计算最优的 γ_m

$$\gamma_m = \arg\min_\gamma \sum_{i=1}^n L(y_i, F_{m-1}(x_i) + \gamma h_m(x_i))$$

（4）更新模型

$$F_m(x) = F_{m-1}(x) + \gamma h_m(x_i)$$

3. 提升树（Boosting Decision Tree，BDT）

提升树是迭代多棵回归树进行共同决策，当采用平方误差损失函数时，每一棵回归树学习的是之前所有树的结论和残差，拟合得到一个当前的残差回归树，残差=真实值–预测值，但此处要拟合的是 2 倍的残差。提升树最终结果是整个迭代过程生成的回归树的累加。

使用表 4-34 的 x_1、x_2、x_3 和 x_4 四个职工的数据，损失函数使用 $(y_i - F(x))^2$，负梯度是 $2(y_i - F(x_i))$，一棵提升树的学习过程，如图 4-51 所示。

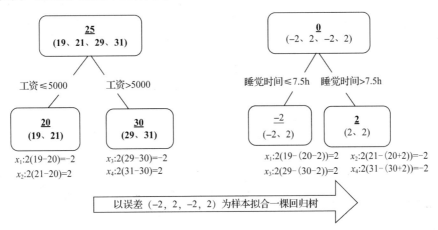

图 4-51　提升树实例

如图 4-51 所示，预测值等于两个回归树值的累加，如 x_1 的预测值为树 1 左节点预测值（20）+

树 2 左节点预测值（-2）=18。

GBDT 利用加法模型（即基函数的线性组合）与前向分步算法实现学习的优化过程，其中以二叉回归树作为基函数，损失函数采用平方误差函数，每一步的优化简单，当前模型只需要拟合残差。

现将 GBDT 算法叙述如下。

算法 4-3　GBDT（梯度提升决策树算法）

输入：训练数据集 $T=\{(x_1, y_1), (x_2, y_2), \cdots, (x_n, y_n)\}$

输出：提升树 $f_M(x)$

（1）初始化 $f_0(x)=0$

（2）对 $m=1, 2, \cdots, M$

（a）按残差公式 $y-f_{m-1}(x)$ 计算残差

$$r_{mi} = 2 \times \left(y_i - f_{m-1}(x_i)\right), \ i=1, 2, \cdots, n$$

（b）拟合残差 r_{mi} 学习得到一个回归树 $T(x; \theta_m)$

（c）更新 $f_m(x) = f_{m-1}(x) + T(x; \theta_m)$

（3）得到 M 个回归问题决策树

$$f_M(x) = \sum_{m=1}^{M} T(x; \theta_m)$$

【示例 4-21】已知表 4-34 数据是训练数据集，有 3 个特征，年龄是要回归预测的值，只考虑使用回归树作为基函数，树的深度为 1，回归树数量为 2，学习这个回归树的提升模型。

给定测试数据如表 4-36 所示。

表 4-36　　　　　　　　　　　　　　　　　测试数据

	工资（元/月）	睡觉时间（小时/天）	身高（cm）	预测年龄
测试 1	5000	7	175	?

按照 GBDT 算法，第 1 步求 $f_1(x)$ 即回归树 $T_1(x)$。

枚举每一个特征的阈值，寻找最好的切分点。针对"工资"这一特征的最佳切分点是 5000，平均平方误差 $(1^2+1^2+1^2+1^2)/4=1$。"睡觉时间"特征的最佳切分点是 7.5，平均平方误差 $(5^2+5^2+5^2+5^2)/4=25$。"身高"特征的最佳切分点是 170，平均平方误差 $(5^2+5^2+5^2+5^2)/4=25$。因此，$f_1(x)$ 最佳的特征选择是"工资"，切分点是 5000。

$$T_1(x) = \begin{cases} 20, & \text{工资} \leqslant 5000 \\ 30, & \text{工资} > 5000 \end{cases}$$

$$f_1(x) = T_1(x)$$

用 $f_1(x)$ 拟合训练数据的残差表如表 4-37 所示，$r_{2i} = y_i - f_1(x_i)$，$i=1, 2, 3, 4$。

表 4-37　　　　　　　　　　　　　　　　　残差表

x_i	x_1	x_2	x_3	x_4
r_{2i}	2	2	2	2

第 2 步求 $T_2(x)$。方法与求 $T_1(x)$ 一样，只不过是拟合表 4-37 中的残差，可以得到：

$$T_2(x) = \begin{cases} -2, & \text{睡觉时间} \leqslant 7.5 \\ 2, & \text{睡觉时间} > 7.5 \end{cases}$$

$$f_2(x) = f_1(x) + T_2(x) = \begin{cases} 18, & \text{工资} \leqslant 5000 \text{ 睡觉时间} \leqslant 7.5\text{h} \\ 22, & \text{工资} \leqslant 5000 \text{ 睡觉时间} > 7.5\text{h} \\ 28, & \text{工资} > 5000 \text{ 睡觉时间} \leqslant 7.5\text{h} \\ 32, & \text{工资} > 5000 \text{ 睡觉时间} > 7.5\text{h} \end{cases}$$

用 $f_2(x)$ 拟合训练数据的平方损失误差是：

$$L\left(y, f_2(x)\right) = \sum\nolimits_{i=1}^{4} \left(y_i - f_2(x_i)\right) = 4$$

因为此时已经满足条件（回归树的数量），那么 $f(x) = f_2(x)$ 记为所求的提升树。

使用 $f(x)$ 对测试 1 的预测值是 18，如表 4-38 所示。

表 4-38　　　　　　　　　　　　测试数据预测结果

	工资（元/月）	睡觉时间（小时/天）	身高（cm）	预测年龄
测试 1	5000	7	175	18

下面基于 PySpark 实现上述算法的过程，测试数据集，如表 4-39 所示。

表 4-39　　　　　　　　　　　　测试数据集

	工资（元/月）	睡觉时间（小时/天）	身高（cm）	预测年龄
测试 1	5000	7	165	?
测试 2	9000	9	170	?

在 Spark Mllib 对 GBDT 的实现中，支持三种损失函数，分别是 log 损失、平方误差和绝对误差，默认是平方误差。其中学习率的取值范围是(0，1]，同时也表达了每一个树的权重，学习率设置为 1；numIterations 是迭代次数，也是回归树的数量，设置为 2；maxDepth 是深度，此处设置为 1，即每次只选择一个特征进行分裂。

【示例 4-22】SparkGBDT 的使用实例。

```
(1)  #!/usr/bin/python
(2)  # -*- coding: utf-8 -*-
(3)  from pyspark import SparkContext
(4)  from pyspark.mllib.tree import GradientBoostedTrees, GradientBoostedTreesModel
(5)  from pyspark.mllib.util import MLUtils
(6)  sc = SparkContext('local')
(7)  # 初始化训练数据和测试数据
(8)  trainingData = MLUtils.loadLibSVMFile(sc, "data/trainingData.txt")
(9)  testData = MLUtils.loadLibSVMFile(sc, "data/testData.txt")
(10) # Train a GradientBoostedTrees model.
(11) # 损失函数采用最小平方差 <支持的有"logLoss", "leastSquaresError","leastAbsoluteError".>
(12) # 学习率是为了防止过拟合，但同时也表示了每一个树的权重，为了使树的权重一样，故此处设置为 1
(13) # numIterations 是迭代次数，也是回归树树的个数
(14) # maxDepth 深度为 1，为了防止此处较快的过拟合
(15) model = GradientBoostedTrees.trainRegressor(trainingData,
(16)                                             categoricalFeaturesInfo={},
        learningRate=1.0, numIterations=2, maxDepth=1)
(17) # Evaluate model on test instances and compute test error
(18) predictions = model.predict(testData.map(lambda x: x.features))
(19) labelsAndPredictions = testData.map(lambda lp: lp.label).zip(predictions)
(20) testMSE = labelsAndPredictions.map(lambda (v, p): (v - p) * (v - p)).sum() /
float(testData.count())
```

```
(21) print('predictions is :'), predictions.collect()
(22) print('Test Mean Squared Error = ' + str(testMSE))
(23) print('Learned regression GBT model:')
(24) print(model.toDebugString())
```

运行结果：

```
predictions is : [18.0, 32.0]
Test Mean Squared Error = 1.0
Learned regression GBT model:
TreeEnsembleModel regressor with 2 trees
  Tree 0:
    If (feature 0 <= 5000.0)
     Predict: 20.0
    Else (feature 0 > 5000.0)
     Predict: 30.0
  Tree 1:
    If (feature 1 <= 7.5)
     Predict: -2.0
    Else (feature 1 > 7.5)
     Predict: 2.0
```

习题

1. 如题图 4-1 所示的二分类问题样本中，"△"和"○"分别代表两个类。如果采用 KNN 算法，并设置 $K=1$，在交叉验证的时候，每次仅拿出一个样本进行测试，那么由此得到的验证错误率是多少？并给出理由。

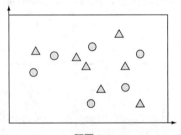

题图 4-1

2. 现有 10 组学生的个人信息如题表 4-1 所示，回答以下问题。

题表 4-1

序号	身高（m）	体重（kg）	性别
1	1.60	66	女
2	1.59	60	男
3	1.62	59	女
4	1.78	80	男
5	1.68	70	女
6	1.79	59	男
7	1.53	40	女
8	1.63	65	男
9	1.65	50	女
10	1.85	69	男

（1）构造数据的 KD 树，并搜索（1.61，55）的最近邻。

（2）利用 KNN 算法，分别令 k=1、k=3、k=5 对测试数据（1.61，55，女）、（1.66，66.5，女）、（1.73，64，男）进行预测，体会 k 值选择与模型复杂度及预测准确率的关系。

（3）分别利用 ID3、CART 算法对数据构造决策树，总结各算法的优点与不足。

（4）利用 REP 算法对得出的两棵决策树进行剪枝操作，构造测试数据，体会测试数据集的大小与测试数据的不同对剪枝操作的影响。

（5）利用 CCP 算法对得出的两棵决策树进行剪枝操作，分别利用 V—折交叉验证和独立数据集两种方法，比较剪枝结果。

3．判断下列说法的正确性，并给出理由。

（1）冗余属性不会对决策树的准确率造成不利的影响。

（2）子树可能在决策树中重复多次。

（3）决策树算法对于噪声的干扰非常敏感。

（4）寻找最佳决策树是 NP 完全问题。

4．考虑题表 4-2 中二元分类问题的训练样本集，并回答以下问题。

题表 4–2

实例	A	B	C	目标类
1	T	T	1.0	+
2	T	T	6.0	+
3	T	F	5.0	−
4	F	F	4.0	+
5	F	T	7.0	−
6	F	T	3.0	−
7	F	F	8.0	−
8	T	F	7.0	+
9	F	T	5.0	−

（1）整个训练样本集关于类属性的熵是多少？

（2）训练集中属性 A，B 的信息增益是多少？

（3）对于连续属性 C 计算所有可能的划分的信息增益。

（4）根据信息增益，A、B、C 哪个是最佳划分？

（5）根据信息增益率，A、B 哪个是最佳划分？

（6）根据 gini 指标，A、B 哪个是最佳划分？

（7）以 ID3 作为基础分类器，用 Adaboost 算法学习一个强分类器。

（8）以 ID3 作为基础分类器，用 Bagging 算法学习一个强分类器。

5．对于随机森林和 GBDT 算法，分析下列说法的正确性，并给出理由。

（1）在随机森林中，树和树之间是有依赖的，而 GrandientBoosting Trees 的树之间是没有依赖的。

（2）这两个模型都使用随机特征子集，来生成许多棵树。

（3）可以并行生成 GBDT 单棵树，其训练模型的表现总比随机森林好。

6．假设已经建立一个有 100 棵树的随机森林模型。虽然训练时的误差为 0.00，但是在验证数据集上的错误率却是 33%。请分析是什么原因导致这种情况？

7. 考虑题表4-3中的数据集，并回答以下问题。

题表4-3

记录	A	B	C	类
1	0	0	1	F
2	1	0	1	T
3	0	1	0	F
4	1	0	0	F
5	1	0	1	T
6	0	0	1	T
7	1	1	0	F
8	0	0	0	F
9	0	1	0	T
10	1	1	1	T

（1）估计条件概率 $P(A=1|T)$、$P(B=1|T)$、$P(C=1|T)$、$P(A=1|F)$、$P(B=1|F)$ 和 $P(C=1|F)$。

（2）根据（1）中的条件概率，使用朴素贝叶斯方法预测测试样本（$A=1$、$B=1$、$C=1$）的类标号。

（3）使用拉普拉斯修正的朴素贝叶斯方法，重新估计条件概率 $P(A=1|T)$、$P(B=1|T)$、$P(C=1|T)$、$P(A=1|F)$、$P(B=1|F)$ 和 $P(C=1|F)$。

（4）根据（3）中的条件概率，重新预测测试样本（$A=1$，$B=1$，$C=1$）的类标号。

（5）比较 $P(A=1|T)$、$P(B=1|T)$、$P(A=1, B=1|T)$。给定类 T，变量 A 和 B 条件独立吗？

8. 某个医院早上接收6个门诊病人，如题表4-4所示。现在又接收第七个病人，是一个打喷嚏的运动员，请问他患上感冒的概率有多大？

题表4-4

症状	职业	疾病
打喷嚏	学生	感冒
打喷嚏	司机	过敏
头疼	运动员	脑震荡
头疼	运动员	感冒
打喷嚏	教师	感冒
头疼	教师	脑震荡

9. 题表4-5是一组人类身体特征的统计资料。

题表4-5

记录	性别	身高（英尺）	体重（磅）	脚掌（英寸）
1	男	6	180	12
2	男	5.92	190	11
3	男	5.58	170	12
4	男	5.92	165	10
5	女	5	100	6
6	女	5.5	150	8
7	女	5.42	130	7
8	女	5.75	150	9

注：1英尺=0.3048米　1磅=0.4535924千克　1英寸=0.0254米

测试数据如题表4-6所示。

题表 4-6

性别	身高（英尺）	体重（磅）	脚掌（英寸）
?	6	130	8

注：1 英尺=0.3048 米　1 磅=0.4535924 千克　1 英寸=0.0254 米

　　根据数据集学习一个朴素贝叶斯分类器，对测试数据进行分类，并且通过编程验证结果的正确性。

　　10. 朴素贝叶斯的"朴素"体现在哪里？

　　11. 题表 4-7 给出的数据集对应的贝叶斯信念网如题图 4-2 所示（假设所有属性都是二元的）。

题表 4-7

ID	Fraud	Gas	Jewery	Gender
1	No	No	No	Female
2	No	No	No	Male
3	Yes	Yes	Yes	Male
4	No	No	No	Male
5	No	Yes	No	Female
6	No	No	No	Female
7	No	No	No	Male
8	Yes	No	Yes	Female
9	No	Yes	No	Male
10	No	No	No	Female

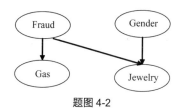

题图 4-2

　　（1）画出网络中每个节点对应的概率表。

　　（2）使用贝叶斯信念网计算 $P(\text{Gas=No}，\text{Jewery=No})$。

　　（3）使用贝叶斯信念网计算 $P(\text{Jewery =Yes|Fraud=No}，\text{Gender=Female})$。

　　12. 题表 4-8 中有 A、B、C 和 D 四个人，年龄分别是 14、16、24 和 26，样本中有网购、上网时间、性别和年龄属性特征。

题表 4-8

	网购（元/月）	上网时间（小时/天）	性别	年龄
A	500	1	女	14
B	500	2	男	16
C	1000	1	男	24
D	1000	2	女	26

　　（1）以网购、上网时间和性别分别作为分裂属性，各形成一个回归树，计算产生的残差。

　　（2）根据计算结果，判断哪个是最佳属性？

　　（3）用另一个回归树拟合（2）所选择属性产生的残差。

（4）根据（3）形成两棵回归树来预测一个网购 800 元、上网 2 小时男性的年龄是多少？

（5）编程验证以上结果。

13. 探讨肝病发生的危险因素，选取年龄与是否饮酒两个自变量，选取的人群如题表 4-9 所示。

题表 4-9

序号	年龄	是否饮酒	是否有肝病
1	55	否	否
2	28	否	否
3	65	是	否
4	46	否	是
5	86	是	是
6	56	是	是
7	85	否	否
8	33	否	否
9	21	是	否
10	42	是	是

已知有一位不饮酒的 69 岁的人，通过逻辑回归方法预测其是否有肝病？概率为多少？

14. 说明随机森林的随机性来自于哪几个方面？

15. 试比较随机森林和 GBDT 的异同点。

05 第5章 聚类算法

聚类（Clustering）用来对数据对象进行分组，将相似的对象划分到同一组或者类别中。与分类问题不同，聚类产生的类别标签是未知的，因此聚类被称为是"非监督学习"。聚类是一种探索性的数据分析方法，与分类方法不同，它没有预测的功能，而是根据对象不同属性所决定的距离，来发现相似的对象并划分为同一个分组。

5.1 聚类分析概述

聚类分析的基本思想是根据物以类聚的原理，把数据分成不同的组或类，使得组与组之间的相似度尽可能小，而组内数据之间具有较高的相似度。将一群物理的或抽象的对象，根据它们之间的相似程度，分为若干组，其中相似的对象构成一组，这一过程就称为聚类。一个聚类（又称为簇）就是由彼此相似的一组对象所构成的集合。采用聚类分析技术，可以把无标识数据对象自动划分为不同的类，并且可以不受先验知识的约束和干扰，获取属于数据集合中原本存在的信息。

聚类分析是从给定的数据集合中搜索数据对象之间所存在的有价值的联系。与分类不同，分类学习的样本数据有类别标记，用户知道数据可分为几类，只需将要处理的数据按照分类标准分入不同的类别即可。而聚类的样本数据则没有标记，由聚类算法自动确定。在开始聚类之前用户并不知道要把数据分为几组，也不知道分组的具体标准，在进行聚类分析时数据集合的特征是未知的。分类和聚类问题的根本不同点是，在分类问题中，知道训练样例的分类属性值，而在聚类问题中，需要在训练样例中找到这个分类属性值。因此聚类也被称为无监督学习，分类则被称为有监督学习。

聚类算法被广泛应用在各个领域。在智能商业领域，聚类分析可以帮助营销人员发现客户中所存在的不同特征的组群。在生物信息学领域，聚类分析可以用来获取动物或植物种群的层次结构，还可以根据基因功能对各个种群所固有的结构进行更深入的了解。此外，聚类分析还可以从卫星遥感图像数据中识别出具有相似土地使用情况的区域。聚类分析是数据挖掘的一项主要功能，可以作为一个独立的工具使用，进行数据的预处理、分析数据的分布、了解各种数据的特征，也可以作为其他数据挖掘功能的辅助手段。

5.2 聚类算法的分类

聚类算法有很多种，可以根据数据类型、目的以及具体应用要求来选择合适的聚类算法。

通常聚类算法可以分为以下几类。

（1）基于划分的聚类算法。

（2）基于层次的聚类算法。

（3）基于密度的聚类算法。

（4）基于模型的聚类算法。

（5）基于网格的聚类算法。

在介绍各种聚类算法之前，首先对聚类算法中涉及的距离度量做一下详细的讲解。

5.3 距离度量

聚类的目标是使聚类内部对象之间的距离尽可能小，或者说使它们之间具有很高的相似度，那么对象之间的距离或者相似度是如何定义的呢？距离或者相似性度量对于聚类算法是非常重要的。如何定义一个合适的相似度或者距离函数，主要依赖于任务的目标是什么。一般而言，定义一个距离函数 $d(x,y)$ ，需要满足以下几个准则。

（1）$d(x,x)=0$ ，一个对象与自身的距离为 0。

（2）$d(x,y) \geqslant 0$ ，距离是一个非负的数值。

（3）$d(x,y)=d(y,x)$ ，距离函数具有对称性。

（4）$d(x,y) \leqslant d(x,k)+d(k,y)$ ，距离函数满足三角不等式。

这些准则的关键作用是，当在同一空间中定义了多个满足这些准则的距离时，这些不同的距离仍然能够在两点之间远的时候大，近的时候小。如果三角不等式成立，该准则还可以提高依赖于距离的技术（包括聚类）的效率。

5.3.1 幂距离

幂距离（Power Distance）计算公式如下。

$$d\left(R_i, \ R_j\right) = \sqrt[r]{\sum_{k=1}^{n}\left(\left|R_{ik}-R_{jk}\right|\right)^p}$$

不同的属性给予不同的权重，p、r 为自定义参数，p 是控制各维的渐进权重，r 是控制对象间较大差值的渐进权重。幂距离的度量没有考虑维度之间的相互关系以及不同维度对距离贡献的程度。

当 $r=p$ 时，称为闵可夫斯基距离（Minkowski Distance）。在闵可夫斯基距离中，又有以下常见的三种。

（1）欧氏距离（Euclidean Distance），$r=p=2$。

（2）曼哈顿距离（Manhattan Distance），$r=p=1$。

（3）切比雪夫距离（Chebyshev Distance），$r=p=\infty$。

闵可夫斯基距离存在以下两个主要不足。

（1）将各个分量的量纲同等对待。

（2）没有考虑各个属性的分布（期望、方差等）可能是不同的。

5.3.2　欧式距离

欧式距离（Euclidean Distance）计算公式如下。

$$d\left(R_i,\ R_j\right)=\sqrt{\sum_{k=1}^{n}\left(\left|R_{ik}-R_{jk}\right|\right)^2}$$

欧氏距离是最易于理解的一种距离计算方法，源自欧氏空间中两点间的距离公式。它定义了多维空间中点与点之间的"直线距离"。欧氏距离具有空间旋转不变性。在计算欧氏距离的时候，需要保持各维度指标在相同的刻度级别（在数据预处理中各个属性的标准化）。欧氏距离注重各个对象的特征在数值上的差异，用于从维度的数值大小中分析个体差异。

标准化欧氏距离是针对简单欧式距离的缺点而做的一种改进方案，可以消除不同属性的量纲差异所带来的影响。下面给出标准化欧氏距离的计算公式。

$$Distance(R_i,\ R_j)=\sqrt{\sum_{k=1}^{n}\left(\frac{R_{ik}-R_{jk}}{S_k}\right)^2}$$

其中，S_k 是该维度的样本标准差。

在计算欧式距离时，有时要考虑各项具有不同的权重。例如，计算奥运奖牌榜中各个国家之间的欧式距离（相异性），每一个国家有 3 个属性，分别表示获得的金、银、铜牌的数量。在计算欧式距离时，把金、银、铜牌所起的作用等同看待，显然是不合理的。这时可以采用加权欧氏距离，使得在计算欧式距离时，金、银、铜牌所起的作用依次减小。

下面给出加权欧氏距离的定义。

$$d\left(R_i,\ R_j\right)=\sqrt{\sum_{k=1}^{n}w_k\left(\left|R_{ik}-R_{jk}\right|\right)^2}\ ,\ \ 0<w_k<1,\ \ \sum_{k=1}^{n}w_k=1$$

【示例 5-1】计算欧氏距离。

```
(1) # -*- coding: utf-8 -*-
(2) import numpy as np
(3) x = np.random.random(7)
(4) y = np.random.random(7)
(5) # 根据公式求解
(6) d1 = np.sqrt(np.sum(np.square(x - y)))
(7) # 根据 scipy 库求解
(8) from scipy.spatial.distance import pdist
(9) data = np.vstack([x, y])
(10) d2 = pdist(data,metric='euclidean')
(11) print d1
(12) print d2
```

5.3.3　曼哈顿距离

曼哈顿距离（Manhattan Distance）计算公式如下。

$$d\left(R_i,\ R_j\right)=\sum_{k=1}^{n}\left|R_{ik}-R_{jk}\right|$$

假设在城市中，要从一个十字路口开车到另外一个十字路口，驾驶距离显然不是两点间的直线距离。实际驾驶距离就是"曼哈顿距离"，也称为城市街区距离（City Block Distance）。曼哈顿距离是在多维空间内从一个对象到另一个对象的"折线距离"。将曼哈顿距离除以 n，可描述多维空间中对象在各维度上的平均差异。相对于欧氏距离，曼哈顿距离降低了离群点的影响。

【示例 5-2】计算曼哈顿距离。

```
(1) # -*- coding: utf-8 -*-
(2) import numpy as np
(3) x = np.random.random(7)
(4) y = np.random.random(7)
(5) # 根据公式求解
(6) d1 = np.sum(np.abs(x - y))
(7) # 根据 scipy 库求解
(8) from scipy.spatial.distance import pdist
(9) data = np.vstack([x, y])
(10) d2 = pdist(data, 'cityblock')
(11) print d1
(12) print d2
```

5.3.4 切比雪夫距离

在国际象棋中，国王走一步能够移动到相邻的 8 个方格中的任意一个。那么国王从格子 (x_1, y_1) 走到 (x_2, y_2) 最少需要步数为 $\max(|x_2-x_1|,|y_2-y_1|)$。一般地，两个 n 维向量间的切比雪夫距离（Chebyshev Distance）定义如下。

$$d\left(R_i,\ R_j\right)=\max_{k=1,\cdots,n}\left|R_{ik}-R_{jk}\right|$$

这个公式的另一种等价形式如下。

$$d\left(R_i,\ R_j\right)=\lim_{p\to\infty}(\sum_{k=1}^{n}|R_{ik}-R_{jk}|^p)^{1/p}$$

【示例 5-3】计算切比雪夫距离。

```
(1) # -*- coding: utf-8 -*-
(2) import numpy as np
(3) x = np.random.random(7)
(4) y = np.random.random(7)
(5) # 根据公式求解
(6) d1 = np.max(np.abs(x - y))
(7) # 根据 scipy 库求解
(8) from scipy.spatial.distance import pdist
(9) data = np.vstack([x, y])
(10) d2 = pdist(data, 'chebyshev')
(11) print d1
(12) print d2
```

5.3.5 余弦相似度

余弦相似度（Cosine Similarity）计算公式如下。

$$d\left(R_i, R_j\right) = \cos\left(\vec{\mathbf{R}}_i, \vec{\mathbf{R}}_j\right) = \frac{\sum\limits_{k=1}^{n} R_{ik} R_{jk}}{\sqrt{\sum\limits_{k=1}^{n} R_{ik}^2} \sqrt{\sum\limits_{k=1}^{n} R_{jk}^2}}$$

余弦相似度用向量空间中两个向量夹角的余弦值衡量两个个体间差异的大小。相比距离度量，余弦相似度更加注重两个向量在方向上的差异，而非距离或长度。空间中两个对象的属性所构成的向量之间的夹角大小，当方向完全相同时，完全相似，相似度为 1；当方向完全相反时，完全不相似，相似度为-1。余弦相似度对数值不敏感，侧重于方向上的差异。

【示例 5-4】计算余弦相似度。

```
(1) # -*- coding: utf-8 -*-
(2) import numpy as np
(3) x = np.random.random(7)
(4) y = np.random.random(7)
(5) # 根据公式求解
(6) d1 = np.dot(x, y) / (np.linalg.norm(x) * np.linalg.norm(y))
(7) # 根据 scipy 库求解
(8) from scipy.spatial.distance import  pdist
(9) data = np.vstack([x, y])
(10) d2 = 1 - pdist(data, 'cosine')
(11) print d1
(12) print d2
```

5.3.6　兰氏距离

兰氏距离（Canberra Distance）计算公式如下。

$$d(R_i, R_j) = \sum_{k=1}^{n} \frac{|R_{ik} - R_{jk}|}{|R_{ik}| + |R_{jk}|}$$

兰氏距离消除了量纲，克服了闵可夫斯基距离需保持各维度指标在相同刻度级别的限制。它受异常值影响较小，适合于数据具有高度偏倚的应用。但是，兰氏距离没有考虑各维度之间的相关性。

【示例 5-5】计算兰氏距离。

```
(1) # -*- coding: utf-8 -*-
(2) import  numpy as np
(3) x = np.random.random(7)
(4) y = np.random.random(7)
(5) # 根据公式计算
(6) d1 = np.sum(np.true_divide(np.abs(x - y), np.abs(x) + np.abs(y)))
(7) print d1
(8) # 根据 scipy 库计算
(9) from scipy.spatial.distance import pdist
(10) data = np.vstack([x, y])
(11) d2 = pdist(data, 'canberra')
(12) print d2
```

5.3.7　马氏距离

马氏距离（Mahalanobis Distance）计算公式如下。

$$d(R_i, R_j) = \sqrt{(\overrightarrow{\mathbf{R}_i} - \overrightarrow{\mathbf{R}_j})^{\mathrm{T}} S^{-1} (\overrightarrow{\mathbf{R}_i} - \overrightarrow{\mathbf{R}_j})}$$

其中，S 是样本协方差矩阵。

马氏距离不受量纲影响。若各维度相互独立，协方差矩阵为对角矩阵，则马氏距离就是以各维度标准差的倒数作为权值的标准化欧式距离。马氏距离考虑了各维度之间的相关性，要求样本总数大于样本维数，否则样本协方差矩阵的逆矩阵不存在；但马氏距离的计算比较复杂。

【示例 5-6】计算马氏距离。

```
(1)  # -*- coding: utf-8 -*-
(2)  import numpy as np
(3)  x = np.random.random(7)
(4)  y = np.random.random(7)
(5)  data = np.vstack([x, y])
(6)  dataT = data.T
(7)  # 马氏距离要求样本数大于维数，否则无法求协方差矩阵，这里是 7 个样本，每个样本 2 维
(8)  # 根据公式求解
(9)  S = np.cov(data)
(10) ST = np.linalg.inv(S)
(11) # 马氏距离计算两个样本之间的距离
(12) n = dataT.shape[0]
(13) d1 = []
(14) for i in range(0, n):
(15)     for j in range(i + 1, n):
(16)         delta = dataT[i] - dataT[j]
(17)         d = np.sqrt(np.dot(np.dot(delta, ST), delta.T))
(18)         d1.append(d)
(19) # 根据 scipy 库求解
(20) from scipy.spatial.distance import pdist
(21) d2 = pdist(dataT, 'mahalanobis')
(22) print d1
(23) print d2
```

5.3.8　斜交空间距离

斜交空间距离（Oblique Space Distance）计算公式如下。

$$d(R_i, R_j) = \sqrt{\frac{1}{n^2} \sum_{k=1}^{n} \sum_{l=1}^{n} (R_{ik} - R_{jk})(R_{il} - R_{jl}) r_{kl}}$$

其中，r_{kl} 是属性 R_{ik} 和 R_{il} 的相关系数。

由于各维度之间往往存在不同的关系，而正交空间的距离计算前提都是基于各个维度是正交，因此计算样本间的距离易变形，所以可以采用斜交空间距离。斜交空间距离考虑了不同属性间相关性的不同。

5.3.9　杰卡德距离

R_i 与 R_j 是两个 n 维向量，所有维度的取值都是 0 或 1。将样本看成一个集合。p 表示样本 R_i 与 R_j 都是 1 的维度的个数，q 表示 R_i 是 1、R_j 是 0 的维度的个数，r 表示 R_i 是 0、R_j 是 1 的维度的个数，s 则表示 R_i 与 R_j 都是 0 的维度的个数。杰卡德距离（Jaccard Distance）的公式定义如下。

$$d(R_i,R_j)=\frac{q+r}{p+q+r}$$

对于二元变量来说，如果"0"和"1"两个状态是同等价值的，并有相同的权重，则该二元变量是对称的。例如，性别的两个取值"0"和"1"没有优先权。很多情况下，二元变量都是不对称的，通常将出现概率较小的结果编码为 1。两个都取值 1 的情况（正匹配）被认为比两个都取值 0 的情况（负匹配）更有意义。因此在杰卡德距离公式中，没有考虑变量 s。

【示例 5-7】计算杰卡德距离。

```
(1) # -*- coding: utf-8 -*-
(2) import numpy as np
(3) x = np.random.random(7) > 0.5
(4) y = np.random.random(7) > 0.5
(5) x = np.asarray(x, np.int32)
(6) y = np.asarray(y, np.int32)
(7) # 根据公式求解
(8) molecular = np.double((x != y).sum())
(9) Denominator = np.double(np.bitwise_or(x != 0, y != 0).sum())
(10) d1 = (molecular / Denominator)
(11) # 根据 scipy 求解
(12) from scipy.spatial.distance import pdist
(13) data = np.vstack([x, y])
(14) d2 = pdist(data, 'jaccard')
(15) print d1
(16) print d2
```

5.3.10　汉明距离

汉明距离（Hamming Distance）用来表示两个同等长度的字符串，由一个转换为另一个的最小替换次数。

设 X，$Y\in\{0,1\}^n$，$n>0$，X，Y 间的 Hamming 距离定义如下。

$$H_d(X,Y)=\sum_{i=1}^{n}\left|X_i-Y_i\right|$$

在实际应用的时候，汉明距离有时会进行规范化，即

$$H_d(X,Y)=\frac{1}{n}\sum_{i=1}^{n}\left|X_i-Y_i\right|$$

【示例 5-8】计算汉明距离。

```
(1) # -*- coding: utf-8 -*-
(2) import numpy as np
(3) x = np.random.random(10) > 0.5
(4) y = np.random.random(10) > 0.5
(5) x = np.asarray(x, np.int32)
(6) y = np.asarray(y, np.int32)
(7) print x
(8) print y
(9) # 根据公式求解
(10) d1 = np.mean(x != y)
(11) # 根据 scipy 库求解
```

```
(12) from scipy.spatial.distance import pdist
(13) data = np.vstack([x, y])
(14) d2 = pdist(data, 'hamming')
(15) print d1
(16) print d2
```

5.4　基于划分的聚类算法

给定一个包含 n 个对象或元组的数据库，基于划分的聚类算法构建数据的 k 个划分，每个划分表示一个聚类，$k \leqslant n$，满足：①每个聚类至少包含一个对象；②每个对象必须属于且只属于一个聚类。

给定划分的数目 k，基于划分的方法首先创建一个初始划分，然后采用迭代的重定位方法，尝试通过在划分间移动对象来改进划分的质量。一个好的划分的一般准则是，在同一聚类中的对象之间尽可能"接近"或相关，而不同聚类的对象之间尽可能"远离"或不同。基于划分的聚类算法试图穷举所有可能的划分以求达到全局最优。

5.4.1　K 均值算法

K 均值（K-Means）算法的基本思想是，首先随机选取 k 个点作为初始聚类中心，然后计算各个对象到所有聚类中心的距离，把对象归到离它最近的那个聚类中心所在的类。计算新的聚类中心，如果相邻两次的聚类中心没有任何变化，说明对象调整结束，聚类准则函数已经收敛，至此算法结束。

算法 5-1　K 均值算法

（1）选择一个含有随机样本的 k 个簇的初始划分，计算这些簇的质心。

（2）根据欧氏距离把剩余的每个样本分配到离它最近的簇质心的一个划分。

（3）计算被分配到每个簇的样本的均值向量，作为新的簇的质心。

（4）重复（2）、（3）直到 k 个簇的质心点不再发生变化或误差平方和准则最小。

误差平方和准则（Sum of Squared Error Criterion，SSE）公式如下所示。

$$J_e = \sum_{i=1}^{k} \sum_{X \in C_i} |X - m_i|^2$$

m_i 是 C_i 的质心，$m_i = \dfrac{1}{n_i} \sum_{X \in C_i} X$。$J_e$ 是所有样本的误差平方和。

在 K 均值算法中，每一次迭代把每一个数据对象分到离它最近的聚类中心所在类，这个过程的时间复杂度为 $O(nkd)$，n_i 是指总的数据对象个数，k 是指定的聚类数，d 是指数据对象的维数。

K 均值算法的不足之处。

（1）在 K 均值算法中 k 是事先给定的，这个 k 值很难估计。在很多时候，我们事先并不知道给定的数据集应该分成多少类才最合适。

（2）在 K 均值算法中，常采用误差平方和准则函数作为聚类准则函数，如果各类之间区别明显且数据分布稠密，则误差平方和准则函数比较有效。但如果各类的形状和大小差别很大，为使误差平方和 J_e 值达到最小有可能出现将大的聚类分割的现象。此外在运用误差平方和准则函数测度聚类效果时，最佳聚类结果对应于目标函数的极值点，由于目标函数存在着许多局部极小点，而算法的每一步都沿着目标函数减小的方向进行，若初始化落在一个局部极小点附近，就会造成算法在局部极小点处收敛。因此初始聚类中心的随机选取可能会陷入局部最优解，而难以获得全局最优解。

（3）从 K 均值算法可以看出，该算法需要不断地进行样本聚类调整，不断地计算新的聚类中心。因此，当数据量非常大时，算法的时间开销将是非常大的。

【示例 5-9】K 均值算法 Sklearn 实践。

```
(1)  # -*- coding: utf-8 -*-
(2)  import numpy as  np
(3)  from sklearn.cluster import KMeans
(4)  import matplotlib.pyplot as plt
(5)  # 处理数据
(6)  filename = 'wine.data'
(7)  wine = []
(8)  with open(filename, 'r')as f:
(9)      for line in f.readlines():
(10)          x = line[:-1].split(',')
(11)          wine.append(x)
(12) wine = np.array(wine)
(13) data = []
(14) label = []
(15) data = np.array(wine[:, 1:])
(16) label = np.array(wine[:, 0])
(17) data = data[:, :].astype(float)
(18) label = label[:].astype(int)
(19) # sklearn_k-means 训练数据
(20) # clf = KMeans(init='random',n_clusters=3)
(21) s = KMeans(init='random',n_clusters=3).fit(data)
(22) print s
(23) label_predict = s.labels_
(24) # 真实结果与预测结果对比（画图）
(25) x = range(data.shape[0])
(26) fig = plt.figure()
(27) ax1 = fig.add_subplot(211)
(28) ax2 = fig.add_subplot(212)
(29) ax1.set_title('Predict cluster')
(30) ax2.set_title('True cluster')
(31) plt.xlabel('samples')
(32) plt.ylabel('label')
(33) ax1.scatter(x, label_predict, c=label_predict, marker='o')
(34) ax2.scatter(x, label, c=label, marker='o')
(35) plt.show()
```

【示例 5-10】K 均值算法 Spark 实践。

```
(1)  # -*- coding: utf-8 -*-
(2)  from pyspark.context import SparkContext
(3)  from pyspark.mllib.clustering import KMeans
(4)  from numpy import array
(5)  import matplotlib.pyplot as plt
(6)
(7)  # saprk 读入文件存入 rdd
(8)  sc = SparkContext('local')
(9)  data_spark = sc.textFile("wine.data")
(10)
```

```
(11) # 数据处理 spark_k-means
(12) parsedata = data_spark.map(lambda line: array([float(x) for x in line[2:-1].split(',')]))
(13) parselabel = data_spark.map(lambda line:array([float(line[0])])).collect()
(14)
(15) # spark 训练数据
(16) clusters = KMeans.train(parsedata, 3)
(17) precdict_label = clusters.predict(parsedata).collect()
(18) precdict_label = array(precdict_label)
(19) # 分类结果属性
(20) print precdict_label
(21) print "computeCost is ", clusters.computeCost(parsedata)
(22) print clusters.clusterCenters
(23)
(24) # 真实标签与预测标签比较
(25) x = range(178)
(26) fig = plt.figure()
(27) ax1 = fig.add_subplot(211)
(28) ax2 = fig.add_subplot(212)
(29) ax1.set_title('Predict cluster')
(30) ax2.set_title('True cluster')
(31) plt.xlabel('samples')
(32) plt.ylabel('label')
(33) ax1.scatter(x, precdict_label, c=precdict_label, marker='o')
(34) ax2.scatter(x, parselabel, c=parselabel, marker='s')
(35) plt.show()
```

5.4.2　二分 *K* 均值聚类算法

针对 *K* 均值算法计算开销大，并且容易受初始点选择影响的问题，二分 *K* 均值（Bisecting *K*-means）算法对其进行了改进，通过减少相似度计算次数，加快了 *K* 均值算法的执行速度；同时受初始化问题影响也大大减小。

二分 *K* 均值算法首先将所有的点作为一个簇，然后将该簇一分为二。之后选择其中一个簇继续划分，选择哪个簇进行划分取决于对其划分是否可以最大程度降低 *SSE* 值。

算法 5-2　二分 *K* 均值算法

（1）将所有的点看成一个簇

（2）while 簇数目小于 k 时：

（3）对于每一个簇：

（4）　　计算平方和误差

（5）　　在给定的簇上进行 K 均值聚类（k=2）

（6）　　计算将该簇一分为二后的平方和误差

（7）选择误差最小的那个簇继续进行划分操作

（8）endwhile

究竟选择划分哪个簇有很多种方式。例如，可以选择每个步骤中最大的簇，或者是总体相似性最低的簇，或是利用一个基于簇的大小和相似性的选择标准。

【示例 5-11】二分 *K* 均值算法 Spark 实践。

```
(1) # -*- coding: utf-8 -*-
```

```
(2) from numpy import array
(3) from pyspark.mllib.clustering import BisectingKMeans
(4) from pyspark.context import SparkContext
(5) import matplotlib.pyplot as plt
(6) # saprk 读入文件存入 rdd
(7) sc = SparkContext('local')
(8) data_spark = sc.textFile("wine.data")
(9) # 数据处理 spark_k-means
(10) parsedata = data_spark.map(lambda line: array([float(x) for x in line[2:-1].
split(',')]))
(11) parselabel = data_spark.map(lambda line:array([float(line[0])])).collect()
(12) # 训练数据
(13) clusters = BisectingKMeans.train(parsedata, 3)
(14) predict_label = clusters.predict(parsedata).collect()
(15) predict_label = array(predict_label)
(16) # 真实标签与预测标签比较
(17) x = range(178)
(18) fig = plt.figure()
(19) ax1 = fig.add_subplot(211)
(20) ax2 = fig.add_subplot(212)
(21) ax1.set_title('Predict cluster')
(22) ax2.set_title('True cluster')
(23) plt.xlabel('samples')
(24) plt.ylabel('label')
(25) ax1.scatter(x, predict_label, c=predict_label, marker='o')
(26) ax2.scatter(x, parselabel, c=parselabel, marker='s')
(27) plt.show()
(28) # 分类结果属性
(29) print predict_label
(30) print "computeCost is ", clusters.computeCost(parsedata)
(31) print clusters.clusterCenters
```

5.4.3　小批量 *K* 均值算法

小批量 *K* 均值算法使用一种叫作 Mini Batch（小批量）的方法对数据点之间的距离进行计算。小批量不使用所有的数据样本，而是从不同聚类的样本中抽取一部分样本来代表各自聚类进行计算。由于计算样本量少，所以会减少运行时间，也必然会带来准确度的下降。下面先给出小批量 *K* 均值（Mini Batch *K*-means）算法，然后通过示例讲解算法的实现细节。

算法 5-3　小批量 *K* 均值算法

输入：聚类类别数 k，mini-batch size：b，最大迭代次数：t，数据集：X

输出：簇中心集合 C

（1）随机选取 X 中的 k 个样本，初始化 C

（2）for i=1 to t do

（3）　　M←从 X 中随机抽取 b 个样本

（4）　　for x∈M do

（5）　　　　d[x]←f(C,x)　　　　　//存储距离 x 最近的质心

（6）   end for

（7）   for x ∈ M do

（8）   c←d[x]   //得到 x 存储的质心

（9）   v[c]←v[c] + 1   //更新每个质心的计数

（10） $\eta \leftarrow \dfrac{1}{v[c]}$

（11） $c \leftarrow (1-\eta)c + \eta x$

（12）   end for

（13） end for

【示例 5-12】在 IRIS 数据集上通过小批量 K 均值算法进行聚类。

IRIS 数据集包含 4 个特征 Sepal.Length（花萼长度）、Sepal.Width（花萼宽度）、Petal.Length（花瓣长度）、Petal.Width（花瓣宽度），都是正浮点数，单位为厘米。分类属性为鸢尾花的分类：Iris Setosa（山鸢尾）、Iris Versicolour（杂色鸢尾）、Iris Virginica（维吉尼亚鸢尾）。

在本例中，以鸢尾花数据集 iris.data 为例，选取 feature1 和 feature2 两个维度，在二维坐标平面上图形化展示小批量 K 均值算法的执行过程。

首先对数据各个维进行归一化处理，使 4 个特征维度数据都转换到[0，1]，避免数据量纲对结果的干扰。

初始化时，随机选取 3 个样本点作为质心，如表 5-1 所示。

表 5-1   质心的初始化

	feature0	feature1	feature2	feature3
质心 c_0	0.1111111	0.5	0.0508475	0.0416667
质心 c_1	0.5833333	0.5	0.5932203	0.5833333
质心 c_2	0.3333333	0.125	0.5084746	0.5

质心和样本数据的分布如图 5-1 所示。

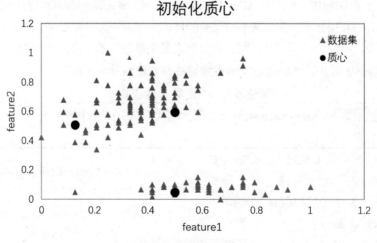

图 5-1 初始质心分布

随机抽取 15 个样本点作为小批量数据集，将小批量数据集中的每个点分配给最近的质心。15 个样本数据如表 5-2 所示。

表 5–2　　　　　　　　　　　　　　　　　小批量数据集

	feature0	feature1	feature2	feature3	pre_label
x_1	0.222222	0.625	0.067797	0.041667	0
x_2	0.166667	0.416667	0.067797	0.041667	0
x_3	0.111111	0.5	0.050847	0.041667	0
x_4	0.083333	0.458333	0.084746	0.041667	0
x_5	0.194444	0.666667	0.067797	0.041667	0
x_6	0.75	0.5	0.627119	0.541667	1
x_7	0.583333	0.5	0.59322	0.583333	1
x_8	0.722222	0.458333	0.661017	0.583333	1
x_9	0.333333	0.125	0.508475	0.5	2
x_{10}	0.611111	0.333333	0.610169	0.583333	1
x_{11}	0.555556	0.541667	0.847458	1	1
x_{12}	0.416667	0.291667	0.694915	0.75	1
x_{13}	0.777778	0.416667	0.830508	0.833333	1
x_{14}	0.555556	0.375	0.779661	0.708333	1
x_{15}	0.611111	0.416667	0.813559	0.875	1

根据小批量数据集和它们被分配的质心，重新计算并更新质心。对于小批量数据集中的每一个样本点 x，统计到当前为止，分配给 x 所属的质心 c 的样本数 $v[c]$，定义 $\eta = \dfrac{1}{v[c]}$。质心更新公式：$c = (1-\eta)c + \eta x$。

质心更新的过程如下所示。

对于 x_1：$v[c_0]=1$，$\eta=1$，$c_0 = x_1$。

对于 x_2：$v[c_0]=2$，$\eta=\dfrac{1}{2}$，$c_0 = \dfrac{1}{2}x_1 + \dfrac{1}{2}x_2$。

对于 x_3：$v[c_0]=3$，$\eta=\dfrac{1}{3}$，$c_0 = \dfrac{1}{3}x_1 + \dfrac{1}{3}x_2 + \dfrac{1}{3}x_3$。

以此类推，遍历小批量数据集。更新后的质心数据如表 5-3 所示。

表 5–3　　　　　　　　　　　　第一次更新后的质心数据

	feature0	feature1	feature2	feature3
质心 c_0	0.1555556	0.5333333	0.0677966	0.0416667
质心 c_1	0.6203704	0.4259259	0.7175141	0.7175926
质心 c_2	0.3333333	0.125	0.5084746	0.5

第一次更新后质心和小批量数据分布如图 5-2 所示。

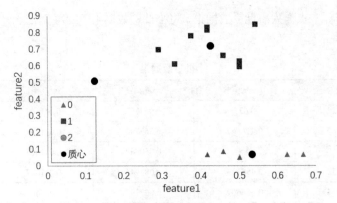

图 5-2　第一次更新后质心分布

重复上述步骤，每次都随机抽取 15 个样本点作为小批量数据集，在小批量数据集上迭代更新质心，直到质心趋于稳定或者达到指定的迭代次数后停止计算。最终的质的分布如图 5-3 所示。

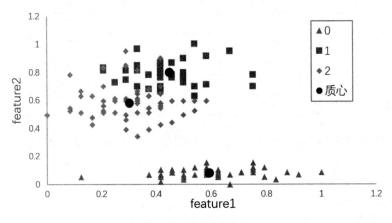

图 5-3　最终的质心分布

【示例 5-13】小批量 K 均值算法实践。

```
(1)  import numpy as np
(2)  from sklearn.cluster import MiniBatchKMeans
(3)  from sklearn.datasets import load_iris
(4)  from sklearn import preprocessing
(5)  import matplotlib.pyplot as plt
(6)  np.random.seed(5)
(7)  iris = load_iris()
(8)  X = iris.data
(9)  y = iris.target
(10) min_max_scaler = preprocessing.MinMaxScaler()
(11) X_minmax = min_max_scaler.fit_transform(X)
(12) batch_size = 15
(13) num_cluster = 3
(14) clf = MiniBatchKMeans(n_clusters=num_cluster, batch_size=batch_size, init='random')
(15) clf.fit(X_minmax)
(16) centers = clf.cluster_centers_
(17) pre_clu = clf.labels_
```

```
(18) vmarker = {0: '^', 1: 's', 2: 'D', }
(19) mValue = [vmarker[i] for i in pre_clu]
(20) for _marker, _x, _y in zip(mValue, X_minmax[:, 1], X_minmax[:, 2]):
(21)     plt.scatter(_x, _y, marker=_marker,c='grey')
(22) plt.scatter(centers[:, 1], centers[:, 2], marker='*',s=200,c='black')
(23) plt.show()
```

5.4.4　K均值++算法

K 均值++（K-Means++）算法改进了 K 均值算法选择初始质心的方式。K 均值++算法的核心思想是，在选择一个新的聚类中心时，距离已有的聚类中心越远的点，被选取作为聚类中心的概率越大。

算法 5-4　K 均值++算法

输入：聚类类别数 k，数据集：X

输出：聚类中心 C

（1）确定初始 k 个聚类中心

　　1.1　从 X 中随机选择一个样本作为聚类中心 c_0

　　1.2　选取一个新的质心 c_i，选择样本 $x \in X$ 的概率为 $\dfrac{D(x)^2}{\sum\limits_{x \in X} D(x)^2}$　　//简称为 D^2 加权

　　1.3　重复 1.2，直到选取 k 个聚类中心

（2）～（4）　其余步骤同标准 K 均值算法

【示例 5-14】K 均值++算法选择初始聚类中心的过程。

仍然在 iris 数据集上示例，说明 K 均值++算法选择初始聚类中心的过程。

首先，从数据集 X 中随机选取质心 c_0，如表 5-4 所示。

表 5-4　　　　　　　　　　　K 均值++算法选择初始聚类中心

	feature0	feature1	feature2	feature3
质心 c_0	0.1111111	0.5	0.0508475	0.0416667

此时只有一个质心，计算余下各数据点 x 到 c_0 的距离 $D(x)$，并计算 x 被选取作为下一个质心的概率 $prob(x) = \dfrac{D(x)^2}{\sum\limits_{x \in X} D(x)^2}$，部分计算结果如表 5-5 所示。

表 5-5　　　　　　　　　　　各个数据点被选为质心的概率

feature0	feature1	feature2	feature3	$D(c_0)$	D^2	prob
0.2222222	0.625	0.0677966	0.0416667	0.168101	0.028258	0.0002596188
0.1666667	0.4166667	0.0677966	0.0416667	0.1015782	0.0103181	0.0000947975
0.1111111	0.5	0.0508475	0.0416667	0	0	0.0000000000
0.0833333	0.4583333	0.0847458	0.0416667	0.0604716	0.0036568	0.0000335968
0.1944444	0.6666667	0.0677966	0.0416667	0.1871082	0.0350095	0.0003216483

假设选取数据点[0.5555556，0.5416667，0.8474576，1]作为下一个质心 c_1，将各数据点指派给最近的质心。此时聚类结果如图 5-4 所示。

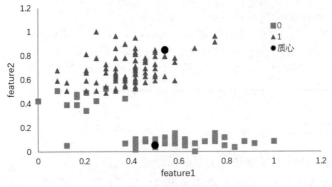

图 5-4　选取第二个质心

继续计算余下各点 x 到两个质心的距离，将较小值作为 $D(x)$，计算各点被选为下一个质心的概率。假设选取数据点[0.3333333，0.125，0.5084746，0.5]作为第三个质心 c_2，此时 3 个初始聚类中心已全部确定，如表 5-6 所示。

表 5–6　　　　　　　　　　　三个初始聚类中心

	feature0	feature1	feature2	feature3
质心 c_0	0.1111111	0.5	0.0508475	0.0416667
质心 c_1	0.5555556	0.5416667	0.8474576	1
质心 c_2	0.3333333	0.125	0.5084746	0.5

3 个初始聚类中心的分布如图 5-5 所示。

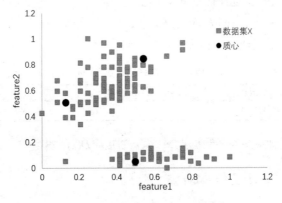

图 5-5　初始聚类中心的选择结果

【示例 5-15】K 均值++算法实践。

在 class sklearn.cluster.Kmeans()中，我们可以通过指定参数 "init='k-means++'" 的方式，使用 K 均值++算法确定初始化聚类中心点。

```
(1) from sklearn.cluster import KMeans
(2) clf = KMeans(n_clusters = 3, init='k-means++')
```

5.4.5　K 中心点算法

K 均值算法对于离群点比较敏感，原因是它将质心作为一个簇的参照点，而质心是由簇内各个对象的均值决定的。为了克服这个问题，K中心点（K-Medoids）算法选用簇中位置最靠近中心的对象，即中心点作为簇的参照点。

首先为每个簇随意选择一个代表对象，剩余的对象根据其与代表对象的距离分配给最近的一个簇；然后反复地用非代表对象来代替代表对象，以改进聚类的质量。

聚类的目标是使簇内差异尽可能小。为了判定一个非代表对象 O_h 是否是当前一个代表对象 O_i 的好的替代，替换的总代价是所有非中心点对象所产生的代价之和。如果总代价是负的，那么实际的平方误差将会减小，即表明替换的簇内差异变小了，O_i 可以被 O_h 替代。如果总代价总是正的或为 0，表明算法不能产生一个有效的替代，即此时算法收敛。

下面介绍一个 K 中心点算法的具体实现：围绕中心点的划分（Partitioning Around Medoids，PAM）算法。

算法 5-5　K 中心点算法实现：PAM

输入：簇的数目 k 和包含 n 个对象的数据库。

输出：k 个簇，使得所有对象与其最近中心点的相异度总和最小。

（1）任意选择 k 个对象作为初始的簇中心点；

（2）REPEAT

（3）　　指派每个剩余的对象给离它最近的中心点所代表的簇；

（4）　　REPEAT

（5）　　　选择一个未被选择的中心点对象 O_i；

（6）　　　REPEAT

（7）　　　　选择一个未被选择过的非中心点对象 O_h；

（8）　　　　计算用 O_h 代替 O_i 的总代价并记录在 S 中；

（9）　　　UNTIL 所有的非中心点都被选择过；

（10）　　UNTIL 所有的中心点都被选择过；

（11）　　IF 在 S 中的总代价有小于 0 的　THEN

（12）　　　找出 S 中的代价最小的一个，并用该非中心点替代对应的中心点，

（13）　　　形成一个新的 k 个中心点的集合；

（14）UNTIL 没有再发生簇的重新分配

5.4.6　数据流 K 均值算法

在数据流环境中，数据是分批不断到来的，每一批包含许多的样本数据。标准 K 均值算法在数据流环境中可以按照下面的步骤进行简单的扩展。

（1）一开始以随机位置作为聚类的中心。

（2）对于每一批新到的数据点，运用标准 K 均值算法分配数据点到各自所属的聚类中心，然后更新中心点。

（3）用新的中心点作为下一批数据到达时的初始中心点。随着数据流的到来，反复执行上述步骤（2）和（3）。

【示例 5-16】数据流 K 均值（Streaming K-Means）算法 Spark 实践（Spark 官网实例）。

```
(1)  # -*- coding:utf-8 -*-
(2)  from pyspark.mllib.linalg import Vectors
(3)  from pyspark.mllib.regression import LabeledPoint
(4)  from pyspark.mllib.clustering import StreamingKMeans
(5)  from pyspark import SparkContext
(6)  from pyspark.streaming import StreamingContext
(7)  def parse(lp):
(8)      label = float(lp[lp.find('(') + 1: lp.find(')')])
(9)      vec = Vectors.dense(lp[lp.find('[') + 1: lp.find(']')].split(','))
(10)     return LabeledPoint(label, vec)
(11) sc = SparkContext('local')
(12) trainingData = sc.textFile("4k2_far.txt").map(lambda line: Vectors.dense([float(x)
for x in line.strip().split(' ')]))
(13) testingData = sc.textFile("4k2_far_test.txt").map(parse)
(14) trainingQueue = [trainingData]
(15) testingQueue = [testingData]
(16) ssc = StreamingContext(sc, 1)
(17) # 数据流
(18) trainingStream = ssc.queueStream(trainingQueue)
(19) testingStream = ssc.queueStream(testingQueue)
(20) model = StreamingKMeans(k=4, decayFactor=1.0).setRandomCenters(2, 1.0, 0)
(21) #注册分别用于训练和测试的数据流,并启动任务
(22) # 对新到的数据预测它所属的聚类
(23) model.trainOn(trainingStream)
(24) result = model.predictOnValues(testingStream.map(lambda lp: (lp.label, lp.features)))
(25) result.pprint(testingData.count())
(26) ssc.start()
(27) ssc.stop(stopSparkContext=True, stopGraceFully=True)
```

5.5 基于密度的聚类算法

基于划分的聚类算法容易发现球状的聚类,而难以发现任意形状的聚类。针对这个问题,提出了基于密度的聚类方法。即从对象在空间中分布的密度角度来看聚类,聚类的本质就是一个空间中,被分布密度较低的区域所分割开的各个分布密度大的区域。

基于密度的聚类算法的主要思想是,只要邻近区域的密度(对象或数据点的数目)超过某个阈值,就继续聚类。对给定聚类中的每个数据点,在一个给定范围的区域中必须至少包含某个数目的点。这样的聚类方法可以过滤"噪声"数据,发现任意形状的聚类。

5.5.1 DBSCAN 算法

从直观上来看,属于同一聚类的样本是紧密分布在一起的,聚类内部的样本分布密度比聚类之间的密度要大很多。如果样本之间是紧密相连的,那么样本属于同一聚类。

DBSCAN 算法的核心思想是,将处于高密度区域的对象称为核心对象,基于聚类内部任意核心对象不断扩展生成聚类。如何将上述的思想用于聚类呢?下面介绍 DBSCAN 算法中的有关概念。

(1)ε-邻域:对于任意一个样本 x_j,其 ε-邻域为样本集 D 中与 x_j 距离不大于 ε 的子集,即 $N_\varepsilon(x_j) = \{x_i \in D \mid \text{distance}(x_i, x_j) \leqslant \varepsilon\}$,其中样本之间的距离依据具体问题选择合适度量方法度量。

（2）核心对象：对于任意的样本 x_j，如果其 ε-邻域至少包含 $Minpts$ 个样本，即 $|N_\varepsilon(x_j)| \geqslant Minpts$，则 x_j 为核心对象。

如果 ε 较小，$Minpts$ 相对较大，则核心对象对应的 ε-邻域内的元素个数将会很多，这个区域内对象的分布一定是十分紧密的。这两个参数直接影响到高密度区域的确定，进而影响聚类结果的质量。

如果 ε 数值设置过小，则每个邻域内包含的点会少，会将区域划分得过于分散。原本应判定为核心对象的点会被判定为边界点；如果 ε 数值设置过大，每个邻域包含的点过多，很容易将多个簇或大部分对象涵盖到一个簇中。

如果 $Minpts$ 的数值设置过小，很容易将多个簇或大部分对象涵盖到一个簇中；如果数值设置过大，则很少有样本被设为核心对象，会使聚类的结果比较发散。

在 DBSCAN 算法中，利用 k-距离确定 ε。给定参数 k，对于数据集中的每个点，计算其到第 k 个最近邻对象的距离，即 k-distance。将数据集中所有点的 k-distance 按照降序排序，绘制成曲线，称 k-distance 图，如图 5-6 所示。可以将该图中第一个谷值点对应的 k-distance 值设为 ε，一般 k 值取 4。对于 $Minpts$ 的设定，DBSCAN 算法推荐，$Minpts \geqslant d+1$，d 为样本的维数。

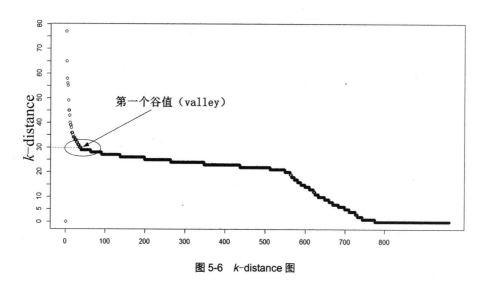

图 5-6　k-distance 图

（3）直接密度可达（Directly Density Reachable）：如果 x_i 位于 x_j 的 ε-邻域中且 x_j 为核心对象，则称 x_i 由 x_j 直接密度可达。直接密度可达是非对称关系。

（4）密度可达（Density Reachable）：如果 x_i 与 x_j 之间存在样本序列 p_1，p_2，$\cdots$，p_t，其中 $p_1=x_i$，$p_t=x_j$，且 p_{k+1} 由 p_k 直接密度可达，则称 x_j 由 x_i 密度可达。密度可达是非对称关系。

（5）密度相连（Density Connected）：如果 x_i 与 x_j 均由 x_k 密度可达，则称 x_i 与 x_j 密度相连。密度相连是对称关系。

通过上述定义，可以将密度理解为 $|N_\varepsilon(x_j)|/\varepsilon$。一个区域是否是高密度的，在于给定适当的 ε 值情况下，$|N_\varepsilon(x_j)| \geqslant Minpts$ 是否成立。一个核心对象的 ε-邻域是足够紧密的区域范围。如果样本归为同一聚类，则说明样本之间足够紧密，直接密度可达所表述的是核心对象的 ε-邻域内的元素是属于同一聚类的，这也是发现高密度区域的切入点。如果某一个核心对象 x_i 位于另一个核心对象 x_j 的 ε-邻域中，那么 x_j 密度可达 x_i 的 ε-邻域的所有对象，也就是说这两个 ε-邻域是紧密连接的，并且有重

叠。应该将这两个高密度区域合并到一个聚类当中。合并的过程是对一个核心对象沿着密度可达的轨迹将该区域逐步扩散，在这个过程中所涉及的所有样本则组成一个簇。最终所得的簇内任意两个对象都是密度相连的。

在密度可达的序列 p_1，p_2，$\cdots$，p_t 中，由 p_{k+1} 由 p_k 直接密度可达可知，前 $t-1$ 个对象均为核心对象，它们互相密度可达。对于簇内的核心对象而言，一定是密度相连的；对于非核心对象而言，由于此时簇内的任意核心对象密度相连，任意一个非核心对象都可以由簇内的任意一个核心对象可达，所以非核心对象之间也都是密度相连的。

算法 5-6　DBSCAN 算法

将数据集 D 中的所有样本标记为未处理状态

for（数据集 D 中的每个样本 p）do

  If（p 已经归入某个簇或标记为噪声）then

   Continue；

  else

   检查样本 p 的 ε-邻域 $N_\varepsilon(P)$；

   If（$|N_\varepsilon(P)|$ <Minpts）then

    标记对象 p 为噪声点（暂时）

   Else

    标记对象 P 为核心点，并建立新簇 C，将 p 的邻域元素中所有未处理的点/噪声点加入 C 中，即 C= $N_\varepsilon(P)$

     for（C 中所有尚未被处理的对象 q）do

     检查 q 的 ε-邻域 $N_\varepsilon(q)$，若 $|N_\varepsilon(q)|$ >Minpts，则将 $N_\varepsilon(q)$ 中未处理元素归入簇 C 中，即 C=C∪$N_\varepsilon(q)$

     End for

   End if

  End if

 End for

从算法可以看出，当某个边界点同时处于多个核心对象的邻域内时，这些核心对象可能属于不同的聚类，由于边界点所属的聚类与其被访问的顺序有关，所以 DBSCAN 算法并不完全稳定。

关于 DBSCAN 算法的复杂度，DBSCAN 算法原文中给出的为 $O(n\log n)$，这一结论后来被证明是错误的。算法的复杂度与对象的维度 d 有如下关系。

（1）当 $d=2$ 时，由 Guan 提出基于网格的快速 DBSCAN 算法可以达到 $O(n\log n)$。

（2）当 $d=3$ 时，DBSCAN 算法的时间复杂度为 $O((n\log n)^{4/3})$。

（3）当 $d \geqslant 4$ 时，DBSCAN 算法的时间复杂度为 $O\left(n^{2-\frac{2}{\lceil \frac{d}{2} \rceil +1}+\delta}\right)$，$\delta > 0$。

DBSCAN 算法具有如下的优点。

（1）可以对任意形状的数据集进行聚类。

（2）不需提前指定聚类个数 k。

（3）聚类的同时可发现异常点。（在上述算法中，暂时标记的噪声点有可能是噪声或是边界点，边界点在之后的循环会被标记其所属聚类，最后剩下的未被改变过的噪声点将是真正的异常点）

（4）对数据集中的异常点不敏感。

DBSCAN 算法具有如下的缺点。

（1）对于密度不均匀的数据集，聚类效果较差。

（2）当数据集较大时，聚类收敛时间较长。

（3）当数据集较大时，要求较大的内存支持，I/O 开销大。

【示例 5-17】DBSCAN 算法实践。

```
(1) import  numpy as np
(2) import matplotlib.pyplot as plt
(3) from sklearn import datasets
(4) x1, y1 = datasets.make_circles(n_samples=5000, factor=0.6, noise=0.05)
(5) x2, y2 = datasets.make_blobs(n_samples=1000, n_features=2, centers=[[1.2, 1.2]],
cluster_std=[[0.1]], random_state=9)
(6) x = np.concatenate((x1, x2))
(7) plt.scatter(x[:, 0], x[:, 1], marker='o')
(8) plt.show()
(9) from sklearn.cluster import DBSCAN
(10) y_pred = DBSCAN(eps=0.1, min_samples=10).fit_predict(x)
(11) plt.scatter(x[:, 0], x[:, 1], c=y_pred)
(12) plt.show()
(13) y_pred = DBSCAN(eps=0.1).fit_predict(x)
(14) plt.scatter(x[:, 0], x[:, 1], c=y_pred)
(15) plt.show()
(16) y_pred = DBSCAN(eps=0.2, min_samples=5).fit_predict(x)
(17) plt.scatter(x[:, 0], x[:, 1], c=y_pred)
(18) plt.show()
(19) y_pred = DBSCAN().fit_predict(x)
(20) plt.scatter(x[:, 0], x[:, 1], c=y_pred)
(21) plt.show()
```

5.5.2 OPTICS 算法

DBSCAN 算法在使用中存在以下两个问题。

（1）初始参数 ε（邻域半径）和 *Minpts*（邻域最小点数）需要手动设置，并且聚类的质量十分依赖这两个参数的取值。

（2）由于算法针对全局密度，当数据集的密度变化较大时，可能识别不出某些簇。

针对这两个问题，OPTICS 算法在 DBSCAN 算法的基础上进行了完善。在密度高低的衡量上，OPTICS 算法增加了两个新的概念以降低聚类结果对初始参数的敏感度。此外，OPTICS 算法并不显式地产生数据集聚类，而是输出一个以样本点输出次序为横轴，以可达距离为纵轴的图。这个排序代表了各样本点基于密度的聚类结构，从中可以得到基于任何半径和阈值的聚类。

下面以数据点：{[2，3]，[1.5，4]，[1，4]，[8，7]，[7.5，6]，[7，7]，[4，12]，[4.5，10]，[5，11]}为例，讲解利用 OPTICS 算法进行聚类时的关键概念和步骤。各数据点位置分布如图 5-7 所示，从分布中可以清晰地观察到该组数据可分为三簇，也就是按顺序每三个点为一簇。

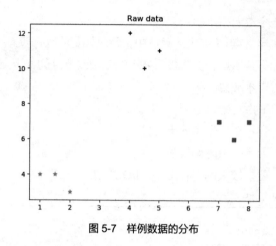

图 5-7 样例数据的分布

下面介绍 OPTICS 算法的主要概念。

（1）核心距离

假设点 p 包含 *Minpts* 个邻居对象的最小半径距离为 Minpts-distance(p)，那么 p 的核心距离定义如下。

$$\text{core-distance}(p)=\begin{cases} \text{Undefined} & p\text{不是核心点} \\ \text{Minpts - distance}(p) & p\text{是核心点} \end{cases}$$

核心距离是一个点成为核心点的最小邻域半径。

如图 5-8 所示，设 $\varepsilon=5$，*Minpts*=3，则 p 的核心距离是 p 与第 2 个最近邻对象之间的距离 $\varepsilon'=3$。

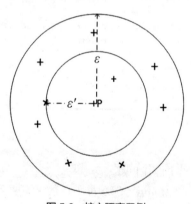

图 5-8 核心距离示例

从数值上来讲，core-distance(p)≤ε。利用 core-distance(p)和 *Minpts* 所描述的区域比由 ε 和 *Minpts* 所描述的区域更加紧密。

（2）可达距离

在 DBSCAN 算法中有三个连接各密集区域的重要概念：直接密度可达、密度可达、密度相连。OPTICS 算法则以这三个概念为基础，再结合可达距离进行高密度区域的连接。

假定 q 是点 p 的 ε 邻域中的点，q 关于 p 的可达距离定义如下。

$$\text{Reachability-distance}(q,\ p)=\begin{cases} \text{Undefind} & p\text{不是核心点} \\ \text{Max(core - distance}(p),\ \text{distance}\,(p,\ q)) & p\text{是核心点} \end{cases}$$

可见，q 关于 p 的可达距离是从 p 直接密度可达 q 的最小距离。该距离与空间密度直接相关，如果该点所在的空间密度大，它从相邻点密度可达的距离就小。如果想要朝着数据尽量稠密的空间进行扩张，那么可达距离最小的点将是最佳的选择。

如图 5-9 所示，设 $\varepsilon=5$，$Minpts=3$，可知从 p 到 q_1 的可达距离是 p 的核心距离 ε'，因为它比从 p 到 q_1 的欧式距离大。从 p 到 q_2 的可达距离是从 p 到 q_2 的欧式距离，因为它大于 p 的核心距离。

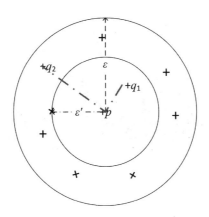

图 5-9　可达距离定义

对于核心对象 p，如下关系成立：核心距离≤可达距离≤ε。OPTICS 算法基于可达距离进行聚类的扩张，充分考虑到数据对象间相对的位置关系，摆脱 ε 值的控制，并使扩张前后的区域更加紧密。

OPTICS 算法用一个按照可达距离升序排列的队列存储待扩张的点，以迅速定位稠密空间的数据对象，下面介绍算法的主要步骤。

算法 5-7　OPTICS 算法

输入：样本集 D，邻域半径 ε，Minpts。

输出：具有可达距离信息的有序样本点队列。

（1）初始化有序队列（核心点及该核心点的直接密度可达点，按可达距离升序排列）；初始化结果队列（存储样本点输出次序）。

（2）如果样本集 D 中所有点都处理完毕，则算法结束；否则，选择一个未处理的核心样本点，找到其所有直接密度可达并且不在结果队列中的样本点，将其放入有序队列中，按可达距离排序。

（3）如果有序队列为空，则跳转到（2）；否则，从有序队列中选取第一个样本点（即可达距离最小的样本点）进行扩张，将取出的样本点从有序队列中删除并放于结果队列中。

① 判断该样本点是否为核心点，如果是，则返回（3）。

如果不是，则找到所有该扩展点的直接密度可达点。

a. 判断该直接密度可达点是否已在结果队列中，如果是则不处理；否则，进行下一步。

b. 如果有序队列中已经存在该直接密度可达点，并且新的可达距离小于旧的可达距离，则更新旧的可达距离，有序队列重新排序。

如果有序队列中不存在该直接密度可达点，则在有序队列中插入该点并重新排序。

② 对该扩展点的所有直接密度可达点重复 a.和 b.，结束后，返回（3）。

以结果队列中的点序列为横坐标，以可达距离为纵坐标，将得到如图 5-10 所示的可达图（Reachability Plot）。可达图中可达距离小的波谷区域代表数据稠密的簇内点，波峰区域则代表数据稀疏的边界点。在可达图中，可以通过区分陡峭下降区域和陡峭上升区域来辨别和提取簇。

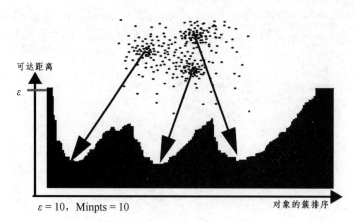

图 5-10　可达图

【示例 5-18】以图 5-7 中数据为例，运用 OPTICS 算法进行聚类的过程。

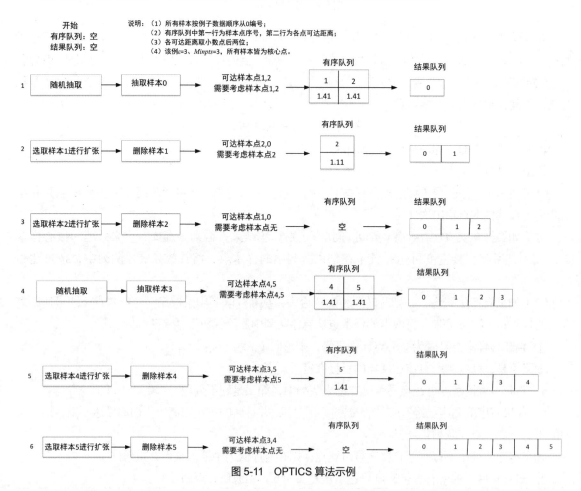

图 5-11　OPTICS 算法示例

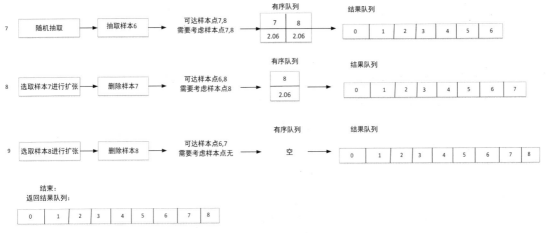

图 5-11　OPTICS 算法示例（续）

OPTICS 算法的优点有如下几点。

（1）不需要提前指定簇的数目。

（2）能够对任意形状的簇进行聚类。

（3）对初始参数值相对不敏感，较 DBSCAN 算法能取得更好的结果。

（4）从排序结果中可以得到基于任何半径和阈值的聚类。

OPTICS 算法的缺点有如下几点。

（1）时间复杂度高。

（2）需要使用空间数据索引，I/O 开销大。

5.6　基于模型的聚类算法：高斯混合模型算法

基于模型的聚类算法的目标是将数据与某个模型达成最佳拟合。这类算法通常假设数据有一个内在的混合概率分布。

5.6.1　算法原理

GMM 算法基于数据的分布划分聚类，不同的簇由它的代表特征区分。代表特征是基于簇内元素构成的，簇内数据分布就是典型的代表特征。GMM 算法假设数据服从高斯分布，不同的簇分布不同，即不同的簇对应不同的高斯分布参数。如果各个簇对应的分布已知，利用概率分布函数便可以估计每个数据由这个分布产生的概率，对所有数据都处理之后，以概率为衡量标准就得到所需的聚类结果。GMM 算法将各个簇服从的分布进行线性组合，线性组合中包括每个分布的权重，这也是 GMM 名称的由来：Gaussian Mixed Model——高斯混合模型。

GMM 公式定义为：$P(x) = \sum_{k=1}^{K} \pi_k P\left(x \mid \mu_k, \sum_k\right)$。

π_k：每个分布自身的权重，即第 k 类被选中的概率。

μ_k：该簇分布的均值向量。

$\sum_k$：该簇分布的协方差矩阵；

$P\left(x \mid \mu_k, \sum_k\right)$：样本 x 由第 k 个分布生成的概率。

GMM 算法要解决的问题就是如何得到 π_k、μ_k、$\sum_k$ 这三个参数。

5.6.2　GMM 算法的参数估计

GMM 算法的目的是估计每个样本来源于哪个分布，也就是估计每个样本属于哪个簇。如果样本同某个簇"合适"，那么这个样本在这个分布中所对应的概率将会更大，涉及的就是概率分布函数。

下面首先确定似然函数。引入 y_{ik} 表示估计的结果：

$$y_{ik} = \begin{cases} 1, & \text{第} i \text{个样本属于第} k \text{个簇} \\ 0, & \text{第} i \text{个样本不属于第} k \text{个簇} \end{cases}$$

假设 y_{ik} 独立同分布，对于每个样本 i，只能属于某一个簇，即对每个样本的 K 个 y_{ik} 的值，只有一个等于 1，其余全为 0，π_k 为第 k 个簇被选中的概率，联合概率分布为：

$$P(y_i) = P(y_{i1} y_{i2} \cdots y_{iK}) = \prod_{k=1}^{K} \pi_k^{\ y_{ik}}$$

由于假设每个簇服从高斯分布，所以有：

$$P(x_i \mid y_i) = \prod_{k=1}^{K} P\left(x_i \mid \mu_k, \sum_k\right)^{y_{ik}}$$

根据条件概率公式，对于所有的样本似然函数则有：

$$P\left(x_i \mid \mu_k, \sum_k\right) = \prod_{i=1}^{n} P(x_i) = \prod_{i=1}^{n} P(y_i) P(x_i \mid y_i) = \prod_{k=1}^{K} \prod_{i=1}^{n} \left(\pi_k P\left(x_i \mid \mu_k, \sum_k\right)\right)^{y_{ik}}$$

由于 N 很大时连乘的结果会非常小，容易造成浮点数下溢，所以采用对数似然函数：

$$\log P\left(x_i \mid \mu_k, \sum_k\right) = \sum_{k=1}^{K} \left(n_k \log \pi_k + \sum_{i=1}^{N} y_{ik} \times \log P\left(x_i \mid \mu_k, \sum_k\right)\right),$$

$$n_k = \sum_{i=1}^{N} y_{ik}$$

下面要确定 Q 函数。Q 函数是在给定当前参数和已知观测数据的前提下，对未观测数据条件概率分布的期望。关键是要计算样本 x_i 是类别 k 的概率，即给定各维数据 x_i，当前参数 μ_k 在 $\sum_k$ 的条件下，$y_i = k$ 的概率：$p\left(y_{ik} \mid x_i\right) = \dfrac{p\left(x_i \mid y_{ik}\right) p\left(y_{ik}\right)}{p(x_i)} = \dfrac{\pi_k p\left(x_i \mid \mu_k, \sum_k\right)}{\sum\limits_{j=1}^{K} \pi_j p\left(x_j \mid \mu_k, \sum_k\right)}$。

目标 Q 函数将似然函数中的 y_{ik} 用 $p\left(y_{ik} \mid x_i\right)$ 代替，然后求均值。

$$Q = \sum_{k=1}^{K} \left(n_k \log \pi_k + \sum_{i=1}^{N} P\left(y_{ik} \mid x_i\right) \times \log P\left(x_i \mid \mu_k, \sum_k\right)\right)$$

$$n_k = \sum_{i=1}^{N} P\left(y_{ik} \mid x_i\right)$$

Q 函数是对当前估计结果质量的衡量，需要极大化 Q 函数，对各个参数求偏导后令其为 0，则能得到让 Q 函数在当前情况下达到极大值所对应的参数。

根据上述 Q 函数，令偏导为 0 后，得到各参数为：

$$\widehat{\mu_k} = \frac{\sum\limits_{i=1}^{N} P\left(y_{ik} \mid x_i\right) x_i}{\sum\limits_{i=1}^{N} P\left(y_{ik} \mid x_i\right)}$$

$$\widehat{\sum_k} = \frac{\sum_{i=1}^{N} P\big(y_{ik}\big|x_i\big)\big(x_i - \mu_k\big)\big(x_i - \mu_k\big)^{\mathrm{T}}}{\sum_{i=1}^{N} P\big(y_{ik}\big|x_i\big)}$$

$$\widehat{\pi_k} = \frac{1}{n}\sum_{i=1}^{N} P\big(y_{ik}\big|x_i\big)$$

　　GMM 算法与 K 均值算法有相近的地方。GMM 算法是要找到每个簇对应的分布参数，K 均值算法的目标是要找到每个簇的中心。在求得最优参数的过程中遵循的是 EM 算法，也就是首先根据当前参数得到聚类结果，为了使聚类结果更加准确，极大化当前聚类结果与实际情况的匹配程度，从而得到新的优化参数，重复迭代直至收敛。两个算法的不同点在于 GMM 算法利用概率衡量匹配程度，K 均值算法则利用距离来衡量匹配程度。两种算法都是随机给出初始值，GMM 算法给出初始分布参数，K 均值算法随机给出初始中心。两种算法的聚类过程都是以初始环境为起点逐步向最优参数靠近。

【示例 5-19】GMM 算法主要步骤。

（1）将参数 π_k、μ_k、$\sum_k$ 初始化。

（2）根据当前参数，计算对于每个数据 x_i 由第 k 个分布生成的概率，即 $p\big(y_{ik}\big|x_i\big)$。

（3）利用对数似然函数极大化，更新参数，更新公式如下。

$$\widehat{\mu_k} = \frac{\sum_{i=1}^{N} P\big(y_{ik}\big|x_i\big)x_i}{\sum_{i=1}^{N} P\big(y_{ik}\big|x_i\big)}$$

$$\widehat{\sum_k} = \frac{\sum_{i=1}^{N} P\big(y_{ik}\big|x_i\big)\big(x_i - \mu_k\big)\big(x_i - \mu_k\big)^{\mathrm{T}}}{\sum_{i=1}^{N} P\big(y_{ik}\big|x_i\big)}$$

$$\widehat{\pi_k} = \frac{1}{n}\sum_{i=1}^{N} P\big(y_{ik}\big|x_i\big)$$

（4）重复步骤（2）和（3），直至对数似然函数收敛。

5.6.3　GMM 算法实践

【示例 5-20】GMM 算法 Sklearn 实践。

```
(1)  # -*- coding: utf-8 -*-
(2)  from sklearn.mixture import GMM
(3)  from numpy import array
(4)  import matplotlib.pyplot as plt
(5)  # 数据读入处理
(6)  filename = 'Wine.csv'
(7)  lablename = 'label_wine.csv'
(8)  data = []
(9)  label = []
(10) with open(filename, 'r')as f:
(11)     for line in f.readlines():
(12)         x = line[:-1].split(',')
```

```
(13)          data.append(x)
(14) with open(lablename, 'r') as f:
(15)      for line in f.readlines():
(16)            x = line[:-1]
(17)            label.append(x)
(18) data = array(data)
(19) label = array(label)
(20) data = data[:, :].astype(float)
(21) label = label[:].astype(int)
(22) # 训练模型、预测
(23) gmm = GMM(n_components=3).fit(data)
(24) label_predict = gmm.predict(data)
(25) # 与真实标签比较
(26) x = range(data.shape[0])
(27) fig = plt.figure()
(28) ax1 = fig.add_subplot(211)
(29) ax2 = fig.add_subplot(212)
(30) ax1.set_title('Predict cluster')
(31) ax2.set_title('True cluster')
(32) plt.xlabel('samples')
(33) plt.ylabel('label')
(34) ax1.scatter(x, label_predict, c=label_predict, marker='o')
(35) ax2.scatter(x, label, c=label, marker='s')
(36) plt.show()
```

【示例 5-21】 GMM 算法 Spark 实践。

```
(1) # -*- coding: utf-8 -*-
(2) from pyspark.context import SparkContext
(3) from pyspark.mllib.clustering import GaussianMixture
(4) from numpy import array
(5) import matplotlib.pyplot as plt
(6) # spark 读入文件存入 rdd
(7) sc = SparkContext('local')
(8) data = sc.textFile("Wine.csv")
(9) label = sc.textFile("label_wine.csv")
(10) pasedata = data.map(lambda line: array([float(x) for x in line.split(',')]))
(11) parselabel = label.map(lambda line:array([int(line)])).collect()
(12) # 训练模型、预测
(13) gmm = GaussianMixture.train(pasedata, 3)
(14) label_predict = gmm.predict(pasedata).collect()
(15) label_predict = array(label_predict)
(16) parselabel = array(parselabel)
(17) # 与真实标签比较
(18) x = range(178)
(19) fig = plt.figure()
(20) ax1 = fig.add_subplot(211)
(21) ax2 = fig.add_subplot(212)
(22) ax1.set_title('Predict cluster')
(23) ax2.set_title('True cluster')
(24) plt.xlabel('samples')
(25) plt.ylabel('label')
(26) ax1.scatter(x, label_predict, c=label_predict, marker='o')
(27) ax2.scatter(x, parselabel, c=parselabel, marker='s')
(28) plt.show()
```

5.7　层次聚类

层次聚类（Hierarchical Clustering）算法与 K 均值算法一样，被广泛地使用。层次聚类有两种产生聚类的方法：一种是自下而上凝聚的方法，另一种则是自上而下分裂的方法。

在凝聚的方法中，首先将每一个点作为一个簇，每一步合并两个最接近的簇，直至所有的点成为一个簇为止。而分裂的方法正相反，从包含所有点的簇开始，每一步分裂一个簇，直至仅剩下单点的簇。

层次聚类常常使用树状图显示簇与子簇之间的联系、簇凝聚或分裂的次序。对于二维点的集合，层次聚类也可以使用嵌套簇图表示。图 5-12 显示了 4 个二维点集合的嵌套过程。

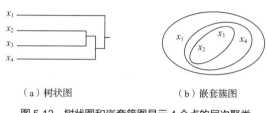

（a）树状图　　　　　　　　　（b）嵌套簇图

图 5-12　树状图和嵌套簇图显示 4 个点的层次聚类

5.7.1　凝聚的层次聚类算法

凝聚的层次聚类（AGglomerative NESting，AGNES）算法最初将每个对象作为一个簇，这些簇根据某个邻近度度量被一步步合并。两个簇间的邻近度有多种不同的计算方法，反复进行聚类的合并过程直到所有的对象最终满足簇数目。

算法 5-8　AGNES 算法的主要步骤

输入：数据集合

输出：满足终止条件的簇集合

（1）将每个对象当成一个初始簇；

（2）repeat

（3）　计算任意两个簇的距离，找到最近的两个簇；

（4）　合并两个簇，生成新的簇的集合；

（5）until 终止条件得到满足。

5.7.2　聚类之间距离的度量方法

1. 最短距离法

最短距离法定义簇的距离是不同簇的两个最近点之间的距离，如图 5-13 所示。

$$D_{pq} = \min_{x_i \in C_p, x_j \in C_q} d_{ij}$$

其中 C_i 表示簇，d_{ij} 表示点 x_i 与 x_j 之间的距离，D_{pq} 表示簇 C_p 与 C_q 之间的距离。

当两个簇合并为一个新簇后，要计算新簇与其他簇的距离。设簇 C_p 与 C_q 合并成一个新簇 C_r，则新簇 C_r 其他簇 C_k 的距离如下。

$$D_{rk} = \min_{x_i \in C_r, x_j \in C_k} d_{ij} = \min\{\min_{x_i \in C_p, x_j \in C_k} d_{ij}, \min_{x_i \in C_q, x_j \in C_k} d_{ij}\} = \min\{D_{pk}, D_{qk}\}$$

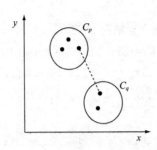

图 5-13 最短距离法定义簇间距离

采用最短距离法聚类的步骤如下。

（1）规定点与点之间的距离度量（如欧氏距离），计算任意两点之间的距离，得距离矩阵，记为 $D_{(0)}$，将每个点作为一个簇，显然 $D_{pq}=d_{pq}$。

（2）若找出 $D_{(0)}$ 中的非对角线最小元素，设为 D_{pq}，则将 C_p 和 C_q 合并成一个新簇，记为 C_r，即 $C_r=\{C_p, C_q\}$。

（3）计算新簇与其他簇的距离，得到新的距离矩阵 $D_{(1)}$。

（4）对 $D_{(1)}$ 重复上述的步骤（2）和（3）得到 $D_{(2)}$，如此下去直到所有的点都合并为一个簇为止。

如果某一步 $D_{(k)}$ 中非对角线最小元素不止一个，则对应这些最小元素的簇可以同时合并，也可以任选一个最小元素进行合并。

【示例 5-22】二维空间中有 6 个点，分别是 x_1、x_2、x_3、x_4、x_5、x_6，数据如表 5-7 所示。用最短距离法对这 6 个点进行层次聚类。

表 5-7 数据集

	x	y
x_1	1	1
x_2	2	1
x_3	1	3
x_4	4	1
x_5	4	4
x_6	5	4

（1）空间距离采用欧氏距离，计算任意两点之间的距离，得距离矩阵 $D_{(0)}$。为了计算方便对距离分别平方，得到 $D^2_{(0)}$，如表 5-8 所示。

表 5-8 最短距离法的 $D^2_{(0)}$

	$C_1=\{x_1\}$	$C_2=\{x_2\}$	$C_3=\{x_3\}$	$C_4=\{x_4\}$	$C_5=\{x_5\}$	$C_6=\{x_6\}$
$C_1=\{x_1\}$	0					
$C_2=\{x_2\}$	1	0				
$C_3=\{x_3\}$	4	5	0			
$C_4=\{x_4\}$	9	4	13	0		
$C_5=\{x_5\}$	18	13	10	9	0	
$C_6=\{x_6\}$	25	18	17	10	1	0

（2）$D^2_{(0)}$ 中非对角线的最小元素是 1，对应的元素是 $D^2_{12}=D^2_{56}=1$，则将 C_1 和 C_2 合并成 C_7，

C_5 和 C_6 合并成 C_8，即 $C_7=\{C_1, C_2\}=\{x_1, x_2\}$，$C_8=\{C_5, C_6\}=\{x_5, x_6\}$。

（3）按公式 $D_{rk}=\min\{D_{pk}, D_{qk}\}$，计算 C_7、C_8 与其他簇之间的距离，得 $D^2_{(1)}$，如表 5-9 所示。

表 5-9　　　　　　　　　　　　　　最短距离法的 $D^2_{(1)}$

	$C_7=\{x_1, x_2\}$	$C_3=\{x_3\}$	$C_4=\{x_4\}$	$C_8=\{x_5, x_6\}$
$C_7=\{x_1, x_2\}$	0			
$C_3=\{x_3\}$	4	0		
$C_4=\{x_4\}$	4	13	0	
$C_8=\{x_5, x_6\}$	13	10	9	0

（4）$D^2_{(1)}$ 中非对角线的最小元素的是 4，对应的元素是 $D^2_{37}=D^2_{47}=4$，则将 C_3、C_4 和 C_7 合并成 C_9，即 $C_9=\{C_3, C_4, C_7\}=\{x_1, x_2, x_3, x_4\}$。继续计算 C_8、C_9 之间的距离，得 $D^2_{(2)}$，如表 5-10 所示。

表 5-10　　　　　　　　　　　　　最短距离法的 $D^2_{(2)}$

	$C_9=\{x_1, x_2, x_3, x_4\}$	$C_8=\{x_5, x_6\}$
$C_9=\{x_1, x_2, x_3, x_4\}$	0	
$C_8=\{x_5, x_6\}$	10	0

（5）最后将 C_8、C_9 合并成 C_{10}，这时所有点成为一簇，聚类过程终止。合并的过程如图 5-14 所示。

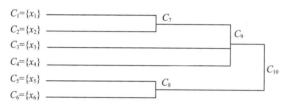

图 5-14　采用最短距离法合并簇的树状图

2. 最长距离法

最长距离法定义簇的距离是不同簇的两个最远点之间的距离，如图 5-15 所示。

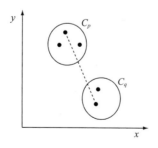

图 5-15　最长距离法定义的距离

$$D_{pq} = \max_{x_i \in C_p, x_j \in C_q} d_{ij}$$

【示例 5-23】使用最长距离法对示例 5-22 中的数据点进行层次聚类。

（1）空间距离采用欧氏距离，计算任意两点之间的距离，得距离矩阵 $D_{(0)}$。为了计算方便对距离分别平方，得到 $D^2_{(0)}$，如表 5-11 所示。

表 5-11　　　　　　　　　　　　　　最长距离法的 $D^2_{(0)}$

	$C_1=\{x_1\}$	$C_2=\{x_2\}$	$C_3=\{x_3\}$	$C_4=\{x_4\}$	$C_5=\{x_5\}$	$C_6=\{x_6\}$
$C_1=\{x_1\}$	0					
$C_2=\{x_2\}$	1	0				
$C_3=\{x_3\}$	4	5	0			
$C_4=\{x_4\}$	9	4	13	0		
$C_5=\{x_5\}$	18	13	10	9	0	
$C_6=\{x_6\}$	25	18	17	10	1	0

（2）$D^2_{(0)}$ 中非对角线的最小元素是 1，对应的元素是 $D^2_{12}=D^2_{56}=1$，则将 C_1 和 C_2 合并成 C_7，C_5 和 C_6 合并成 C_8，即 $C_7=\{C_1, C_2\}=\{x_1, x_2\}$，$C_8=\{C_5, C_6\}=\{x_5, x_6\}$。

（3）按公式 $D_{rk}=\max\{D_{pk}, D_{qk}\}$，计算 C_7、C_8 与其他簇之间的距离，得 $D^2_{(1)}$，如表 5-12 所示。

表 5-12　　　　　　　　　　　　　　最长距离法的 $D^2_{(1)}$

	$C_7=\{x_1, x_2\}$	$C_3=\{x_3\}$	$C_4=\{x_4\}$	$C_8=\{x_5, x_6\}$
$C_7=\{x_1, x_2\}$	0			
$C_3=\{x_3\}$	5	0		
$C_4=\{x_4\}$	9	13	0	
$C_8=\{x_5, x_6\}$	25	17	10	0

（4）$D^2_{(1)}$ 中非对角线的最小元素是 5，对应的元素是 $D^2_{37}=5$，则将 C_3 和 C_7 合并成 C_9，即 $C_9=\{C_3, C_7\}=\{x_1, x_2, x_3\}$。

（5）按公式 $D_{rk}=\max\{D_{pk}, D_{qk}\}$，计算 C_9 与其他簇之间的距离，得 $D^2_{(2)}$，如表 5-13 所示。

表 5-13　　　　　　　　　　　　　　最长距离法的 $D^2_{(2)}$

	$C_9=\{x_1, x_2, x_3\}$	$C_4=\{x_4\}$	$C_8=\{x_5, x_6\}$
$C_9=\{x_1, x_2, x_3\}$	0		
$C_4=\{x_4\}$	13	0	
$C_8=\{x_5, x_6\}$	25	10	0

（6）$D^2_{(2)}$ 中非对角线的最小元素是 10，对应的元素是 $D^2_{48}=10$，则将 C_4 和 C_8 合并成 C_{10}，即 $C_{10}=\{C_4, C_8\}=\{x_4, x_5, x_6\}$。

（7）按公式 $D_{rk}=\max\{D_{pk}, D_{qk}\}$，计算 C_{10} 与其他簇之间的距离，得 $D^2_{(3)}$，如表 5-14 所示。

表 5-14　　　　　　　　　　　　　　最长距离法的 $D^2_{(3)}$

	$C_9=\{x_1, x_2, x_3\}$	$C_{10}=\{x_4, x_5, x_6\}$
$C_9=\{x_1, x_2, x_3\}$	0	
$C_{10}=\{x_4, x_5, x_6\}$	25	0

（8）最后将 C_9、C_{10} 合并成 C_{11}，这时所有点成为一簇，聚类过程终止。

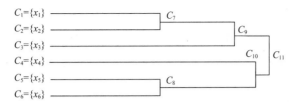

图 5-16　采用最长距离法合并簇的树状图

3. 中间距离法

在中间距离法下，簇与簇之间的距离既不是最长的也不是最短的，而是介于二者之间。开始时，簇与簇之间的距离无需定义（每一点自成一簇，距离是初始化的距离）。设某一步已将 C_p 和 C_q 合并为 C_r，C_r 与其他簇之间的距离如何计算呢？不失一般性可设 $D_{kq} > D_{kp}$，按最短距离法计算时，$D_{kr} = D_{kp}$；按最长距离法计算时，$D_{kr} = D_{kq}$。图 5-17 中 D_{kp}、D_{kq} 和 D_{pq} 组成一个三角形，D_{kr} 介于 D_{kp}、D_{kq} 之间，直观上以 D_{pq} 中线为最佳，由初等几何可知这个中线的平方值等于 $\frac{1}{2}D^2_{kp} + \frac{1}{2}D^2_{kq} - \frac{1}{4}D^2_{pq}$，将这个中线作为 D_{kr}，$D^2_{kr} = \frac{1}{2}D^2_{kp} + \frac{1}{2}D^2_{kq} - \frac{1}{4}D^2_{pq}$。

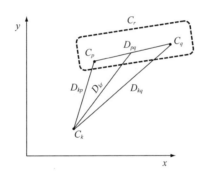

图 5-17　用中间距离表示簇间距离

这种度量簇之间距离的方法称为中间距离法。中间距离法还可推广为更一般的情形，这时公式成为：

$$D^2_{kr} = \frac{1}{2}D^2_{kp} + \frac{1}{2}D^2_{kq} + \beta D^2_{pq} \qquad (-\frac{1}{4} \leqslant \beta \leqslant 0)$$

【示例 5-24】使用中间距离法对示例 5-22 中的数据点进行层次聚类。

（1）空间距离采用欧氏距离，计算任意两点之间的距离，得距离矩阵 $D_{(0)}$。为了计算方便对距离分别平方，得到 $D^2_{(0)}$，如表 5-15 所示。

表 5-15　　　　　　　　　　　　　中间距离法的 $D^2_{(0)}$

	$C_1=\{x_1\}$	$C_2=\{x_2\}$	$C_3=\{x_3\}$	$C_4=\{x_4\}$	$C_5=\{x_5\}$	$C_6=\{x_6\}$
$C_1=\{x_1\}$	0					
$C_2=\{x_2\}$	1	0				
$C_3=\{x_3\}$	4	5	0			
$C_4=\{x_4\}$	9	4	13	0		
$C_5=\{x_5\}$	18	13	10	9	0	
$C_6=\{x_6\}$	25	18	17	10	1	0

（2）$D^2_{(0)}$ 中非对角线的最小元素是 1，对应的元素是 $D^2_{12}=D^2_{56}=1$，则将 C_1 和 C_2 合并成 C_7，C_5 和 C_6 合并成 C_8，即 $C_7=\{C_1, C_2\}=\{x_1, x_2\}$，$C_8=\{C_5, C_6\}=\{x_5, x_6\}$。这样就出现了一个新问题：在这一步同时发生两个并簇，如何计算这两个新簇之间的距离呢？下面做出推导。

设 $C_r=\{C_p, C_q\}$，$C_k=\{C_s, C_t\}$，则

$$D^2_{kr} = \frac{1}{2}D^2_{kp} + \frac{1}{2}D^2_{kq} - \frac{1}{4}D^2_{pq}$$

$$= \frac{1}{2}\left(\frac{1}{2}D^2_{sp} + \frac{1}{2}D^2_{tp} - \frac{1}{4}D^2_{st}\right) + \frac{1}{2}\left(\frac{1}{2}D^2_{sq} + \frac{1}{2}D^2_{tq} - \frac{1}{4}D^2_{st}\right) - \frac{1}{4}D^2_{pq}$$

$$= \frac{1}{4}\left(D^2_{sp} + D^2_{tp} + D^2_{sq} + D^2_{tq} - D^2_{st} - D^2_{pq}\right)$$

本例中两个新簇是 $C_7=\{C_1, C_2\}$，$C_8=\{C_5, C_6\}$，则

$$D^2_{78} = \frac{1}{4}\left(D^2_{15} + D^2_{16} + D^2_{25} + D^2_{26} - D^2_{12} - D^2_{56}\right) = \frac{1}{4}(18+25+13+18-1-1) = 18。$$

（3）按递推公式 $D^2_{kr} = \frac{1}{2}D^2_{kp} + \frac{1}{2}D^2_{kq} - \frac{1}{4}D^2_{pq}$，计算 C_7、C_8 与其他簇之间的距离，得 $D^2_{(1)}$，如表 5-16 所示。

表 5-16 　　　　　　　　　　　　中间距离法的 $D^2_{(1)}$

	$C_7=\{x_1, x_2\}$	$C_3=\{x_3\}$	$C_4=\{x_4\}$	$C_8=\{x_5, x_6\}$
$C_7=\{x_1, x_2\}$	0			
$C_3=\{x_3\}$	4.25	0		
$C_4=\{x_4\}$	6.25	13	0	
$C_8=\{x_5, x_6\}$	18	13.25	9.25	0

（4）$D^2_{(1)}$ 中非对角线的最小元素是 4.25，对应的元素是 $D^2_{37}=4.25$，则将 C_3 和 C_7 合并成 C_9，即 $C_9=\{C_3, C_7\}=\{x_1, x_2, x_3\}$。

（5）按递推公式 $D^2_{kr} = \frac{1}{2}D^2_{kp} + \frac{1}{2}D^2_{kq} - \frac{1}{4}D^2_{pq}$，计算 C_9 与其他簇之间的距离，得 $D^2_{(2)}$，如表 5-17 所示。

表 5-17 　　　　　　　　　　　　中间距离法的 $D^2_{(2)}$

	$C_9=\{x_1, x_2, x_3\}$	$C_4=\{x_4\}$	$C_8=\{x_5, x_6\}$
$C_9=\{x_1, x_2, x_3\}$	0		
$C_4=\{x_4\}$	8.65	0	
$C_8=\{x_5, x_6\}$	14.56	9.25	0

（6）$D^2_{(2)}$ 中非对角线的最小元素是 8.65，对应的元素是 $D^2_{49}=8.65$，则将 C_4 和 C_9 合并成 C_{10}，即 $C_{10}=\{C_4, C_9\}=\{x_1, x_2, x_3, x_4\}$。

（7）按递推公式 $D^2_{kr} = \frac{1}{2}D^2_{kp} + \frac{1}{2}D^2_{kq} - \frac{1}{4}D^2_{pq}$，计算 C_{10} 与其他簇之间的距离，得 $D^2_{(3)}$，如表 5-18 所示。

表 5-18 　　　　　　　　　　　　中间距离法的 $D^2_{(3)}$

	$C_9=\{x_1, x_2, x_3, x_4\}$	$C_{10}=\{x_5, x_6\}$
$C_9=\{x_1, x_2, x_3, x_4\}$	0	
$C_{10}=\{x_5, x_6\}$	9.77	0

（8）最后将 C_9、C_{10} 合并成 C_{11}，这时所有点成为一簇，聚类过程终止，如图 5-18 所示。

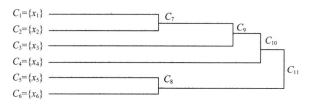

图 5-18　采用中间距离法合并簇的树状图

4. 重心法

重心法定义簇与簇之间的距离用重心之间的距离来代表。设 C_p 和 C_q 的重心分别为 $\overline{x_p}$ 和 $\overline{x_q}$，则 C_p 和 C_q 之间距离的 $D_{pq} = d_{\overline{x_p},\overline{x_q}}$，如图 5-19 所示。

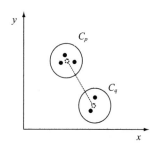

图 5-19　重心法表示簇间距离

设某一步已将 C_p 和 C_q 合并成 C_r，C_p 和 C_q 的重心分别为 $\overline{x_p}$ 和 $\overline{x_q}$，点集数量分别是 n_p 和 n_q，则 C_r 的数量为 $n_r = n_p + n_q$，重心是 $\overline{x_r}$，$\overline{x_r} = \dfrac{1}{n_r}\left(n_p\overline{x_p} + n_q\overline{x_q}\right)$。

设簇 C_k 的重心为 $\overline{x_k}$。在采用欧氏距离的情况下推导 C_k 与 C_r 之间的距离，为了方便计算而采用距离的平方，推导过程如下。

$$D^2_{kr} = d^2_{\overline{x_k},\overline{x_r}} = \left(\overline{x_k} - \overline{x_r}\right)'\left(\overline{x_k} - \overline{x_r}\right)$$

$$= \left(\overline{x_k} - \frac{1}{n_r}\left(n_p\overline{x_p} + n_q\overline{x_q}\right)\right)'\left(\overline{x_k} - \frac{1}{n_r}\left(n_p\overline{x_p} + n_q\overline{x_q}\right)\right)$$

$$= \overline{x_k}'\overline{x_k} - 2\frac{n_p}{n_r}\overline{x_k}'\overline{x_p} - 2\frac{n_q}{n_r}\overline{x_k}'\overline{x_q} + \frac{1}{n^2_r}\left(n^2_p\overline{x_p}'\overline{x_p} + 2n_pn_q\overline{x_q}'\overline{x_q} + n^2_q\overline{x_q}'\overline{x_q}\right)$$

再将 $\overline{x_k}'\overline{x_k} = \dfrac{n_p + n_q}{n_r}\overline{x_k}'\overline{x_k} = \dfrac{1}{n_r}\left(n_p\overline{x_k}'\overline{x_k} + n_q\overline{x_k}'\overline{x_k}\right)$ 代入上式，得

$$D^2_{kr} = \frac{n_p}{n_r}\left(\overline{x_k}'\overline{x_k} - 2\overline{x_k}'\overline{x_p} + \overline{x_p}'\overline{x_p}\right) + \frac{n_q}{n_r}\left(\overline{x_k}'\overline{x_k} - 2\overline{x_k}'\overline{x_q} + \overline{x_q}'\overline{x_q}\right)$$

$$- \frac{n_pn_q}{n^2_r}\left(\overline{x_p}'\overline{x_p} - 2\overline{x_p}'\overline{x_q} + \overline{x_q}'\overline{x_q}\right)$$

注意到：$D^2_{kp} = \left(\overline{x_k} - \overline{x_p}\right)'\left(\overline{x_k} - \overline{x_p}\right) = \overline{x_k}'\overline{x_k} - 2\overline{x_k}'\overline{x_p} + \overline{x_p}'\overline{x_p}$，另外两项同理得：

$$D^2_{kr} = \frac{n_p}{n_r}D^2_{kp} + \frac{n_q}{n_r}D^2_{kq} - \frac{n_p n_q}{n^2_r}D^2_{pq}$$

这就是重心法在欧氏距离下的递推公式。显然当 $n_p = n_q$ 时，就是中间距离法当 $\beta = -\frac{1}{4}$ 时的情形。

【示例 5-25】使用重心法对示例 5-22 中的数据点进行层次聚类。

（1）空间距离采用欧氏距离，计算任意两点之间的距离，得距离矩阵 $D_{(0)}$。为了计算方便对距离分别平方，得到 $D^2_{(0)}$，如表 5-19 所示。

表 5-19　　　　　　　　　　　　　重心法的 $D^2_{(0)}$

	$C_1=\{x_1\}$	$C_2=\{x_2\}$	$C_3=\{x_3\}$	$C_4=\{x_4\}$	$C_5=\{x_5\}$	$C_6=\{x_6\}$
$C_1=\{x_1\}$	0					
$C_2=\{x_2\}$	1	0				
$C_3=\{x_3\}$	4	5	0			
$C_4=\{x_4\}$	9	4	13	0		
$C_5=\{x_5\}$	18	13	10	9	0	
$C_6=\{x_6\}$	25	18	17	10	1	0

（2）$D^2_{(0)}$ 中非对角线的最小元素是 1，对应的元素是 $D^2_{12} = D^2_{56} = 1$，则将 C_1 和 C_2 合并成 C_7，C_5 和 C_6 合并成 C_8，即 $C_7=\{C_1, C_2\}=\{x_1, x_2\}$，$C_8=\{C_5, C_6\}=\{x_5, x_6\}$。这样就出现了一个与之前同样的问题：在这一步同时发生两个并簇，那么如何计算这两个新簇之间的距离呢？推导如下。

设 $C_r=\{C_p, C_q\}$，$C_k=\{C_s, C_t\}$，则

$$D^2_{kr} = \frac{n_p}{n_r}D^2_{kp} + \frac{n_q}{n_r}D^2_{kq} - \frac{n_p n_q}{n^2_r}D^2_{pq}$$

$$= \frac{n_p}{n_r}\left(\frac{n_s}{n_k}D^2_{sp} + \frac{n_t}{n_k}D^2_{tp} - \frac{n_s n_t}{n^2_k}D^2_{st}\right) + \frac{n_q}{n_r}\left(\frac{n_s}{n_k}D^2_{sq} + \frac{n_t}{n_k}D^2_{tq} - \frac{n_s n_t}{n^2_k}D^2_{st}\right) - \frac{n_p n_q}{n^2_r}D^2_{pq}$$

本例中两个新簇是 $C_7=\{C_1, C_2\}$，$C_8=\{C_5, C_6\}$，则

$$D^2_{78} = \frac{1}{2}\left(\frac{1}{2}\times 18 + \frac{1}{2}\times 25 - \frac{1}{4}\times 1\right) + \frac{1}{2}\left(\frac{1}{2}\times 13 + \frac{1}{2}\times 18 - \frac{1}{4}\times 1\right) - \frac{1}{4}\times 1 = 18 。$$

（3）按递推公式 $D^2_{kr} = \frac{n_p}{n_r}D^2_{kp} + \frac{n_q}{n_r}D^2_{kq} - \frac{n_p n_q}{n^2_r}D^2_{pq}$，计算 C_7、C_8 与其他簇之间的距离，得 $D^2_{(1)}$，如表 5-20 所示。

表 5-20　　　　　　　　　　　　　重心法的 $D^2_{(1)}$

	$C_7=\{x_1, x_2\}$	$C_3=\{x_3\}$	$C_4=\{x_4\}$	$C_8=\{x_5, x_6\}$
$C_7=\{x_1, x_2\}$	0			
$C_3=\{x_3\}$	4.25	0		
$C_4=\{x_4\}$	6.25	13	0	
$C_8=\{x_5, x_6\}$	18	13.25	9.25	0

（4）$D^2_{(1)}$ 中非对角线的最小元素是 4.25，对应的元素是 $D^2_{37} = 4.25$，则将 C_3 和 C_7 合并成 C_9，即 $C_9=\{C_3, C_7\}=\{x_1, x_2, x_3\}$。

（5）按递推公式 $D^2_{kr} = \frac{n_p}{n_r}D^2_{kp} + \frac{n_q}{n_r}D^2_{kq} - \frac{n_p n_q}{n^2_r}D^2_{pq}$，计算 C_9 与其他簇之间的距离，得 $D^2_{(2)}$，如表 5-21 所示。

表 5–21　　　　　　　　　　　　　　　　　重心法的 $D^2_{(2)}$

	$C_9=\{x_1,\ x_2,\ x_3\}$	$C_4=\{x_4\}$	$C_8=\{x_5,\ x_6\}$
$C_9=\{x_1,\ x_2,\ x_3\}$	0		
$C_4=\{x_4\}$	7.56	0	
$C_8=\{x_5,\ x_6\}$	15.47	9.25	0

（6）$D^2_{(2)}$ 中非对角线的最小元素是 7.56，对应的元素是 D^2_{49}=7.56，则将 C_4 和 C_9 合并成 C_{10}，即 $C_{10}=\{C_4,\ C_9\}=\{x_1,\ x_2,\ x_3,\ x_4\}$。

（7）按递推公式 $D^2_{kr}=\dfrac{n_p}{n_r}D^2_{kp}+\dfrac{n_q}{n_r}D^2_{kq}-\dfrac{n_pn_q}{n^2_r}D^2_{pq}$，计算 C_{10} 与其他簇之间的距离，得 $D^2_{(3)}$，如表 5-22 所示。

表 5–22　　　　　　　　　　　　　　　　　重心法的 $D^2_{(3)}$

	$C_{10}=\{x_1,\ x_2,\ x_3,\ x_4\}$	$C_8=\{x_5,\ x_6\}$
$C_{10}=\{x_1,\ x_2,\ x_3,\ x_4\}$	0	
$C_8=\{x_5,\ x_6\}$	12.5	0

（8）最后将 C_{10}、C_8 合并成 C_{11}，这时所有点成为一簇，聚类过程终止，如图 5-20 所示。

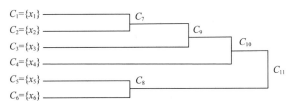

图 5-20　采用重心法合并簇的树状图

5. 类平均法

类平均法定义两簇之间的距离平方为两簇元素两两之间的平均平方距离，即 $D^2_{pq}=\dfrac{1}{n_pn_q}\sum\limits_{x_i\in C_p,x_j\in C_q}d^2_{ij}$，如图 5-21 所示。

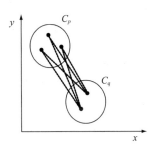

图 5-21　类平均法表示簇间距离

类平均法的递推公式是很容易得到的，设某一步 C_p 和 C_q 合并成 C_r，则其他簇 C_k 与 C_r 的距离平方为：

$$D^2_{kr}=\frac{1}{n_kn_r}\sum_{x_i\in C_k,x_j\in C_r}d^2_{ij}=\frac{1}{n_kn_r}\left(\sum_{x_i\in C_k,x_j\in C_p}d^2_{ij}+\sum_{x_i\in C_k,x_j\in C_q}d^2_{ij}\right)=\frac{n_p}{n_r}D^2_{kp}+\frac{n_q}{n_r}D^2_{kq}$$

【示例 5-26】使用重心法对示例 5-22 中的数据点进行层次聚类。

（1）空间距离采用欧氏距离，计算任意两点之间的距离，得距离矩阵 $D_{(0)}$。为了计算方便对距离分别平方，得到 $D^2_{(0)}$，如表 5-23 所示。

表 5-23 类平均法的 $D^2_{(0)}$

	$C_1=\{x_1\}$	$C_2=\{x_2\}$	$C_3=\{x_3\}$	$C_4=\{x_4\}$	$C_5=\{x_5\}$	$C_6=\{x_6\}$
$C_1=\{x_1\}$	0					
$C_2=\{x_2\}$	1	0				
$C_3=\{x_3\}$	4	5	0			
$C_4=\{x_4\}$	9	4	13	0		
$C_5=\{x_5\}$	18	13	10	9	0	
$C_6=\{x_6\}$	25	18	17	10	1	0

（2）$D^2_{(0)}$ 中非对角线的最小元素是 1，对应的元素是 $D^2_{12}=D^2_{56}=1$，则将 C_1 和 C_2 合并成 C_7，C_5 和 C_6 合并成 C_8，即 $C_7=\{C_1, C_2\}=\{x_1, x_2\}$，$C_8=\{C_5, C_6\}=\{x_5, x_6\}$。这样就出现了一个与之前同样的问题：在这一步同时发生两个并簇，如何计算这两个新簇之间的距离呢？推导如下。

设 $C_r=\{C_p, C_q\}$，$C_k=\{C_s, C_t\}$，则

$$D^2_{kr} = \frac{n_p}{n_r}D^2_{kp} + \frac{n_q}{n_r}D^2_{kq}$$

$$= \frac{n_p}{n_r}\left(\frac{n_s}{n_k}D^2_{sp} + \frac{n_t}{n_k}D^2_{tp}\right) + \frac{n_q}{n_r}\left(\frac{n_s}{n_k}D^2_{sq} + \frac{n_t}{n_k}D^2_{tq}\right)$$

本例中两个新簇是 $C_7=\{C_1, C_2\}$，$C_8=\{C_5, C_6\}$，则

$$D^2_{78} = \frac{1}{2}\left(\frac{1}{2}\times 18 + \frac{1}{2}\times 25\right) + \frac{1}{2}\left(\frac{1}{2}\times 13 + \frac{1}{2}\times 18\right) = 18.5$$

（3）按递推公式 $D^2_{kr} = \frac{n_p}{n_r}D^2_{kp} + \frac{n_q}{n_r}D^2_{kq}$，计算 C_7、C_8 与其他簇之间的距离，得 $D^2_{(1)}$，如表 5-24 所示。

表 5-24 类平均法的 $D^2_{(1)}$

	$C_7=\{x_1, x_2\}$	$C_3=\{x_3\}$	$C_4=\{x_4\}$	$C_8=\{x_5, x_6\}$
$C_7=\{x_1, x_2\}$	0			
$C_3=\{x_3\}$	4.5	0		
$C_4=\{x_4\}$	6.5	13	0	
$C_8=\{x_5, x_6\}$	18.5	13.5	9.5	0

（4）$D^2_{(1)}$ 中非对角线的最小元素是 4.5，对应的元素是 $D^2_{37}=4.5$，则将 C_3 和 C_7 合并成 C_9，即 $C_9=\{C_3, C_7\}=\{x_1, x_2, x_3\}$。

（5）按递推公式，计算 C_9 与其他簇之间的距离，得 $D^2_{(2)}$，如表 5-25 所示。

表 5-25 类平均法的 $D^2_{(2)}$

	$C_9=\{x_1, x_2, x_3\}$	$C_4=\{x_4\}$	$C_8=\{x_5, x_6\}$
$C_9=\{x_1, x_2, x_3\}$	0		
$C_4=\{x_4\}$	8.67	0	
$C_8=\{x_5, x_6\}$	16.83	9.5	0

（6）$D^2_{(2)}$ 中非对角线的最小元素是 8.67，对应的元素是 $D^2_{49}=8.67$，则将 C_4 和 C_9 合并成 C_{10}，

即 $C_{10}=\{C_4,\ C_9\}=\{x_1,\ x_2,\ x_3,\ x_4\}$。

（7）按递推公式，计算 C_{10} 与其他簇之间的距离，得 $D^2_{(3)}$，如表 5-26 所示。

表 5-26　　　　　　　　　　　　　　　　**类平均法的 $D^2_{(3)}$**

	$C_{10}=\{x_1,\ x_2,\ x_3,\ x_4\}$	$C_8=\{x_5,\ x_6\}$
$C_{10}=\{x_1,\ x_2,\ x_3,\ x_4\}$	0	
$C_8=\{x_5,\ x_6\}$	15	0

（8）最后将 C_{10}、C_8 合并成 C_{11}，这时所有点成为一簇，聚类过程终止，如图 5-22 所示。

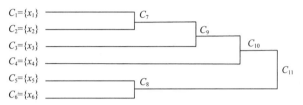

图 5-22　采用类平均法的簇树状图

6. 离差平方和法

离差平方和的思想来源于方差分析，如果层次聚类比较正确，则同簇元素的离差平方和应当较小，簇与簇之间的离差平方和应当较大。

设将 n 个元素分成 k 个簇：C_1、C_2、$\cdots$、C_k，用 x_{it} 表示 C_t 中第 i 个元素（x_{it} 是 m 维向量），n_t 表示 C_t 中元素的数量，$\overline{x}_t$ 是 C_t 的重心，则 C_t 中的元素的离差平方和如下。

$$S_t = \sum_{i=1}^{n_t} \left(x_{it}-\overline{x}_t \right)' \left(x_{it}-\overline{x}_t \right)$$

k 个簇的离差平方和 $S = \sum_{t=1}^{k} S_t = \sum_{t=1}^{k}\sum_{i=1}^{n_t} \left(x_{it}-\overline{x}_t \right)' \left(x_{it}-\overline{x}_t \right)$。

C_p 和 C_q 的距离平方 $D^2_{pq} = S_r - S_p - S_q$，其中 $C_r=\{C_p,\ C_q\}$，其他簇 C_k 与 C_r 距离的递推公式为

$$D^2_{kr} = \frac{n_k+n_p}{n_r+n_k} D^2_{kp} + \frac{n_k+n_q}{n_r+n_k} D^2_{kq} - \frac{n_k}{n_r+n_k} D^2_{pq}。$$

采用离差平方和法进行簇的合并时，要选择使 S 增加最小的两个簇合并。

【**示例 5-27**】使用离差平方和法对示例 5-22 中的数据点进行层次聚类。

（1）首先将 6 个点分成 6 个簇，这时 $S=0$，然后将其中任两簇合并。例如，将 $C_1=\{x_1\}=\{(1，1)\}$ 和 $C_2=\{x_2\}=\{(2，1)\}$ 合并，则新簇的离差平方和为 $S=[(1-1.5)^2+(1-1)^2]+[(2-1.5)^2+(1-1)^2]=0.5$。如果是将 $C_1=\{x_1\}=\{(1，1)\}$ 和 $C_3=\{x_3\}=\{(1，3)\}$ 合并，则新簇的离差平方和为 $S=[(1-1)^2+(1-2)^2]+[(1-1)^2+(3-1)^2]=2$。一切可能合并的簇所增加的离差平方和如表 5-27 所示。

表 5-27　　　　　　　　　　　　　　　　**离差平方和法的 $D^2_{(0)}$**

	$C_1=\{x_1\}$	$C_2=\{x_2\}$	$C_3=\{x_3\}$	$C_4=\{x_4\}$	$C_5=\{x_5\}$	$C_6=\{x_6\}$
$C_1=\{x_1\}$	0					
$C_2=\{x_2\}$	0.5	0				
$C_3=\{x_3\}$	2	2.5	0			
$C_4=\{x_4\}$	4.5	2	6.5	0		
$C_5=\{x_5\}$	9	6.5	5	4.5	0	
$C_6=\{x_6\}$	12.5	9	8.5	5	0.5	0

（2）$D^2_{(0)}$ 中非对角线的最小元素是 0.5，将 C_1 和 C_2 合并成 C_7，C_5 和 C_6 合并成 C_8，S 的增加最小，即 $C_7=\{C_1，C_2\}=\{x_1，x_2\}$，$C_8=\{C_5，C_6\}=\{x_5，x_6\}$。

（3）按照离差平方和公式计算新簇与其他簇之间的距离，得到 $D^2_{(1)}$，如表 5-28 所示。

表 5-28　　　　　　　　　　　　　　离差平方和法的 $D^2_{(1)}$

	$C_7=\{x_1，x_2\}$	$C_3=\{x_3\}$	$C_4=\{x_4\}$	$C_8=\{x_5，x_6\}$
$C_7=\{x_1，x_2\}$	0			
$C_3=\{x_3\}$	2.83	0		
$C_4=\{x_4\}$	4.17	6.5	0	
$C_8=\{x_5，x_6\}$	18	8.83	6.17	0

（4）$D^2_{(1)}$ 中非对角线的最小元素是 2.83，对应的元素是 $D^2_{37}=2.83$，则将 C_3 和 C_7 合并成 C_9，即 $C_9=\{C_3，C_7\}=\{x_1，x_2，x_3\}$。

（5）按递推公式，计算 C_9 与其他簇之间的距离，得 $D^2_{(2)}$，如表 5-29 所示。

表 5-29　　　　　　　　　　　　　　离差平方和法的 $D^2_{(2)}$

	$C_9=\{x_1，x_2，x_3\}$	$C_4=\{x_4\}$	$C_8=\{x_5，x_6\}$
$C_9=\{x_1，x_2，x_3\}$	0		
$C_4=\{x_4\}$	5.67	0	
$C_8=\{x_5，x_6\}$	18.75	6.17	0

（6）$D^2_{(2)}$ 中非对角线的最小元素是 5.67，对应的元素是 $D^2_{49}=5.67$，则将 C_4 和 C_9 合并成 C_{10}，即 $C_{10}=\{C_4，C_9\}=\{x_1，x_2，x_3，x_4\}$。

（7）按递推公式，计算 C_{10} 与其他簇之间的距离，得 $D^2_{(3)}$，如表 5-30 所示。

表 5-30　　　　　　　　　　　　　　离差平方和法的 $D^2_{(3)}$

	$C_{10}=\{x_1，x_2，x_3，x_4\}$	$C_8=\{x_5，x_6\}$
$C_{10}=\{x_1，x_2，x_3，x_4\}$	0	
$C_8=\{x_5，x_6\}$	16.67	0

（8）最后将 C_{10}、C_8 合并成 C_{11}，这时所有点成为一簇，聚类过程终止，如图 5-23 所示。

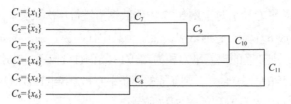

图 5-23　采用离差平方和法的簇树状图

5.7.3　层次聚类算法的性质

上节介绍的 6 种层次聚类算法合并簇的原则和步骤基本一致，不同之处在于对簇与簇之间的距离有不同的定义，从而得到不同的递推公式。1967 年兰斯（Lance）和威廉姆斯（Williams）给出了一个统一的公式。

$$D^2_{kr} = \alpha_p D^2_{kp} + \alpha_q D^2_{kq} + \beta D^2_{pq} + \gamma \mid D^2_{kp} - D^2_{kq} \mid$$

式中参数 α_p、α_q、β、γ 对于不同的方法有不同的取值，如表 5-31 所示。

表 5-31　　　　　　　　　　　层次聚类法参数表

方法	α_p	α_q	β	γ
最短距离法	1/2	1/2	0	−1/2
最长距离法	1/2	1/2	0	1/2
中间距离法	1/2	1/2	$-1/4 \leqslant \beta \leqslant 0$	0
重心法	n_p/n_r	n_q/n_r	$-\alpha_p\alpha_q$	0
类平均法	n_p/n_r	n_q/n_r	0	0
离差平方和法	$(n_k+n_p)/(n_k+n_r)$	$(n_k+n_q)/(n_k+n_r)$	$-n_k/(n_k+n_r)$	0

　　一般而言，采用不同的聚类方法，得到的结果不完全相同，最短距离法适用于条形的簇，最长距离法、重心法、类平均法、离差平方和法适用于椭圆形的簇。因此需要研究不同层次聚类方法的性质，以便应用时选择合适的聚类方法。

1. 单调性

　　一开始各个点自成一簇，将最近的两个簇合并，两个簇的距离为 D_1，第二次合并最近两个簇的距离记作 D_2，设 D_k 是第 k 次合并时的距离，如果 $D_1 \leqslant D_2 \leqslant \cdots \leqslant D_k$，则称合并距离及其相应的层次聚类法具有单调性。具有单调性的层次聚类算法所画出的聚类图符合层次聚类的思想，即先合并的簇相似性较高，后合并的簇之间的差异性较大。

　　显然最短距离法和最长距离法具有单调性。

　　下面证明离差平方和法也具有这个性质。设某一过程有 k 个簇 C_1、C_2、C_3、$\cdots$、C_k，其中 C_p 和 C_q 合并成 C_r，C_p 和 C_q 的距离平方为 $D^2_{pq} = S_r - S_p - S_q$，这样就剩下 $k-1$ 个簇，下一次合并的距离为 D^2_{st}，如果 $s \neq r$，$t \neq r$，必有 $D^2_{st} \geqslant D^2_{pq}$。如果 $D^2_{st} < D^2_{pq}$，则先合并 C_s 和 C_t。如果 s 与 t 中有一个等于 r，设 $t=r$，则由离差平方和定义有 $D^2_{sr} \geqslant D^2_{sq} \geqslant D^2_{pq}$，即证明了离差平方和法具有单调性。

　　类平均法也具有单调性，由 $D^2_{kr} = \dfrac{n_p}{n_r} D^2_{kp} + \dfrac{n_q}{n_r} D^2_{kq} \geqslant \dfrac{n_p}{n_r} D^2_{pq} + \dfrac{n_q}{n_r} D^2_{pq} = D^2_{pq}$，$k \neq p$、$q$、$r$。

　　重心法不能保证单调性，例如图 5-24 是等腰三角形，腰长是 1.1，底是 1，第一次合并 a 和 b 两个簇，$D_1 = 1$，第二次合并的距离 D_2 是 c 至 ab 边中点的距离，它是 ab 边上的高的长度，等于 $\sqrt{1.1 \times 1.1 - 0.5 \times 0.5} = 0.98 = D_2 < D_1$，故不满足单调性，这也是重心法的缺点。

图 5-24　重心法的非单调性

　　中间距离法的证明和重心法相似，因为 C_p 和 C_q 合并成 C_r，当 n_p 和 n_q 相等时，重心法和中间距离法的递推公式是一致的，所以只有重心法和中间距离法不具有单调性。

2. 空间的浓缩与扩张

在聚类的树状图中，横坐标表示合并时的距离，最短距离法的范围较小，最长距离法的范围较大，类平均法介于二者之间。范围小的方法区别簇的灵敏度较差，但范围太大的方法区别簇的灵敏度又过高。

设两个同阶的矩阵 $D(A)$ 和 $D(B)$，如果 $D(A)$ 的每一个元素不小于 $D(B)$ 相应的元素，则记为 $D(A) \geqslant D(B)$。特别的，如果矩阵 D 的元素是非负的，则记为 $D \geqslant 0$（此处的 $D \geqslant 0$ 的含义和非负定的含义不同）。

如果 $D(A) \geqslant 0$ 且 $D(B) \geqslant 0$，$D^2(A)$ 表示将 $D(A)$ 的每一个元素平方，则

$$D(A) \geqslant D(B) \Leftrightarrow D^2(A) \geqslant D^2(B)$$

为了叙述方便，令 $D(A,B) = D^2(A) - D^2(B)$，则 $D(A,B) \geqslant 0 \Leftrightarrow D^2(A) \geqslant D^2(B)$。

设有两个层次聚类 A 和 B，在第 k 步的距离矩阵分别记为 $D(A_k)$ 和 $D(B_k)$（$k=0$、1、2、$\cdots$、$n-1$），若 $D(A_k, B_k) \geqslant 0$ 即 $D(A_k) \geqslant D(B_k)$，则称 A 比 B 空间扩张或 B 比 A 空间浓缩。有如下的结论。

（1）D（最短距离法，类平均法）$\leqslant 0$。

（2）D（最长距离法，类平均法）$\geqslant 0$。

（3）D（重心法，类平均法）$\leqslant 0$。

（4）D（离差平方和法，类平均法）$\geqslant 0$。

（5）中间距离法与类平均法的比较没有统一的结论，有时前者比后者扩张，有时前者比后者浓缩。

一般而言，空间太浓缩或者太扩张都不利于聚类。最短距离法、重心法使空间浓缩，最长距离法、离差平方和法使空间扩张，而类平均法则比较适中。

【示例 5-28】层次聚类算法 Sklearn 实践。

```
(1)  # coding=utf8
(2)  import matplotlib.pyplot as plt
(3)  import numpy as np
(4)  import pandas as pd
(5)  from time import time
(6)  from sklearn.cluster import AgglomerativeClustering
(7)  # 初始化数据
(8)  dataSet = pd.read_table('00.txt', header=None, encoding='utf-8', names=['x', 'y'],
delim_whitespace=True)
(9)  # 三个参数 linkage（平均，最大，离差平方和: Ward）
(10) linkage = "ward"
(11) clustering = AgglomerativeClustering(linkage=linkage, n_clusters=3)
(12) t0 = time()
(13) clustering.fit(dataSet)
(14) print "%s : %.2fs" % (linkage, time() - t0)
(15) labels = clustering.labels_
(16) dataSet['labels'] = labels
(17) # dataSet = dataSet.sort_values('labels')
(18) print(dataSet)
(19) print labels
(20) fig = plt.figure(1, figsize=(10, 8), dpi=80)
(21) axes = plt.subplot(111)
(22) cValue = ['b', 'c', 'g', 'm', 'y', 'b', 'k', 'w'];
(23) axes.scatter(dataSet.loc[:, 'x'], dataSet.loc[:, 'y'], s=50, c=dataSet.loc[:,
```

```
'labels'].astype(np.float))
    (24) plt.xlabel('x', fontsize=16)
    (25) plt.ylabel('y', fontsize=16)
    (26) plt.show()
```

5.7.4　BIRCH 算法

BIRCH（Balanced Iterative Reducing and Clustering using Hierarchies）算法是一种基于层次进行聚类的方法，它采用多阶段聚类技术，首先对数据集进行一遍扫描，产生基本的聚类；然后，再经过一遍或者多遍额外的扫描来进一步提高聚类的质量。BIRCH 是一种增量的聚类方法，它对每一个数据点的聚类的决策都是基于当前已经处理过的数据点，而不是基于全局的数据点，因此它可以用于数据流的聚类。BIRCH 算法主要包括两个步骤。

（1）扫描数据库，建立一棵存放于内存的初始 CF 树。

（2）BIRCH 可采用任意的聚类方法对 CF 树的叶节点进行聚类，将稠密的簇合并为更大的簇，而将稀疏簇视为离群点删除。

BIRCH 算法利用 CF 树进行快速的聚类，树结构类似于平衡 B+树。CF 树的全称为聚类特征树（Clustering Feature Tree）。下面介绍 BIRCH 算法涉及的概念。

聚类特征（Clustering Feature，CF）：设某簇中有 N 个 d 维数据点 $\vec{x_n}(n=1,2,\cdots,N)$，则该簇的聚类特征 $\overrightarrow{CF}$ 定义为三元组，$\overrightarrow{CF}=(N,\overrightarrow{LS},SS)$，其中 N 为该簇中数据点的数量，矢量 $\overrightarrow{LS}$ 为簇中所有数据点各特征维度的和向量，标量 SS 为簇中所有数据点各特征维度的平方和。

$$\overrightarrow{LS}=\sum_{n=1}^{N}\vec{x_n}=\left(\sum_{n=1}^{N}x_{n1},\ \sum_{n=1}^{N}x_{n2},\cdots,\ \sum_{n=1}^{N}x_{nd}\right)^{\mathrm{T}}$$

$$SS=\sum_{n=1}^{N}\vec{x_n}^2=\sum_{n=1}^{N}\sum_{i=1}^{d}x_{ni}^2$$

如图 5-25 所示，在一个簇的某个 CF 中，包含 4 个数据点，$\{(3，7)，(5，5)，(6，9)，(7，6)\}$，该 CF 对应的 $N=4$，$\overrightarrow{LS}=(3+5+6+7，7+5+9+6)=(21，27)$，$SS=3^2+5^2+6^2+7^2+7^2+5+9^2+6^2=310$。

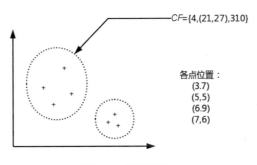

图 5-25　聚类特征

若 CF 满足可加性，更新 CF 树时更高效。设 $\overrightarrow{CF_1}=(N_1,\overrightarrow{LS_1},SS_1)$ 和 $\overrightarrow{CF_2}=(N_2,\overrightarrow{LS_2},SS_2)$ 分别表示两个不相交的簇的聚类特征，如果将这两个簇合并成一个大簇，则大簇的聚类特征为：

$$\overrightarrow{CF_1}+\overrightarrow{CF_2}=(N_1+N_2,\overrightarrow{LS_1}+\overrightarrow{LS_2},SS_1+SS_2)$$

在 CF 树中，对于每个父节点，它的 $(N,\overrightarrow{LS},SS)$ 三元组等于这个节点所有子节点的三元组之和，如图 5-26 所示。

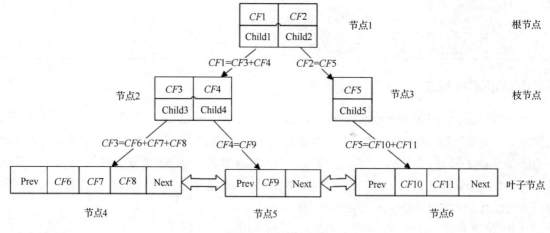

图 5-26 CF 的可加性

CF 中存储的是簇中所有数据点的统计信息，实质上 CF 对数据集进行了压缩。基于 CF 可以推导出许多关于聚类的统计信息和距离度量，用于衡量当前簇的质量。下面介绍由 CF 可以推导出的有关聚类的统计信息和距离度量。

（1）簇的质心 $\vec{x_o}$（Centroid）： $\vec{x_o} = \dfrac{\sum_{i=1}^{N}\vec{x_i}}{N} = \dfrac{\overline{LS}}{N}$

（2）簇的半径 R（Radius）： $R = \sqrt{\dfrac{\sum_{i=1}^{N}(\vec{x_i}-\vec{x_o})^2}{N}} = \sqrt{\dfrac{N\times SS - \overline{LS}^2}{N^2}}$

（3）簇的直径 D（Diameter）： $D = \sqrt{\dfrac{\sum_{i=1}^{N}\sum_{j=1}^{N}(\vec{x_i}-\vec{x_j})^2}{N(N-1)}} = \sqrt{\dfrac{2N\times SS - 2\overline{LS}^2}{N(N-1)}}$

下面介绍聚类特征树（CF 树）的有关概念。

CF 树是高度平衡的树，每一个节点由若干个聚类特征 CF 节点组成，内部节点的 CF 有指向子节点的指针，所有叶子节点用一个双向链表链接起来。

CF 树包含三个参数。

（1）内部节点平衡因子 B，即内部节点包含的最大 CF。

（2）叶子节点平衡因子 L，即叶子节点包含的最大 CF。

（3）簇半径阈值 T，即每个 CF 的最大样本半径，CF 中的所有样本点一定要在半径小于 T 的超球体内。该参数决定 CF 树的规模，从而使 CF 树适应当前内存的大小。如果 T 太小，那么簇的数量将会非常大，从而导致树节点数量也增大，这样可能导致的结果是所有数据还没有扫描完，内存就不足。

CF 树的生长规则如下。

（1）从根节点向下寻找和新样本距离最近的叶子节点和叶子节点里最近的 CF 节点。

（2）如果新样本加入后，这个 CF 节点对应的超球体半径仍然满足小于阈值 T，则更新路径上所有的 CF 三元组，插入结束。否则转入（3）。

（3）如果当前叶子节点的 CF 节点个数小于阈值 L，则创建一个新的 CF 节点，放入新样本，将新的 CF 节点放入这个叶子节点，更新路径上所有的 CF 三元组，插入结束，否则转入（4）。

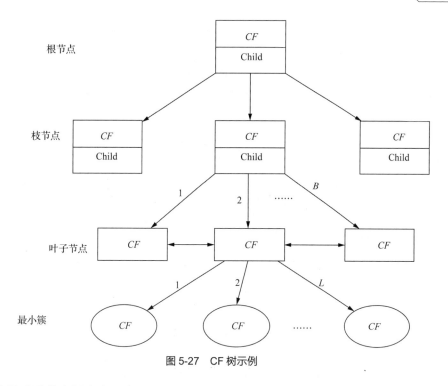

图 5-27　CF 树示例

（4）将当前叶子节点划分为两个新叶子节点，选择旧叶子节点中所有 *CF* 三元组里超球体距离最远的两个 *CF* 三元祖，分别作为两个新叶子节点的第一个 *CF* 节点。将其他三元祖和新样本三元祖按照距离远近原则放入对应的叶子节点。依次向上检查父节点是否分裂，如果需要就与叶子节点分裂方式相同。

例如，现有簇 *C* 需插入到图 5-27 中的 CF 树中，假设簇 *C* 的聚类信息为 *CF*12，簇 *C* 的空间位置信息如图 5-28 所示。

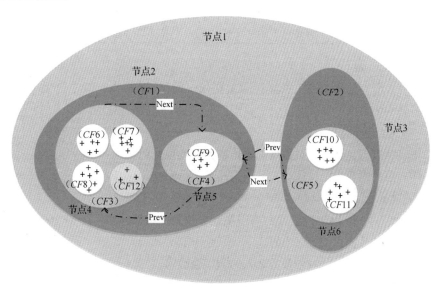

图 5-28　CF 树插入新节点

在图 5-27 的 CF 树中，假设 *L*=3，*B*=2，根据 *CF*12 的位置信息可知，*CF*12 距离最近的叶子节点为节点4，但将其插入节点4后，叶子节点4包含4个$CF>L$，需要对叶子节点4进行分裂。分裂后，节点2将包含3个$CF>B$，需要进一步分裂节点2。分裂后节点1也将出现3个$CF>B$，所以需要分裂节点1，而后为节点1分裂出的2个节点添加父节点，即新的根节点，CF树高增加，至此簇C插入到CF树的过程结束，新的CF树如图5-29所示。

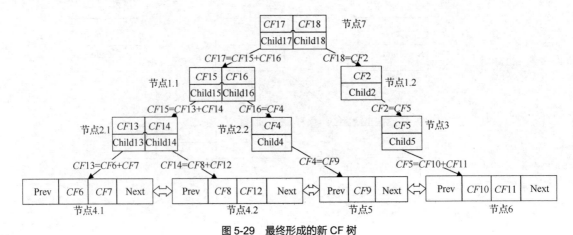

图5-29　最终形成的新CF树

算法 5-9　BIRCH 算法流程

（1）将所有的样本依次读入，在内存中按上述生长步骤建立一棵CF树；

（2）（可选）将第一步建立的CF树进行筛选，去除一些异常CF节点，这些节点里面的样本点一般都很少。调整树的大小；

（3）（可选）利用其他的一些聚类算法比如K均值对所有的CF三元组进行聚类，得到一棵比较好的CF树，这一步的主要目的是消除由于样本读入顺序导致的不合理的树结构，以及一些由于节点CF个数限制导致的树结构分裂；

（4）（可选）利用（3）生成的CF树的所有CF节点的质心，作为初始质心点，对所有的样本点按距离远近进行聚类。这样进一步减少了由于CF树的一些限制导致的聚类不合理的情况。

BIRCH算法的优点如下。

（1）节约内存，所有的样本都在磁盘上，CF树仅仅保存了CF节点和对应的指针。

（2）具有线性的扩展性，聚类速度快，只需扫描一遍训练数据集就可以建立CF树，CF树的增删改都很快，I/O代价最小化。

（3）可以识别噪声点，还可以对数据集进行初步分类预处理。

（4）能利用有限的内存资源完成对大数据集的高质量聚类。

BIRCH算法的不足。

（1）由于CF树对每个节点的CF个数有限制，导致聚类结果可能和真实的类别分类不同。

（2）对高维特征的数据聚类效果不好。

（3）只能处理数值型属性，对于数据读入的顺序较敏感。

（4）如果数据集的分布簇不是类似于超球体，或者说不是凸的，则聚类结果不好。

【示例5-29】BIRCH算法Sklearn实践。

```
(1) # -*- coding: utf-8 -*-
```

```
(2)  import numpy as np
(3)  from sklearn.cluster import Birch
(4)  from sklearn import metrics
(5)  import matplotlib.pyplot as plt
(6)  # 处理数据
(7)  filename = 'wine.data'
(8)  wine = []
(9)  with open(filename, 'r')as f:
(10)      for line in f.readlines():
(11)              x = line[:-1].split(',')
(12)              wine.append(x)
(13) wine = np.array(wine)
(14) data = []
(15) label = []
(16) data = np.array(wine[:, 1:])
(17) label = np.array(wine[:, 0])
(18) data = data[:, :].astype(float)
(19) label = label[:].astype(int)
(20) # 训练模型
(21) brc = Birch(n_clusters=None, threshold=250)
(22) brc.fit(data)
(23) label_predict = brc.predict(data)
(24) # #真实结果与预测结果对比（画图）
(25) x = range(data.shape[0])
(26) fig = plt.figure()
(27) plt.xlabel('samples')
(28) plt.ylabel('label')
(29) plt.scatter(x, label_predict, c=label_predict, marker='o')
(30) plt.show()
(31) fig1 = plt.figure()
(32) ax1 = fig1.add_subplot(211)
(33) ax2 = fig1.add_subplot(212)
(34) ax1.set_title('Predict cluster')
(35) ax2.set_title('True cluster')
(36) plt.xlabel('samples')
(37) plt.ylabel('label')
(38) ax1.scatter(x, label_predict, c=label_predict, marker='o')
(39) ax2.scatter(x, label, c=label, marker='s')
(40) plt.show()
```

5.8　基于网格的聚类算法

5.8.1　STING 算法

基于统计信息网格算法（Statistical Information Grid，STING）将数据空间划分成有限单元的网格结构，再基于该网格数据结构进行聚类，算法的核心步骤由 4 部分构成。

（1）划分网格。

（2）使用网格单元内数据的统计信息对数据进行压缩表示。

（3）基于上述统计信息判断高密度网格单元。

（4）将相连的高密度网格单元识别为簇。

STING 是一种基于网格的多分辨率聚类算法，使用一个多层次多分辨率的空间网格结构。它将输入对象的空间区域划分成矩形单元，空间可以用分层和递归方法进行划分。这种多层矩形单元对应不同的分辨率，并且形成了一个层次结构。空间的顶层是第一层，它的下一层是第二层，以此类推。第 i 层中的一个单元与第 $i+1$ 层的子空间单元的集合保持一致。假设使用 4 作为顶层网格划分的默认参数，除了顶层网格，其他层次的网格单元都具有 4 个子空间单元，子空间单元都是父单元的四分之一，如图 5-30 所示。

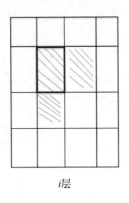 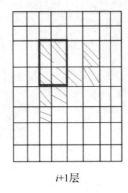 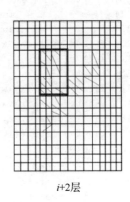

i层 $i+1$层 $i+2$层

图 5-30　网格的划分

STING 算法有两种参数，一种是属性相关参数，另一种是属性无关参数。其中，属性无关参数 n 代表网格单元中存在的数据点个数，属性相关参数 m 代表网格单元中所有数据的均值；S 代表网格单元中所有属性值的标准偏差；min 代表网格单元中属性值的最小值；max 代表网格单元中属性值的最大值；dist 则代表网格中属性值所满足的分布类型，如正态分布、均匀分布等。

利用每个单元的统计信息可以很容易对网格进行各种空间特性查询。例如，查询具有某些特征的网格区域，在网格数据结构中从上往下开始，根据单元的统计信息计算查询结果在每个单元的置信区间，找出最大的单元，然后依次向下，直至最底层。这种方法虽然不是一种显然的聚类方法，但它确实可以用来聚类，因为查询返回的样本实质上就是符合某种特征的类别，本质上与聚类问题是有等价性的。

下面介绍 STING 算法中网格的建立流程。

（1）首先划分一些层次，按层次划分网格。

（2）计算单位网格的统计信息。

① 最底层的单元参数直接由数据计算。

② 设 n_i、m_i、s_i、$\min_i$、$\max_i$ 和 dist_i 分别为底层单元格的参数值，则当前父单元格统计信息由其对应的子单元格计算，公式如下：

$$n = \sum_i n_i$$

$$m = \frac{\sum_i m_i n_i}{n}$$

$$s = \sqrt{\frac{\sum_i \left(s_i^2 + m_i^2\right) n_i}{n} - m^2}$$

$$\min = \min(m_i n_i)$$

$$max=max(m_i n_i)$$

如果数据的分布已知的话，则可以事先指定 $dist_i$ 是哪种分布类型。否则，可以通过卡方检验等假设检验方法来获得。当前网格的数据分布 dist 的计算稍微复杂一点。首先根据 $dist_i$ 和 n_i，将 dist 设为对应子单元格中包含数据点数最多的分布类型。然后估计当前单元格中不符合 dist 分布的数据点的数量 confl，计算方法按照如下步骤定义。

① 若 $dist_i \neq dist$，$m_i \approx m$，$s_i \approx s$，则 confl=confl+n_i。

② 若 $dist_i \neq dist$，$m_i \approx m$ 与 $s_i \approx s$ 均不成立，则 confl=n。

③ 若 $dist_i = dist$，$m_i \approx m$，$s_i \approx s$，则 confl 不改变。

④ 若 $dist_i = dist$，$m_i \approx m$ 与 $s_i \approx s$ 均不成立，则 confl=n。

最终，若 $\frac{confl}{n} > t$（网格建立前设置的阈值），dist=None；否则保持 dist 不变。

（3）从最底层逐步计算上一层每个父单元格的统计信息，直到最顶层，同时根据密度阈值标记稠密网格。

算法 5-10　STING 算法的主要步骤

（1）确定从网格的哪一层开始；

（2）对这一层的每个网格单元，计算它与查询相关的概率的置信区间；

（3）根据计算的置信区间，标记这个单元格"相关"或者"不相关"；

（4）如果这一层是最底层，则转到（6）；

（5）对标记为"相关"的单元格，沿着层次结构访问所有下层单元格，转到（2）；

（6）如果当前区域符合查询的规定，转到（8）；

（7）获取标记为"相关"的单元格中的数据，作进一步处理，返回满足查询条件的结果，转到（9）；

（8）在标记为"相关"的单元格中，返回满足查询条件的区域，跳转到（9）；

（9）结束。

STING 算法中每个单元的统计信息提前计算和排序，以备每次查询使用，其算法具有如下的优点。

（1）网格单元的统计信息可以代表数据，这样可以迅速查询出数据的信息，可以看出统计信息网格独立于查询。因此，STING 聚类是一个与数据点无关且与网格单元相关的算法。

（2）时间复杂度为 $O(K)$，K 是底层网格单元的个数，通常 $K<<N$，N 代表数据集中点的个数。

（3）使用这种层次网格结构的查询算法更容易实现并行化。

（4）当更新数据时，不需要在每个层次网格单元中重新计算信息，仅仅做一个网格信息增量更新即可。

5.8.2　CLIQUE 算法

CLIQUE 算法结合了基于密度和基于网格的聚类算法，对于高维数据的聚类非常有效。CLIQUE 算法的主要思想有以下两点。

（1）给定一个高维数据集合，数据点在空间中通常不是均匀分布的。CLIQUE 算法区分空间中稀疏和密集的区域，以发现数据集合的全局分布模式。

（2）如果一个单元中包含数据点超过了某个输入模型参数，则该单元是密集的。在 CLIQUE 中，聚类定义为相连的密集单元的最大集合。

CLIQUE 算法主要包括三个核心步骤。

（1）对 n 维空间进行划分，即对每一个维度等量划分，将全空间划分为互不相交的矩形单元，并且识别其中的密集单元。

（2）识别聚类，利用深度优先搜索策略（Deep First Search）来发现空间中的聚类。即从 D 中一个密集单元 u 开始，按照深度优先遍历的原则，查找连通的集合。

（3）为每个簇生成最小化描述，即利用贪心算法找到覆盖每个子聚类的最大区域覆盖，然后再确定最小覆盖。

CLIQUE 算法采用子空间的概念进行聚类，因为聚类不一定存在于整个空间中，也可能存在于原始全维空间的一个子空间中。例如，在图 5-31 中，由年龄和工资两个维度构成的空间中没有密集区域，但在工资所构成的一维子空间中，存在两个密集区域。

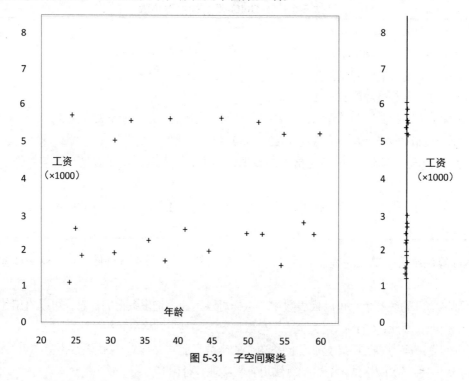

图 5-31　子空间聚类

下面对 CLIQUE 算法的主要步骤进行详细介绍。

设 $A=\{D_1, D_2, D_3, \cdots, D_n\}$ 是一个有界全序域的集合，则 $S=D_1 \times D_2 \times D_3 \times \cdots \cdots \times D_n$ 就是一个 n 维的数值空间，$D_1, D_2, D_3, \cdots, D_n$ 称为 S 的维（属性）。CLIQUE 算法的输入是一个 n 维空间中的点集 V。设 $V=\{v_1, v_2, v_3, \cdots, v_n\}$，其中 $v_i=\{v_{i1}, v_{i2}, v_{i3}, \cdots, v_{in}\}$，$v_i$ 的第 j 个分量 $v_{ij} \in D_j$。算法中，输入一个参数 ε，可以将空间 S 的每一维分成相同的 ε 个区间，从而将整个空间分成有限（ε^n）个互不相交的矩形单元格，每一个这样的矩形单元格可以描述为 $\{u_1, u_2, u_3, \cdots, u_n\}$，其中 $u_i=[l_i, h_i)$ 均为一个前闭后开的区间，通常说一个数据对象 $v=\{v_1, v_2, v_3, \cdots, v_n\}$ 落入一个单元格 $u=\{u_1, u_2, u_3, \cdots, u_n\}$ 当且仅当对于每一个 u_i 都有 $l_i \leqslant v_i \leqslant h_i$ 成立。

（1）对 n 维空间进行划分，即对每一个维度等量划分，将全空间划分为互不相交的矩形单元，并且识别其中的密集单元（简称密集）。

找出包含聚类的子空间的难度在于找出不同子空间中的密集区域。CLIQUE 采用一种自底向上的算法，利用密集维数的唯一性来减小搜索空间。这个算法同挖掘关联规则的 Apriori 算法类似。

如果点的集合 S 在 k 维空间中是密集，那么 S 所有的 $k-1$ 维投影也是密集。一个 k 维的密集 C 包含的点落在 k 维密集的并集中，由于这些单元是密集的，单元中的数目不会因为映射而减少，并且映射不会影响单元间的连通性。所以 C 中的每个单元 u 的映射与映射前具有相同的可选性（单元中的点的数目/数据空间中点的总数目）。

利用上述性质的逆否命题，可以通过 $k-1$ 维投影单元判别 k 维单元是不是密集。即给定一个 k 维候选密集单元，如果发现它的 $k-1$ 维投影单元任何一个不是密集的，那么就可判定第 k 维的单元也不是密集的。因此可以从第 $k-1$ 维空间中发现的密集单元来推测 k 维空间候选密集。

候选集生成过程中有一个参数 D_{k-1}，它代表所有 $k-1$ 维下的密集单元的集合。候选集生成过程返回一个 k 维密集单元集合的超集。采取的方法是自连接 D_{k-1}，连接的条件是这些单元在 $k-2$ 维下是相同的。基于候选集的生成方法，自底向上层层处理。首先遍历所有数据来确定一维情况下的密集单元，然后通过候选集生成算法从 $k-1$ 维密集单元就可以得到 k 维候选密集单元，没有新的候选集生成时，算法便会终止。

通过上述的算法，减少了需要验证的密集单元数目，但高维数据处理起来还是十分复杂。由于子空间维数的大量增长，会造成密集单元的快速增长，必须通过一种算法来保留感兴趣的密集单元，而把一些不合格的候选集剪枝。CLIQUE 算法利用基于 MDL 的剪枝实现这个过程。

假设有一个子空间 S_1，S_2，$\cdots$，S_n。剪枝方法首先将在同一子空间中的密集单元分成一组，然后在每一个子空间中计算每一个密集单元所包含的记录数：$x_{s_j} = \sum\limits_{u_i \in s_j} \mathrm{count}(u_i)$，其中 $\mathrm{count}(u_i)$ 是 u_i 中包含的数据点的数目，x_{s_j} 称为子空间 S_j 的覆盖。

只保留大的覆盖，其他的都裁剪。基本原理是如果在 k 维空间中存在一个聚类，那么在 k 维空间每一个子空间中都存在密集单元包含所有聚类内的点。把子空间按照覆盖大小进行降序排列，再把子空间分成被选择集合 R 和被剪枝集合 P 两个集合。对于每一个集合，计算该区域覆盖的平均值和集合中每一个子空间与平均值的差。两个集合的平均值是：

$$u_R(i) = \left| \frac{\sum\limits_{1 \leqslant j \leqslant i} x_{s_j}}{i} \right|$$

$$u_p(i) = \left| \frac{\sum\limits_{i+1 \leqslant j \leqslant n} x_{s_j}}{n-i} \right|$$

由于 $u_R(i)$ 和 $u_p(i)$ 都是整数，存储它们所需要的字位分别是 $\log_2(u_R(i))$ 和 $\log_2(u_p(i))$。对于每一个子空间都必须存储它与平均值的差，整个编码长度是：

$$CL_{(i)} = \log_2(u_R(i)) + \sum\limits_{1 \leqslant j \leqslant i} \log_2\left(\left| x_{s_j} - \right| u_R(i) \right|\right) + \log_2(u_p(i)) + \sum\limits_{i+1 \leqslant j \leqslant n} \log_2\left(\left| x_{s_j} - u_p(i) \right| \right)$$

求出 $CL_{(i)}$ 最小时所对应的 i 值，即得到剪枝的分割点，如图 5-32 所示。

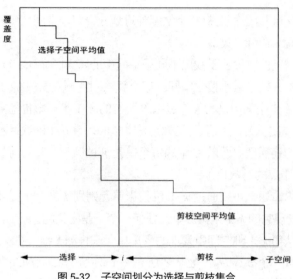

覆盖度

选择子空间平均值

剪枝空间平均值

选择 ← i → 剪枝 → 子空间

图 5-32　子空间划分为选择与剪枝集合

（2）识别聚类

算法 5-11　聚类识别算法

输入：在同一个 k 维空间 S 中的密集单元集合 D；

输出：D 的一个分割 D^1，D^2，…，D^q，同一个分割中的密集单元是连通的，任意来自两个不同分割的单元 $u_i \in D^i$，$u_j \in D^j (i \neq j)$ 都不是连通的。

算法：深度优先算法，从 D 中的一个密集单元 u 开始，找出所有和它连通的单元，并且以序号 1 标记，注明它们第一个被遍历过的，然后随机选择一个没有被标记的密集单元继续进行探索，按照上一个序号升序进行编号，直到所有 D 中的密集单元都被搜索过，都有自己的编号。

（3）生成最简洁的聚类描述

对于 k 维数据空间 S 中的一个簇 C，空间 S 中的区域集合 W 是聚类 C 覆盖的条件是，对于每一个 $R \in W$ 都包含在簇 C 中，并且簇 C 中的任何一个单元都至少包含在一个 R 中。为了找到多维空间中的优质覆盖，这一步要分成两步进行，先找到最大覆盖区域，再找到最小覆盖。

首先，使用贪心算法来找最大覆盖区域，即用最大数目的长方形来覆盖聚类。

算法 5-12　生成最简洁的聚类描述

输入：在相同的 k 维空间 S 中相连的密集单元集合 C；

输出：最大化的区域 R 的集合 W。

算法描述：在多维数据空间中，任意选择某一个密集单元 $u_1 \in C$，再扩展为一个最大化的区域 R_1，它覆盖 u_1，将 R_1 加入到 R 中去；然后寻找另一个密集单元 $u_2 \in C$，它没有被任何一个 R 中的最大区域覆盖，同样扩展成一个最大化的区域 R_2，它覆盖 u_2；重复上述步骤直到 C 被 R 的最大区域覆盖。

接下来，就是找到最小覆盖。从已有的最大覆盖中移走最小的多余最大区域（即区域内所有的单元都被别的最大区域所覆盖），直到没有多余的最大区域为止。

如图 5-33 所示，给出了贪心算法的工作过程。图中密集单元用阴影表示，从单元 u 开始，沿着水平方向延展，发现由 4 个密集单元构成的长方形 A。然后，沿着垂直方向延展。当它不能再延展的时候，最大的长方形区域就找到了，图中表示为 B。下一步从一个没有被 B 覆盖的密集单元开始，

例如 w，直到阴影部分被最大化的长方形集合所覆盖。

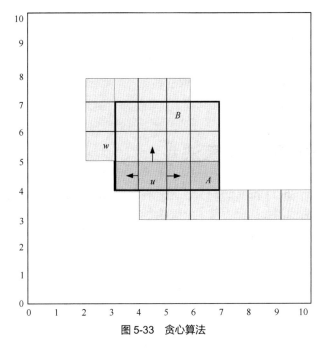

图 5-33　贪心算法

如图 5-34 所示，描述了最小覆盖的寻找过程。由年龄和工资构成的二维空间分割为 8×8 的网格，每一个网格代表一个单元，如 u=(50≤年龄≤55)∩(1≤工资≤2)。其中 A 和 B 两个区域分别为 A=(25≤年龄≤40)∩(2≤工资≤5)，B=(35≤年龄≤50)∩(3≤工资≤6)。密集单元用三角表示，则 $A∪B$ 形成了一个类。那么该类的最小表示为((25≤年龄≤40)∩(2≤工资≤5))∪((35≤年龄≤50)∩(3≤工资≤6))。这里 A 和 B 分别表示两个最大区域覆盖，最后得到的类的表示即为最小覆盖。

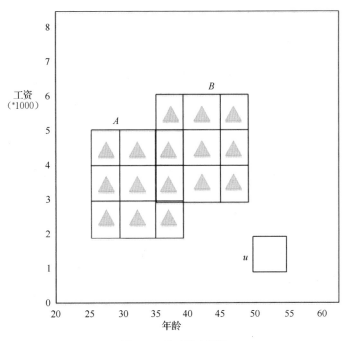

图 5-34　生成最小覆盖

CLIQUE 算法可自动发现最高维的子空间，高密度聚类就存在于这些子空间中。CLIQUE 算法对元组的输入顺序并不敏感，无需假设任何规范的数据分布。它随输入数据的大小线性扩展，当数据维数增加时具有良好的可伸缩性。CLIQUE 算法应用了一种剪枝技术来减少密集单元候选集的数目。如果一个密集存在于 k 维空间中，那么它所有的子空间映射都是密集的。在自底向上的算法中，为了发现一个 k 维的聚类，所有子空间都应该被考虑，但如果这些子空间被修剪，那么这个聚类就不可能被发现。聚类结果的精确性可能会降低。

5.9　Mean Shift 聚类算法

均值漂移聚类（Mean Shift Clustering）算法是一种无参密度估计算法或称核密度估计算法。Mean Shift 是一个向量，它的方向指向当前点概率密度梯度的方向，如图 5-35 所示。所谓的核密度评估算法，指的是根据数据概率密度不断移动其质心（是算法名称 Mean Shift 的含义）直到满足一定条件。

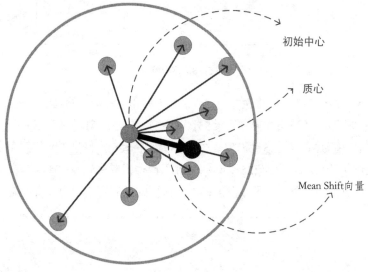

图 5-35　Mean Shift 向量

5.9.1　基本概念

（1）Mean Shift 向量

给定 d 维空间 R_d 中的 n 个样本点 x_i，$i=1$，$\cdots$，n。则对于 x 点，其 Mean Shift 向量的基本形式为：

$$M_h = \frac{1}{k} \sum_{x_i \in S_h} (x_i - x)$$

其中，S_h 指的是一个半径为 h 的高维球区域，$S_h(x) = (y \mid (y-x)(y-x)^{\mathrm{T}} \leqslant h^2)$。$h$ 也称为带宽。k 表示这 n 个样本点中有 k 个落入 S_h 中。

（2）质心

假设一个半径为 h 的高维球区域 S_h 内，有 k 个样本点 x_i，$i=1$，$\cdots$，k，则质心计算公式如下。

$$x_m = \frac{\sum\limits_{x_i \in S_h} m_i x_i}{\sum\limits_{x_i \in S_h} m_i}$$

其中，m_i 为各样本点重量。也可以将质心看作每个样本点 x_i 以 m_i 为权重的加权平均。

5.9.2　Mean Shift 算法聚类过程

给定二维的数据样本点集合，如表 5-32 所示。

表 5–32　数据样本

(−1.2, −0.92)	(0.11, 1.07)	(1.18, 1.98)
(1.65, 0.51)	(0.14, 1.4)	(−0.86, −0.85)
(−0.18, −1.02)	(0.78, −0.15)	(−0.09, −0.91)
(−1.48, −1.54)	(−0.29, −0.23)	(−1.85, −1.02)
(−0.19, 0.52)	(0.54, 0.23)	(0.54, 0.59)
(1.15, 1.16)	(−0.14, 0.51)	(−0.45, −0.96)
(−0.04, −1.46)	(1.24, 1.12)	(1.63, 0.29)
(0.37, 1.32)	(−1.46, −0.6)	(−0.4, −1.36)
(1.53, 1.15)	(−1.28, −0.46)	(0.56, 0.95)
(0.45, 0.88)	(−0.51, −1.24)	(−1.31, −0.89)

样本点在二维平面的分布如图 5-36 所示。

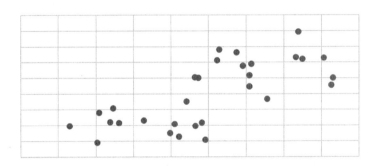

图 5-36　样本在二维平面的分布

假设初始中心为样本点 $x_0(1.53，1.15)$，半径 h 为 0.65。在以 x_0 为中心 x_c，h 为半径的区域内，有 3 个样本点 x_1、x_2、x_3，如表 5-33 所示。

表 5–33　初始中心点

x_1	1.24	1.12
x_2	1.15	1.16
x_3	1.65	0.51

3 个样本点相对于初始中心 x_c 的向量如下，数据点分布如图 5-37 所示。

$$\overrightarrow{x_c x_1} = (−0.29, −0.03)$$
$$\overrightarrow{x_c x_2} = (−0.38, 0.01)$$
$$\overrightarrow{x_c x_3} = (0.12, −0.64)$$

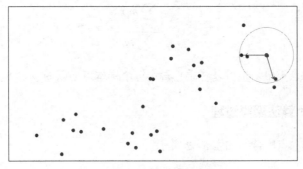

图 5-37　数据点分布

Mean Shift 向量 $\overrightarrow{x_c x_m} = \dfrac{1}{4}\left(\overrightarrow{x_c x_1} + \overrightarrow{x_c x_2} + \overrightarrow{x_c x_3}\right) = (-0.55, -0.63)$，如图 5-38 所示。

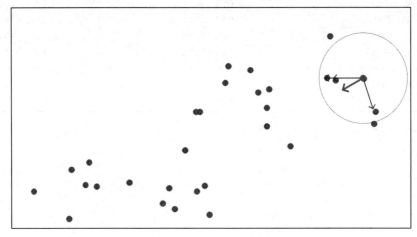

图 5-38　Mean Shift 向量

区域内质心 $x_m = \overrightarrow{x_c} + \overrightarrow{x_c x_m} = (1.39,\ 0.99)$

　　将当前中心更新为质心：$x_c = x_m = (1.39,\ 0.99)$。此时，在以 x_c 为中心，h 为半径的区域内，有 4 个样本点 x_0、x_1、x_2、x_3。迭代上述步骤，直到 Mean Shift 向量小于阈值或达到迭代最大次数，如图 5-39 所示。

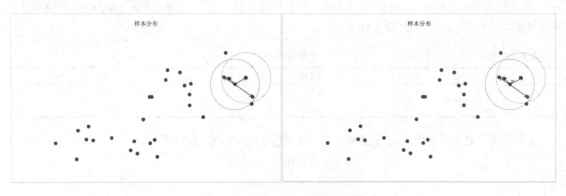

图 5-39　Mean Shift 向量收敛过程

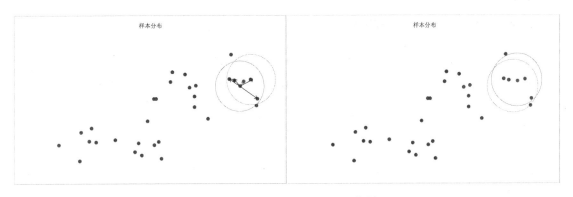

图 5-39　Mean Shift 向量收敛过程（续）

对每个样本点都进行如上过程，得到若干个较为密集的聚类，如图 5-40 所示。

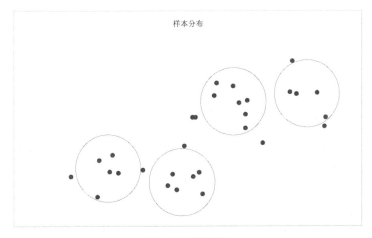

图 5-40　聚类结果

在此基础上，可以根据需要进一步对聚类进行处理，合并距离较近的聚类，例如，如果有 2 个聚类的中心距离小于阈值，则合并为 1 个聚类，如图 5-41 所示。

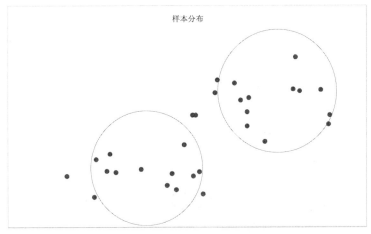

图 5-41　聚类的合并

5.9.3 Mean Shift 聚类算法实践

算法 5-13　Mean Shift 聚类算法

Input：样本集 X，半径 h，均值漂移距离阈值 thresholdD，最大迭代次数 thresholdI，聚类中心合并阈值 thresholdc

Return：聚类中心集合 C

1. $\forall x \in X$，**Do:**

2. 　　CenterP ← x，radius ← h

3. 　　计算区域内样本集合的质心 CenterMass

4. 　　**While** Distance(CenterMass , CenterP)> thresholdD or interaction≤thresholdI

5. 　　　　CenterP ← CenterMass

6. 　　　　计算区域内样本集合的质心 CenterMass

7. 　　　　C=C∪CenterMass

8. 对于 C 中任意一对聚类中心(c1,c2)：

9. 　　If Distance(c1, c2) ≤ thresholdc:

10. 　　　　合并 c1，c2 为新的聚类中心

11. Return C

Sklearn 中 cluster.MeanShift()方法对 Mean Shift 算法实现了封装，参数 bandwidth 即为半径 h。

【示例 5-30】Mean Shift 算法实践（来自 Sklearn 官网）。

```
(1)    import numpy as np
(2)    from sklearn.cluster import MeanShift, estimate_bandwidth
(3)    from sklearn.datasets.samples_generator import make_blobs
(4)    # # # Generate sample data
(5)    centers = [[1, 1], [-1, -1], ]
(6)    X, _ = make_blobs(n_samples=30, centers=centers, cluster_std=0.6)
(7)    centers = np.array(centers)
(8)    # # Save sample data
(9)    np.savetxt('meanshift2.csv', X, delimiter=' ')
(10)   # Load the data
(11)   X = np.loadtxt(open("meanshift2.csv", "rb"), delimiter=" ", skiprows=0)
(12)   # Compute clustering with MeanShift
(13)   for i in [0.1, 0.3, 0.5]:
(14)       # The following bandwidth can be automatically detected using
(15)       bandwidth = estimate_bandwidth(X, quantile=i, n_samples=500)
(16)       ms = MeanShift(bandwidth=bandwidth, bin_seeding=True)
(17)       ms.fit(X)
(18)       labels = ms.labels_
(19)       cluster_centers = ms.cluster_centers_
(20)       labels_unique = np.unique(labels)
(21)       n_clusters_ = len(labels_unique)
(22)       print("number of estimated clusters : %d" % n_clusters_)
(23)       # Plot result
(24)       import matplotlib.pyplot as plt
(25)       from itertools import cycle
```

```
(26)        plt.figure(1)
(27)        plt.clf()
(28)        colors = cycle('bgrcmykbgrcmykbgrcmykbgrcmyk')
(29)        for k, col in zip(range(n_clusters_), colors):
(30)            my_members = labels == k
(31)            cluster_center = cluster_centers[k]
(32)            plt.plot(X[my_members, 0], X[my_members, 1], col + '.')
(33)            plt.plot(cluster_center[0], cluster_center[1], 'o', markerfacecolor=col,
(34)                    markeredgecolor='k', markersize=14)
(35)        plt.title('Estimated number of clusters: %d' % n_clusters_)
(36)        plt.show()
```

5.9.4 改进的 Mean Shift 算法

在 Mean Shift 算法的基本形式下，假设所有样本点的权重相同。由 Mean Shift 向量的基本形式可以看到，在 S_h 的区域内，每一个样本点对 x 的贡献是一样的。实际上，这种贡献与 x 到每一个点之间的距离是相关的。同时，对于每一个样本，其重要程度也是不一样的。因此，通过引入核函数和样本权重，改进了 Mean Shift 算法。

设 X 是输入空间，H 是特征空间，如果存在一个从 X 到 H 的映射 $\varphi(x)$: $X{\rightarrow}H$，使得对所有的 x，$y \in X$，函数 $K(x, y)=\varphi(x) \cdot \varphi(y)$，则称 $K(x, y)$ 为核函数，$\varphi(x)$ 为映射函数，$\varphi(x) \cdot \varphi(y)$ 为 x，y 映射到特征空间上的内积。通常情况下，将核函数视为从低维空间到高维空间的一个映射。

加入核函数和样本权重后，Mean Shift 向量形式变形为下式。

$$M_h(x) = \frac{\sum_{i=1}^{n} G_H(x_i - x)w(x_i)(x_i - x)}{\sum_{i=1}^{n} G_H(x_i - x)w(x_i)}$$

其中：

$$G_H(x_i - x) = |H|^{-\frac{1}{2}} G\left(H^{-\frac{1}{2}}(x_i - x)\right)$$

$G(x)$ 是一个单位的核函数，H 是一个正定的对称 $d \times d$ 矩阵，称为带宽矩阵。H 其实是一个对角阵，如下式：

$$H = \begin{pmatrix} h_1^2 & 0 & \cdots & 0 \\ 0 & h_2^2 & \cdots & 0 \\ \vdots & \vdots & & \vdots \\ 0 & 0 & \cdots & h_d^2 \end{pmatrix}_{d \times d}$$

$w(x_i) \geqslant 0$，是每个样本的权重。

这样，上述 Mean Shift 向量可以改写为：

$$M_h(x) = \frac{\sum_{i=1}^{n} G\left(\frac{x_i - x}{h_i}\right)w(x_i)(x_i - x)}{\sum_{i=1}^{n} G\left(\frac{x_i - x}{h_i}\right)w(x_i)}$$

实际上，$M_h(x)$ 是归一化的概率密度梯度。Mean Shift 算法是利用概率密度，求得概率密度的局部最优解。假设样本点的概率密度函数为 $f(x)$，其梯度 $\nabla f(x)$ 的核函数估计 $\nabla \hat{f}(x)$ 可以写成常数倍的

Mean Shift 向量的形式。

5.10   聚类算法评价指标

5.10.1   调整兰德指数

$$RI = \frac{a+b}{C_{n_{\text{samples}}}^2}$$

a：实际类别中属于同一类，预测类别中也属于同一类的样本对数。

b：实际类别中不属于同一类，预测类别中也不属于同一类的样本对数。

$C_{n_{\text{samples}}}^2$：数据集中可以组合的总对数。

RI 的取值范围为[0,1]，值越大意味着聚类效果与真实情况越吻合。

例如，给定 6 个数据样本，设它们对应的实际类别 *Label_true*=[0,0,0,1,1,1]，聚类后的预测类别 *Label_pred*=[3,3,1,1,2,2]。在表 5-34 中，统计每一对样本间实际类别与预测类别结果的对照情况。其中，符号"√"代表属于同一类别，×代表不属于同一类别。

表 5-34   样本对之间聚类对照表

	1	2	3	4	5
0	(√, √)	(√, ×)	(×, ×)	(×, ×)	(×, ×)
1		(√, ×)	(×, ×)	(×, ×)	(×, ×)
2			(×, √)	(×, ×)	(×, ×)
3				(√, ×)	(√, ×)
4					(√, √)

a 对应（√，√）的总数目，a=2；b 对应（×，×）的总数目，b=8；$C_{n_{\text{samples}}}^2 = C_6^2 = 15$。可得 $RI = \frac{2}{3}$。

但是，对于随机聚类的结果，特别是在类别值与样本值相近的情况下，随机聚类的 RI 值却不能接近于 0。

例如，给定实际类别 *Label_true*=[0,0,1,1,2,2]，随机聚类后得到的预测类别 *Label_pred*=[0,1,2,3,4,5]，每一对样本间实际类别与预测类别结果的对照情况如表 5-35 所示。

表 5-35   样本对之间聚类对照表

	1	2	3	4	5
0	(√, ×)	(×, ×)	(×, ×)	(×, ×)	(×, ×)
1		(×, ×)	(×, ×)	(×, ×)	(×, ×)
2			(√, ×)	(×, ×)	(×, ×)
3				(×, ×)	(×, ×)
4					(√, ×)

对应（√，√）的总数目 a=0，对应（×，×）的总数目 b=12，$C_{n_{\text{samples}}}^2 = C_6^2 = 15$，可得 $RI = \frac{4}{5}$。

为了实现"在聚类结果随机产生的情况下，指标应该接近零"，提出了调整兰德系数（Adjusted

Rand Index，ARI），它具有更高的区分度。

$$ARI = \frac{RI - E|RI|}{\max(RI) - E|RI|}$$

ARI 取值范围为[-1,1]，值越大意味着聚类结果与真实情况越吻合。从广义的角度来讲，*ARI* 衡量的是两个数据分布的吻合程度。

【示例 5-31】*ARI* 计算的 Sklearn 实践。

```
(1) from sklearn import metrics
(2) label_true = [0, 0, 1, 1, 2, 2]
(3) label_pred = [0, 0, 1, 1, 2, 2]
(4) print  "Adjusted rand index is ", metrics.adjusted_rand_score(label_true, label_pred)
(5) label_true = [0, 0, 0, 1, 1, 1]
(6) label_pred = [3, 3, 1, 1, 2, 2]
(7) print  "Adjusted rand index is ", metrics.adjusted_rand_score(label_true, label_pred)
(8) label_true = [0, 0, 1, 1, 2, 2]
(9) label_pred = [0, 1, 2, 3, 4, 5]
(10) print  "Adjusted rand index is ", metrics.adjusted_rand_score(label_true, label_
pred)
```

从结果来看，对于随机聚类结果，*ARI* 的值为 0。

5.10.2　互信息评分

互信息（Mutual Information，MI）可用来衡量两个数据分布的吻合程度。假设 U 与 V 是对 N 个样本标签的分配情况，则两种分布的熵分别为：

$$H(U) = -\sum_i P(i)\log(P(i))$$

$$H(V) = -\sum_j P'(j)\log(P'(j))$$

其中，U 为样本实际类别分配情况，V 为样本聚类后的标签预测情况。$P(i) = \dfrac{|U_i|}{N}$，用类别 i 在训练集中所占比例来估计。$P'(j) = \dfrac{|V_j|}{N}$，簇 j 在训练集中所占比例。

$$MI(U, V) = \sum_i \sum_j P(i, j)\log\left(\frac{P(i, j)}{P(i)P'(j)}\right)$$

$P(i, j) = \dfrac{|U_i \cap V_j|}{N}$，来自于类别 i 被分配到簇 j 的样本的数目占训练集的比例；

$$NMI(U, V) = \frac{MI(U, V)}{\sqrt{H(U)H(V)}}$$

$$AMI = \frac{MI - E|MI|}{\max\left(H(U), H(V)\right) - E|MI|}$$

利用互信息可以衡量实际类别与预测类别的吻合程度，*NMI* 是对 *MI* 进行的标准化，*AMI* 的处理则与 *ARI* 相同，以使随机聚类的评分接近于 0。*NMI* 的取值范围为[0,1]，*AMI* 的取值范围为[-1,1]，值越大意味着聚类结果与真实情况越吻合。

【示例 5-32】*MI* 计算的 Sklearn 实践。

```
(1)  from sklearn import metrics
(2)  label_true = [0, 0, 1, 1, 2, 2]
(3)  label_pred = [0, 0, 1, 1, 2, 2]
(4)  print "MI is", metrics.mutual_info_score(label_true, label_pred)
(5)  print "NMI is", metrics.normalized_mutual_info_score(label_true, label_pred)
(6)  print "AMI is", metrics.adjusted_mutual_info_score(label_true, label_pred)
(7)  label_true = [0, 0, 0, 1, 1, 1]
(8)  label_pred = [3, 3, 1, 1, 2, 2]
(9)  print "MI is", metrics.mutual_info_score(label_true, label_pred)
(10) print "NMI is", metrics.normalized_mutual_info_score(label_true, label_pred)
(11) print "AMI is", metrics.adjusted_mutual_info_score(label_true, label_pred)
(12) label_true = [0, 0, 1, 1, 2, 2]
(13) label_pred = [0, 1, 2, 3, 4, 5]
(14) print "MI is", metrics.mutual_info_score(label_true, label_pred)
(15) print "NMI is", metrics.normalized_mutual_info_score(label_true, label_pred)
(16) print "AMI is", metrics.adjusted_mutual_info_score(label_true, label_pred)
```

5.10.3 同质性、完整性以及调和平均

同质性（Homogeneity）：每个结果簇中只包含单个类别（实际类别）成员。

$$Homogeneity = 1 - \frac{H(C \mid K)}{H(C)}$$

$$H(C \mid K) = -\sum_{c=1}^{|C|} \sum_{k=1}^{|K|} \frac{n_{c,k}}{n} \times \log\left(\frac{n_{c,k}}{n_k}\right)$$

$$H(C) = -\sum_{c=1}^{|C|} \frac{n_c}{n} \times \log\left(\frac{n_c}{n}\right)$$

其中，n_k 是簇 k 包含的样本数目，n_c 是类别 C 包含的样本数目，$n_{c,k}$ 是来自类别 C 却被分配到簇 k 的样本的数目。

【示例 5-33】计算 Homogeneity。

给定实际类别：Label_true=[0,0,0,1,1,1] 和预测类别：Label_pred=[3,3,1,1,2,2]。

样本实际上分属两个类别 C1={0,1,2} 和 C2={3,4,5}。在预测的结果中，样本被聚类为三个类别：K1={0,1}，K2={2,3}，K3={4,5}。有关统计信息如表 5-36 所示。

表 5-36　　　　　　　　　　　　　　　　统计信息

参数	数目统计	计算 $\frac{n_{c,k}}{n} \times \log\left(\frac{n_{c,k}}{n_k}\right)$
c=1，k=1	n_k=2，$n_{c,k}$=2	$\frac{2}{6} \times \log\frac{2}{2}$
c=1，k=2	n_k=2，$n_{c,k}$=1	$\frac{1}{6} \times \log\frac{1}{2}$
c=1，k=3	n_k=2，$n_{c,k}$=0	0
c=2，k=1	n_k=2，$n_{c,k}$=0	0
c=2，k=2	n_k=2，$n_{c,k}$=1	$\frac{1}{6} \times \log\frac{1}{2}$
c=2，k=3	n_k=2，$n_{c,k}$=2	$\frac{2}{6} \times \log\frac{2}{2}$
$H(C|K)$		$\frac{1}{3} \times \log 2$

$$H(C) = -\left(\frac{1}{2} \times \log \frac{1}{2} + \frac{1}{2} \times \log \frac{1}{2}\right) = \log 2$$

$$Homogeneity = 1 - \frac{H(C \mid K)}{H(C)} = 0.667$$

完整性（Completeness）：给定类别（实际类别）的所有成员都被分配到同一个簇（聚类得到的结果簇）中。

$$Completeness = 1 - \frac{H(K \mid C)}{H(K)}$$

$$H(K \mid C) = -\sum_{c=1}^{|C|} \sum_{k=1}^{|K|} \frac{n_{c,k}}{n} \times \log\left(\frac{n_{c,k}}{n_c}\right)$$

$$H(K) = -\sum_{k=1}^{|K|} \frac{n_k}{n} \times \log\left(\frac{n_k}{n}\right)$$

【示例 5-34】计算 Completeness，数据与示例 5-32 相同，如表 5-37 所示。

表 5–37   统计信息

参数	数目统计	计算 $\frac{n_{c,k}}{n} \times \log\left(\frac{n_{c,k}}{n_c}\right)$
$c=1$，$k=1$	$n_c=3$，$n_{c,k}=2$	$\frac{2}{6} \times \log \frac{2}{3}$
$c=1$，$k=2$	$n_c=3$，$n_{c,k}=1$	$\frac{1}{6} \times \log \frac{1}{3}$
$c=1$，$k=3$	$n_c=3$，$n_{c,k}=0$	0
$c=2$，$k=1$	$n_c=3$，$n_{c,k}=0$	0
$c=2$，$k=2$	$n_c=3$，$n_{c,k}=1$	$\frac{1}{6} \times \log \frac{1}{3}$
$c=2$，$k=3$	$n_c=3$，$n_{c,k}=2$	$\frac{2}{6} \times \log \frac{2}{3}$
$H(K|C)$		$\frac{1}{3} \times \log 3 + \frac{2}{3} \times \log \frac{3}{2}$

$$H(K) = -\left(\frac{1}{3} \times \log \frac{1}{3} + \frac{1}{3} \times \log \frac{1}{3} + \frac{1}{3} \times \log \frac{1}{3}\right) = \log 3$$

则 $Completeness = 1 - \frac{H(K \mid C)}{H(K)} = 0.421$

Homogeneity 和 Completeness 的调和平均（V-measure）定义如下：

$$V\text{-}measure = 2 \times \frac{H \times C}{H + C}$$

Homogeneity、Completeness 和 V-measure 的范围为[0,1]，值越大代表着聚类效果与真实情况越吻合。但由于没有进行归一化，对于随机聚类的结果，特别是类别数量与样本数量相近的情况下，对应的三项指标不能接近于 0。

【示例 5-35】Homogeneity、Completeness 和 V-measure 计算的 Sklearn 实践。

```
(1) from sklearn import metrics
(2) label_true = [0, 0, 1, 1, 2, 2]
```

```
(3) label_pred = [0, 0, 1, 1, 2, 2]
(4) print "homogeneity_score is", metrics.homogeneity_score(label_true, label_pred)
(5) print "completeness_score is ", metrics.completeness_score(label_true, label_pred)
(6) print "v_measure_score is", metrics.v_measure_score(label_true, label_pred)
(7) labels_true = [0, 0, 0, 1, 1, 1]
(8) labels_pred = [3, 3, 1, 1, 2, 2]
(9) print "homogeneity_score is", metrics.homogeneity_score(labels_true, labels_pred)
(10) print "completeness_score is", metrics.completeness_score(labels_true, labels_pred)
(11) print "v_measure_score is", metrics.v_measure_score(labels_true, labels_pred)
(12) label_true = [0, 0, 1, 1, 2, 2]
(13) label_pred = [0, 1, 2, 3, 4, 5]
(14) print "homogeneity_score is", metrics.homogeneity_score(label_true, label_pred)
(15) print "completeness_score is ", metrics.completeness_score(label_true, label_pred)
(16) print "v_measure_score is", metrics.v_measure_score(label_true, label_pred)
```

5.10.4 Fowlkes-Mallows 评分

精确度和召回率的几何平均数：$FMI = \dfrac{TP}{\sqrt{(TP+FP)(TP+FN)}}$

用符号"√"代表属于同一类别，"×"代表不属于同一类别，则：

TP：在实际类别中属于同一类，在预测类别中也属于同一类的样本对数。(√，√)

FP：在实际类别中属于同一类，在预测类别中不属于同一类的样本对数。(√，×)

FN：在实际类别中不属于同一类，在预测类别中属于同一类的样本对数。(×，√)

例如，给定实际类别 *Label_true*=[0,0,0,1,1,1]，随机聚类后得到的预测类别 *Label_pred*=[3,3,1,1,2,2]，每一对样本间实际类别与预测类别结果的对照情况如表 5-38 所示。

表 5-38 统计信息

	1	2	3	4	5
0	(√，√)	(√，×)	(×，×)	(×，×)	(×，×)
1		(√，×)	(×，×)	(×，×)	(×，×)
2			(×，√)	(×，×)	(×，×)
3				(√，×)	(√，×)
4					(√，√)

经计算可得：TP=2，FP=4，FN=1，FMI=0.471。

FMI 的取值范围为[0,1]，值越大意味着聚类效果越好。缺点是需要事先知道真实类别。

【示例 5-36】Fowlkes-Mallows Scores 计算的 Sklearn 实践。

```
(1) from sklearn import metrics
(2) label_true = [0, 0, 1, 1, 2, 2]
(3) label_pred = [0, 0, 1, 1, 2, 2]
(4) print "FMI is ", metrics.fowlkes_mallows_score(label_true, label_pred)
(5) label_true = [0, 0, 0, 1, 1, 1]
(6) label_pred = [3, 3, 1, 1, 2, 2]
(7) print "FMI is ", metrics.fowlkes_mallows_score(label_true, label_pred)
(8) label_true = [0, 0, 1, 1, 2, 2]
(8) label_pred = [0, 1, 2, 3, 4, 5]
(10) print "FMI is ", metrics.fowlkes_mallows_score(label_true, label_pred)
```

5.10.5　轮廓系数

$$S = \frac{b-a}{\max(a,\ b)}$$

a：某样本与同类别中其他样本的平均距离。

b：某样本与不同类别中距离最近的样本的平均距离。

上述是单个样本的轮廓系数（Silhouette Coefficient）。对于一个样本集合，它的轮廓系数是所有样本轮廓系数的平均值。轮廓系数的范围为[-1,1]，同类别样本距离越近且不同类别样本距离越远，分数越高。

【示例 5-37】轮廓系数计算的 Sklearn 实践。

```
(1) from sklearn import metrics
(2) from sklearn.cluster import  KMeans
(3) data = [(1.60, 66), (1.59, 60), (1.62, 59), (1.78, 80), (1.68, 70), (1.79, 59), (1.53, 40), (1.63, 65), (1.65, 50), (1.85, 69)]
(4) KMeans_model = KMeans(n_clusters=2).fit(data)
(5) label_predict = KMeans_model.labels_
(6) print "silhouette_score is", metrics.silhouette_score(data, label_predict)
```

5.10.6　Calinski-Harabz 指数

$$s(k) = \frac{T_r(B_k)}{T_r(W_k)} \times \frac{N-K}{K-1}$$

$$W_k = \sum_{q=1}^{k} \sum_{x \in C_q} (x - C_q)(x - C_q)^{\mathrm{T}}$$

$$B_k = \sum_{q} n_q (C_q - C)(C_q - C)^{\mathrm{T}}$$

其中的参数说明如下：

B_k：簇之间的协方差矩阵；

W_k：簇内部数据的协方差矩阵；

N：训练集样本数；

K：簇个数；

C_q：簇 q 的中心样本；

C：训练集的中心样本；

n_q：簇 q 的样本数目；

T_r：矩阵的迹。

簇之间的协方差越大，簇与簇之间界限越明显，聚类效果也就越好；簇内部数据的协方差越小，同一个簇内包含的样本越相似，聚类效果也就越好。对应的即 $s(k)$ 越大，聚类效果越好。

【示例 5-38】Calinski-Harabz 指数计算的 Sklearn 实践。

```
(1) from sklearn import metrics
(2) from sklearn.cluster import  KMeans
(3) data=[(1.60,66),(1.59,60),(1.62,59),(1.78,80),(1.68,70),(1.79,59),(1.53,40), (1.63,65),(1.65,50),(1.85,69)]
(4) KMeans_model=KMeans(n_clusters=2).fit(data)
(5) label_predict=KMeans_model.labels_
(6) print "Calinski-Harabz Index", metrics.calinski_harabaz_score(data, label_predict)
```

习题

1. 分类和聚类分析有何区别?

2. 简略介绍如下聚类方法：层次聚类、K 均值、基于密度聚类方法，每种给出一种例子。

3. 试叙述 K 均值和层次聚类的异同。

4. 检验某类产品的重量，抽了 6 个样品，每个样品只测了一个指标，分别为 1，2，5，7，9，10。

（1）试用最短距离法、最长距离法、重心法和离差平方和法进行聚类分析。

（2）以最短距离法为例，最佳聚类数是多少?

5. 将如下的 8 个点聚类为 3 个簇：

$x_1(2,10)$，$x_2(2,5)$，$x_3(8,4)$，$x_4(5,8)$，$x_5(7,5)$，$x_6(6,4)$，$x_7(1,2)$，$x_8(4,9)$。距离采用欧氏距离，假设初始质心分别是 x_1，x_4，x_7，用 K 均值算法给出：

（1）第一次迭代后的 3 个簇的质心。

（2）最终的 3 个簇的质心。

6. K 均值和二分 K 均值聚类都可以进行有效的聚类。

（1）论述二者的优缺点。

（2）论述二者与层次聚类方法相比有何优缺点。

7. 20 种啤酒的成分和价格数据如题表 5-1 所示。

题表 5-1 啤酒成分与价格数据

beername	calorie	sodium	alcohol	Cost
Budweiser	144.00	19.00	4.70	43
Schlitz	181.00	19.00	4.90	43
Ionenbrau	157.00	15.00	4.90	48
Kronensourc	170.00	7.00	5.20	73
Heineken	152.00	11.00	5.00	77
Old-milnaukee	145.00	23.00	4.60	26
Aucsberger	175.00	24.00	5.50	40
Strchs-bohemi	149.00	27.00	4.70	42
Miller-lite	99.00	10.00	4.30	43
Sudeiser-lich	113.00	6.00	3.70	44
Coors	140.00	16.00	4.60	44
Coorslicht	102.00	15.00	4.10	46
Michelos-lich	135.00	11.00	4.20	50
Seers	150.00	19.00	4.70	76
Kkirin	149.00	6.00	5.00	79
Pabst-extra-1	68.00	15.00	2.30	36
Hamms	136.00	19.00	4.40	43
Heilemans-old	144.00	24.00	4.90	43
Olympia-gold	72.00	6.00	2.90	46
Schlite-light	97.00	7.00	4.20	47

（1）选择哪些属性进行聚类？选择依据是什么？

（2）采用哪种聚类方法更适合这组数据？聚类的个数选择多少适当？依据是什么？

8.　选择 UCI 提供的鸢尾花数据集进行聚类分析。

（1）使用 K 均值进行聚类分析，K 值分别选取为 2，3，4，5。

（2）使用二分 K 均值进行聚类分析，K 值分别选取为 2，3，4，5，并比较与（1）的异同。

（3）根据（1）中的结果，分析 K 值最佳为多少？为什么？

9.　指出在何种情况下，基于密度的聚类方法比 K 均值聚类和层次聚类方法更合适。通过实例证明。

10.　在执行层次聚类时，某个过程产生了如下两个簇：C_1：[(2,3,4)，(3,4,5)，(3,5,2)]，C_2：[(8,4,4)，(6,4,5)]。用离差平方和法聚类，两个簇的距离是多少？

11.　聚类已经被认为是一种具有广泛应用的、重要的数据挖掘任务。对如下每种情况给出一个应用实例：

（1）使用聚类方法作为主要的数据挖掘任务的应用。

（2）使用聚类方法作为预处理工具，为其他数据挖掘任务作数据准备的应用。

12.　选择 UCI 鸢尾花数据集进行层次聚类分析。

（1）采用最长距离法、类平均法和离差平方和法分别进行层次聚类。

（2）针对该数据集，分析（1）的结果，哪种聚类方法最佳？

13.　总 SSE 是每一个属性的 SSE 之和。如果对于所有的簇，某属性的 SSE 很低，这意味着什么？如果只对某一个簇 SSE 很低呢？如果只对某一个簇 SSE 很高呢？如何使用每一个变量的 SSE 信息改进聚类？

14.　假定使用层次聚类中 Ward 算法、二分 K 均值算法和 K 均值算法都能找到 K 个簇。这些解中的哪些代表局部和全局最优？并解释原因。

15.　在数据样本足够多的情况下，K 均值算法会不会返回一个小于 K 个簇的结果？比如 $K=50$ 时，会不会产生 48 个簇的结果？分析原因。

16.　在 K 均值算法中，初始质心的选择对结果影响很大，请设计一种初始质心的选择算法。

17.　给定具有 100 个记录的数据集，要求对数据聚类。使用 K 均值对数据聚类，但是对所有的 K（$1 \leq K \leq 100$）值，都只返回一个非空簇，试分析原因。用单链或者 DBSCAN 聚类，结果可能如何？

06 第6章 数据挖掘综合应用：异常检测

异常检测又称为离群点检测，在很多领域中有着重要的应用。例如，在大型生产系统、金融系统、复杂计算机系统中一般均存在正常运行和非正常运行两个状态，并且系统的不正常状态往往蕴含着显著的信息。例如，机器的不正常运转表示机器存在部件故障，银行信用卡的欺诈意味着巨大的经济损失，网络流量的异常可能意味着受攻击主机上敏感信息的泄密。因此及时检测和发现系统运行过程中的异常状态显得极为重要。近年来异常检测的研究得到广泛的关注，并成为数据挖掘领域中一个非常活跃和热门的研究方向，被应用于设备故障诊断、人体疾病检测、网络入侵检测、信用卡（或保险）欺诈检测、垃圾邮件过滤以及身份辨识等领域。

目前异常检测主要基于霍金斯（Hawkins）对异常的定义：异常是远离其他观测数据而被疑为不同机制产生的观测数据。利用从已有观测数据中建立正常行为数据的模型进行异常检测，从而弥补了异常类样本采用不充分或者缺乏异常类样本的不足。尽管关于异常的定义有很多，但这些定义有很多共同点，例如，异常是与大多数观测数据不同的，并且许多算法都假设异常是少数的。

在前面的章节中，我们学习了很多数据挖掘的技术。在本章中，以异常检测作为一个综合应用，结合数据挖掘方法，并引入一些新的知识，进一步加深对数据挖掘方法的认识。首先，介绍异常检测领域一些基础知识，让读者能够了解异常检测的基本方法；然后，介绍几种具有代表性的异常检测算法，它们具有不同的思想，希望读者在学习算法的同时有所启发。

6.1 预备知识

6.1.1 相关统计学概念

在预处理部分介绍过正态分布的一些应用，如果数据服从正态分布，就可以有很多好的性质，这些性质可以用来检测数据的异常。

（1）三西格玛（3σ）准则

数值分布在（$\mu-\sigma$，$\mu+\sigma$）区间的概率为 0.6826。

数值分布在（$\mu-2\sigma$，$\mu+2\sigma$）区间的概率为 0.9544。

数值分布在（$\mu-3\sigma$，$\mu+3\sigma$）区间的概率为 0.9974。

这种判别方法适合满足正态或近似正态分布的样本数据。它是以样本数充分大为前提，在样本数较少的情况下，最好选用其他准则。

（2）马氏（Mahalanobis）距离

在聚类分析中介绍过马氏距离。在一个多维数据集合 D 中，计算每个向量与均值向量之间马氏距离：

$$\text{MDist}(x,\mu)=\sqrt{(x-\mu)^{\mathrm{T}}S^{-1}(x-\mu)}$$

对这个距离值进行排序，如果数值过大就认为 x 是一个离群点。

下面通过示例 6-1，发现学生群体中哪些孩子的发育状况与大多数人不同。

【示例 6-1】运行结果如图 6-1 所示。

```
1: # coding:utf-8
2: from numpy import float64
3: from matplotlib import pyplot as plt
4: import pandas as pd
5: import numpy as np
6: from scipy.spatial import distance
7: from pandas import Series
8: Height= np.array([164,167,168,169,169,170,170,170,171,172,172,173,173,175,176,178],
dtype=float64)
9: Weight = np.array([54, 57, 58, 60, 61, 60, 61, 62, 62, 64, 62, 62, 64, 56, 66, 70],
dtype=float64)
10: hw = {'Height': Height, 'Weight': Weight}
11: hw = pd.DataFrame(hw)
12: n_outliers = 2   # 我们设置有两个异常值
13: # 计算每个样本的马氏距离，并且从大到小排序，越大则越有可能是离群点，返回其位置
14: m_dist_order=Series([float(distance.mahalanobis(hw.iloc[i],hw.mean(),np.mat(hw.
cov().as_matrix()).I) ** 2) for i in range(len(hw))]).sort_values(ascending=False).index.
tolist()
15: is_outlier = [False, ] * 16   # 返回长度为 16 的全 FALSE 的列表
16: for i in range(n_outliers):   #找出马氏距离最大的两个样本，标记为 True，为离群点
17:     is_outlier[m_dist_order[i]] = True
18: vmarker = ['.', '^']
19: mValue = [vmarker[is_outlier[i]] for i in range(len(is_outlier))]
20: fig = plt.figure()
21: plt.title('Scatter Plot')
22: plt.xlabel('Height(cm)')
23: plt.ylabel('Weight(kg)')
24: for _marker, _x, _y in zip(mValue, hw['Height'], hw['Weight']):
25:     plt.scatter(_x, _y, marker=_marker)
26: plt.show()
```

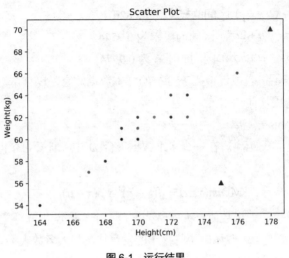

图 6-1　运行结果

6.1.2　异常检测评价指标

异常检测评价指标通常使用精度 $precision$、召回率 $recall$ 和 F 度量来衡量，各自定义如下。

$$precision = \frac{TP}{TP + FP}$$

$$recall = \frac{TP}{TP + FN} = \frac{TP}{P}$$

$$F = \frac{2 \times precision \times recall}{precision + recall}$$

在异常检测问题中，TP（True Positive）是检测成功的异常元组个数，FP（False Positive）是误报的异常（实际是正常，称为假正）元组个数，TN（True Negative）是正确判定为正常的元组个数，FN（False Negative）是没有被判定为异常的异常元组个数。

6.1.3　异常检测问题的特点

（1）异常样本非常少，但正常样本很多。

（2）异常类型很多。

（3）异常的未知性：未来出现的某些异常在训练数据里没出现过。

根据上述特点，很多传统的分类算法并不能直接用于异常检测。下面介绍一些主要的异常检测算法。

6.1.4　异常检测算法分类

（1）基于统计学的方法。这是一种基于模型的方法，假定数据是由某个随机模型产生，如果某个数据概率很低，那么它是异常的概率就很大。

（2）基于邻近性的方法。这类方法的核心思想在于，如果一个数据离它最近的邻居都很远，那么它很可能是异常。因此 KNN 算法可以应用到这类异常检测问题中。

（3）基于聚类的方法。假定正常数据的数量很大、很稠密，而异常值很小、很稀疏。通过聚类可以找到簇之外的离群点，判定为异常。因此许多聚类算法都可以用于异常检测。

对于每个类别，还可以细分为多个方法。这些方法可以分为有监督、半监督或无监督。

如果异常的标签对于一组训练数据是已知的，所有的基于比较和距离的方法都与这种有标签的训练数据有关，则是一种有监督的学习。

聚类方法就是无监督的学习方法，因此距离和比较是在整个数据集上进行的。

在半监督的方法中，异常标签对于某些数据是已知的，但对于大多数其他数据却并不知道。例如，已知某些类别的恶意软件，半监督学习算法可以试图确定哪些其他可疑的恶意软件属于同一类别。算法通常分多个阶段进行，在早期阶段可以给无标签的数据分配暂定的标签。

无监督异常检测算法应该符合以下特征。

（1）正常行为必须动态定义，已有的训练数据集中没有定义异常。

（2）即使数据分布未知，也必须有效地检测到异常值。

6.2　基于隔离森林的异常检测算法

南京大学周志华教授提出的异常检测算法，在工业界很实用，算法效果好，时间效率高，能有效处理高维和海量数据，这里对这个算法进行简要介绍。

大多数现有的基于模型的异常检测方法都会先构建正常数据的模型，描述正常数据的特征，然后将不符合特征的实例标记为异常。隔离森林算法（iForest）就是从"隔离"的角度进行异常检测。

隔离森林算法具有线性时间复杂度、低内存、探测结果良好等特点，引起了工业界的广泛关注。隔离森林算法对异常做出如下假定。

（1）异常是少数数据。

（2）异常数据与正常数据有明显的区别，或者说异常数据与正常数据相比，具有非常不同的属性值。

隔离森林算法的直观思想是，假设用一个随机超平面来分割数据空间，切一次可以生成两个子空间，之后再继续用一个随机超平面来切割每个子空间，递归进行下去，直到每个子空间里面只有一个数据点为止。直观上来讲，可以发现那些密度很高的簇需要被切割很多次才会停止切割，但是那些密度很低的点很快就被划分到一个子空间。

也就是说异常是"少而不同"的，这使得异常数据比正常数据更容易受到"隔离"影响。隔离森林使用树结构来有效隔离每个实例。利用隔离森林，使得异常易于分离，异常点更接近树的根部，而正常点被隔离在树的较深的一端。

这个树的隔离特性构成了隔离森林算法的基础，这棵树叫作隔离树或者 iTree。隔离森林算法在给定的数据集上建立一个 iTree 集合，异常数据就是在全部 iTree 上平均路径较短的数据。

隔离森林算法有两个变量：①iTree 的个数；②子采样大小。

经过实验证明，隔离森林只需要较小的子采样大小即可实现高效率的检测性能。

6.2.1　隔离与隔离树 iTree

术语"隔离"意味着"将一个实例与其余实例分离"。由于异常"少而不同",因此它们更容易受到隔离的影响。在一个随机树中,重复递归地划分全部的数据实例,直到所有数据实例都被隔离。这种随机划分会导致异常数据具有明显更短的路径,原因如下。

（1）异常数据越少,导致划分次数也越少,使得异常数据在树结构中具有更短的路径。

（2）由于异常"不同",具有与众不同的数据特征值,使得异常更容易在早期划分数据时就被分离,从而路径更短。

因此,当一个随机树构成的森林为某些特定点产生了更短的路径长度,那么这个特定点很可能是异常的。

为了证明异常在随机划分下更容易被隔离的想法,给出图 6-2、图 6-3 来说明这一基本特性。

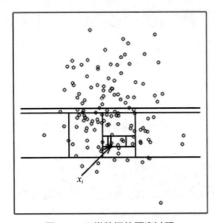

图 6-2　正常数据的隔离过程

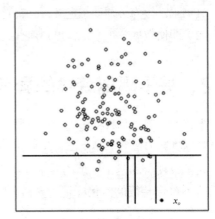

图 6-3　异常数据的隔离过程

给定 135 个呈高斯分布的点,可以看出在图 6-2 中,正常点 x_i 需要 12 次随机划分才能被隔离,而在图 6-3 中的异常点 x_o 只需要 4 次划分就被隔离。

在这个例子中,划分是通过随机选择一个属性,然后随机选择该属性最大值和最小值之间的分割值来产生的。由于递归划分可以由树结构表示,隔离一个数据点所需的划分数量等于从根节点到终止节点的路径长度。在这个例子中,x_i 的路径长度明显大于 x_o 的路径长度。

由于每个划分都是随机的,因此每棵树都是由不同的数据划分集合生成。算法是基于多棵树的平均路径长度计算期望路径长度。

在图 6-4 中可以看出随着树的数量的增加,x_i 和 x_o 的平均路径长度的变化情况。当使用 1000 棵树时,x_i 和 x_o 的平均路径长度分别收敛到 4.0 和 12.8。可以看出异常数据的路径长度小于正常数据的路径长度。

下面给出算法有关的定义。

定义:隔离树。设 T 是隔离树的一个节点。T 是没有子节点的外节点,或者是一个具有测试条件的内节点,它有两个子节点（T_l,T_r）。测试条件由属性 q 和分割值 p 组成,根据测试条件 $q<p$ 将数据点划分到 T_l 或者 T_r。

给定数据集 $X = \{x_1,...,x_n\}$ 来构建隔离树（iTree）,通过随机选择一个属性 q 和一个分割值 p 来递归地划分 X,直到满足如下某个条件时停止。

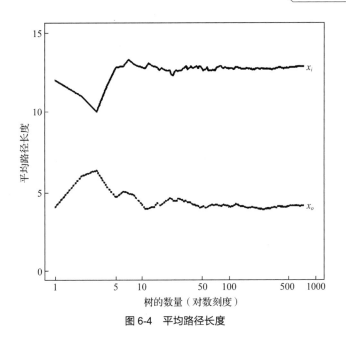

图 6-4　平均路径长度

（1）树达到高度限制。

（2）|X|=1。

（3）X 中的所有数据具有相同的值。

iTree 是一棵严格二叉树，树中的每个节点都有零或两个子节点。如果假设所有实例都是不同的，那么每个实例都可以在 iTree 完全生长时隔离到一个外节点，在这种情况下外节点的数量是 n，内节点的数量是 $n-1$，iTree 的节点总数是 $2n-1$。因此内存要求是有界的而且仅与 n 呈线性增长。

异常检测的任务是提供一个反映异常程度的排名。使用 iTree 检测异常的方法是根据数据点的平均路径长度进行排序，异常点就是排名靠前的数据点。下面介绍路径长度的定义。

定义：点 x 的路径长度 $h(x)$ 为点 x 从根节点出发，遍历 iTree 到达某个外节点终止时所访问过的边数。

有了路径长度，就可以对每个点的异常程度进行打分，从而用于异常检测。但是，$h(x)$ 给出这样一个分数的困难在于，iTree 的最大可能高度随着 n 增长，平均高度就会按照 $\log n$ 的速度而增加。当需要对来自不同规模样本产生的模型进行对比时，不能对 $h(x)$ 进行标准化或者直接比较。

由于 iTree 与二叉搜索树（BST）具有相同的结构，因此外节点的 $h(x)$ 平均值估计与 BST 中的不成功搜索次数相同。算法借用 BST 分析来估计 iTree 的平均路径长度。对于一个有 n 个实例的数据集，在 BST 中不成功搜索的平均路径长度为：

$$c(n) = \begin{cases} 2H(n-1) - 2\dfrac{n-1}{n} & (n>2) \\ 1 & (n=2) \end{cases}$$

其中，$H(n)$ 是调和数并且可以通过 $\ln(n)+0.5772156649$（欧拉常数）来估计。由于 $c(n)$ 是给定 n 的 $h(x)$ 的平均值，用它来规范 $h(x)$。实例 x 的异常评分 s 定义为：

$$s(x,n) = 2^{-\frac{E(h(x))}{c(n)}}$$

其中，$E(h(x))$ 为一组隔离树 $h(x)$ 的平均值。$s(x,n)$ 有如下特性。

（1）当 $E(h(x)) \to c(n)$，$s \to 0.5$。

（2）当 $E(h(x)) \to 0$，$s \to 1$。

（3）当 $E(h(x)) \to n-1$，$s \to 0$。

如图 6-5 所示为 $E(h(x))$ 和 s 之间的关系，可以看出，$0<s\le1$，$0<h(x)\le n-1$。使用实例 x 的异常评分 s，可以做出以下估计。

（1）如果实例 x 返回的分数 s 非常接近 1，那么它们绝对是异常的。

（2）如果实例 x 返回的分数 s 远小于 0.5，那么它们被认为是正常的。

（3）如果所有的实例 x 返回的分数 s 约等于 0.5，那么整个样本实际上没有任何明显的异常。

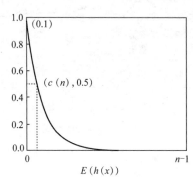

图 6-5　$E(h(x))$ 和 s 之间的关系

6.2.2　隔离森林的特点

作为一种集成学习方法，隔离森林 iForest 具有如下特点。

（1）将异常识别为具有较短路径长度的点。

（2）具有多个作为"专家"的树，以针对不同的异常。

iForest 不需要隔离所有正常情况（也就是大部分的训练数据），因此能够很好地使用采样策略构建模型。与现有的方法不同，隔离的方法在采样量很小的情况下仍然能够有良好的表现。因此，隔离森林采用子采样算法。下面给出这种方法的效果演示。

图 6-6 显示的是原始的 4096 个样本的数据集。数据集有两个比较密集的异常簇，位于一个大的正常簇的附近。在异常簇周围存在着部分干扰点，而且异常簇比正常簇更密集。在图 6-7 中显示了 128 个二次抽样的样本，可以看出，这些异常在子样本中可以清楚地识别出来。在两个异常簇周围的正常实例已经被清除，异常簇变得更小，这使得它们更容易被隔离区分。

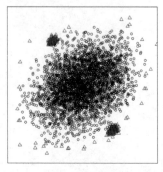

图 6-6　原始样本

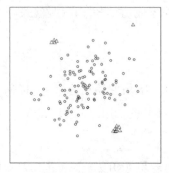

图 6-7　二次抽样

238

6.2.3　隔离森林算法

使用 iForest 进行异常检测是一个两阶段过程。第一个是训练阶段，使用训练集的子样本构建隔离树。第二个是测试阶段，通过隔离树来获取每个测试实例的异常分数。

在训练阶段，隔离树通过递归地划分给定训练集来构建，直到全部的实例都被隔离或者到达特定的树高而停止。

树高度限制 l 由子采样大小 ψ 设置，$l = \text{ceiling}(\log_2 \psi)$，这是树高大小的平均值。将树木生长的高度限制为平均树高，是因为只对数据长度比平均路径长度短的数据点感兴趣，因为这些点更可能是异常。

算法 6-1　隔离森林

Algorithm：iForest(X，t，ψ)

Inputs：X：输入数据，t：树的个数，ψ：子采样大小

Output：t 棵 iTrees

1:Initialize Forest
2:设置高度限制 $l = \text{ceiling}(\log_2 \psi)$

3:for i=1 to t do
4:$X_0 \leftarrow$ sample(X，ψ)
5:Forest $\leftarrow$ Forest $\cup$ iTree(X_0, 0, l)
6:end for
7:return Forest

---

iForest 算法有两个输入参数，子采样大小 ψ 和树的个数 t。

下面是为两个参数选择合适值的建议。

（1）子采样大小 ψ 控制训练数据大小。当 ψ 增加到所需值时，iForest 可以进行可靠的检测，并且不需要进一步增加 ψ，因为它增加了处理时间和内存大小，并且没有带来检测性能的任何增益。

（2）树的数量 t。路径长度通常在 t=100 之前收敛。

算法 6-2　隔离树

Algorithm：iTree(X，e，l)

Inputs：X：输入数据，e：当前树高，l：高度限制

Output：一棵 iTree 树

（1）if e$\geqslant$l or |X| $\leqslant$ 1 then

（2）　　return exNode{Size$\leftarrow$|X|}

（3）else

（4）令 Q 为 X 中的一组属性

（5）随机选择一个属性 q$\in$Q

（6）对于属性 q，随机在 max 和 min 之间选一个划分点 p

（7）$X_l \leftarrow$ filter(X，q < p)

（8）$X_r \leftarrow$ filter(X，q$\geqslant$p)

（9）return inNode{Left←iTree(X$_l$, e+1, l),

（10）Right←iTree(X$_r$, e+1, l),

（11）SplitAtt←q,

（12）SplitValue←p}

（13）end if

算法 6-3　路径长度

Algorithm: PathLength（x, T, e）

Inputs: x: 一个实例, T: 一个 iTree, e: 当前路径长度, 首次调用时初始化为 0

Output: x 的路径长度

（1）if T 是一个外节点 then

（2）return e + c(T.size)

（3）end if

（4）a ← T.splitAtt

（5）if x$_a$ < T.splitValue then

（6）return PathLength(x, T.left, e+1)

（7）else

（8）return PathLength(x,T.right, e+1)

（9）end if

在训练过程结束时，返回所有的树并准备好进行异常检测。iForest 算法训练的复杂度为 $O(t\psi\ log\ \psi)$。

6.2.4　应用实例

在 Python sklearn 库中有隔离森林方法。函数的原型如下。

```
IsolationForest(n_estimators=100,max_samples='auto', contamination=0.1, max_features=
1.0, bootstrap=False, n_jobs=1, random_state=None, verbose=0)
```

各个参数的说明如表 6-1 所示。

表 6–1　　　　　　　　　　　　　　隔离森林函数所用参数

参数	说明	参数	说明
n_estimators	树的个数	bootstrap	采样时是否有放回
max_samples	每棵树的最大采样值	n_jobs	并行作业的数目
contamination	异常数据所占的比例	random_state	实现采样的随机性
max_features	采样时用到的最大特征数	verbose	控制树构建过程中的冗余

【示例 6-2】隔离森林实例。

```
(1)  # coding:utf-8
(2)  import numpy as np
(3)  import matplotlib.pyplot as plt
(4)  from sklearn.ensemble import IsolationForest
(5)  rng = np.random.RandomState(42)
(6)  # 生成训练数据
(7)  X = 0.3 * rng.randn(100, 2)
```

```
(8) X_train = np.r_[X + 2, X - 2]
(9) # 生成一些新颖值
(10) X = 0.3 * rng.randn(20, 2)
(11) X_test = np.r_[X + 2, X - 2]
(12) # 生成异常值
(13) X_outliers = rng.uniform(low=-4, high=4, size=(20, 2))
(14) # 训练模型
(15) clf = IsolationForest(max_samples=100, random_state=rng)
(16) clf.fit(X_train)
(17) y_pred_train = clf.predict(X_train)
(18) y_pred_test = clf.predict(X_test)
(19) y_pred_outliers = clf.predict(X_outliers)
(20) # 绘制图形
(21) fig = plt.figure()
(22) xx, yy = np.meshgrid(np.linspace(-5, 5, 50), np.linspace(-5, 5, 50))
(23) Z = clf.decision_function(np.c_[xx.ravel(), yy.ravel()])
(24) Z = Z.reshape(xx.shape)
(25) plt.rcParams['font.sans-serif']=['SimHei']
(26) plt.rcParams['axes.unicode_minus']=False
(27) plt.title(u"隔离森林示例")
(28) plt.contourf(xx, yy, Z, cmap=plt.cm.Blues_r)
(29) b1 = plt.scatter(X_train[:, 0], X_train[:, 1], c='white',
(30)                   s=20, edgecolor='k')
(31) b2 = plt.scatter(X_test[:, 0], X_test[:, 1], c='green',
(32)                   s=20, edgecolor='k')
(33) c = plt.scatter(X_outliers[:, 0], X_outliers[:, 1], c='red',
(34)                   s=20, edgecolor='k',marker='^')
(35) plt.axis('tight')
(36) plt.xlim((-5, 5))
(37) plt.ylim((-5, 5))
(38) plt.legend([b1, b2, c],
(39)            [u"训练数据",
(40)             u"新的正常数据", u"新的异常点"],
(41)            loc="lower right")
(42) plt.show()
```

隔离森林算法示例的运行结果如图 6-8 所示。

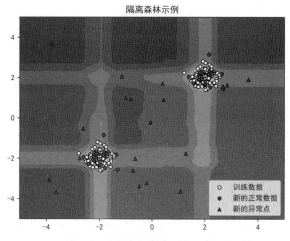

图 6-8　随机森林算法示例运行结果

6.3 局部异常因子算法

局部异常因子（LOF）算法是在异常检测领域中十分经典的算法。LOF 算法从一个全新的角度对待异常检测问题：现实中的一些异常是与其邻居比较疏远的点，或者与邻居的密度不同。

如图 6-9 所示，对于 C_1 集合中的点，整体间距、密度和分散情况较为均匀一致，可以认为这些点属于同一个簇；对于 C_2 集合中的点，同样可以认为是一簇。o_1、o_2 点相对孤立，可以认为是异常点或离散点。LOF 要解决的问题是，如何实现通用算法，可以识别密度分散情况不同的 C_1 和 C_2 的异常点。

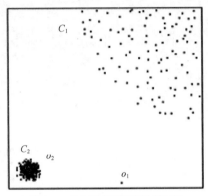

图 6-9　分布密度不同的数据实例

6.3.1 基本定义

定义 1　**Hawkins 异常**：异常值是一个与其他值偏差很大的观察值，它可能是由一个不同的机制产生的。

定义 2　**DB（*pct*, *dmin*）异常**：数据集 D 中的对象 p 是 DB（*pct*, *dmin*）异常，当且仅当与 p 的距离大于 *dmin* 的对象的百分比为 *pct*。

例如，数据集中与 p 的距离大于 0.1 的对象所占的百分比大于 60%，则称 p 是 DB（0.6，0.1）异常。

定义 3　$d(o,p)$：两点 o 和 p 之间的距离。

定义 4　**对象 p 的 k 距离**：对于任意正整数 k，p 的 k 距离表示为 $k\text{-distance}(p)$，定义为对象 p 和对象 $o \in D$ 之间的距离 $d(p,o)$，满足：

（1）在集合 D 中至少有 k 个点 o'，其中 $o' \in D \backslash \{p\}$，满足 $d(p,o') \leqslant d(p,o)$；

（2）在集合 D 中最多有 $k\text{-}1$ 个点 o'，其中 $o' \in D \backslash \{p\}$，满足 $d(p,o') < d(p,o)$。

直观上，$k\text{-distance}(p)$ 等于 p 和离它第 k 远的点之间的距离。

例如，与 p 距离为 1 的对象有 1 个，与 p 距离为 2 的对象有 2 个，与 p 距离为 3 的对象有 3 个，那么 $2\text{-distance}(p)=3\text{-distance}(p)$。

定义 5　**对象 p 的 k 距离邻域**：$N_{k\text{-distance}}(p) = \{q \in D \backslash \{p\} \mid d(p,q) \leqslant k-\text{distance}(p)\}$。这些对象 q 被称为 p 的 k 最近邻居。

定义 6　**对象 p 关于对象 o 的可达距离**：$reach\text{-}dist_k(p,o)=\max\{k\text{-distance}(o), \text{d}(p,o)\}$。

如图 6-10 所示，展示 3 当 $k=4$ 时可达距离的概念。如果对象 p 远离 o（如图 6-10 中的点对 o_1 和 p），那么两者之间的可达距离仅是它们的实际距离。然而，如果它们"足够"地靠近（如图 6-10 中的点对 o_2 和 p），那么实际距离被 o 的 k 距离替代。这样做的原因是，所有的 $d(p, o)$ 的统计波动可以显著减小。这个平滑效果可以通过参数 k 来控制。k 的值越大，在同一邻域内对象的可达距离越相似。

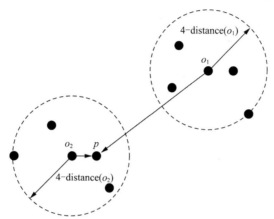

图 6-10　当 $k=4$ 时 *reach-dist(p,o₁)* 和 *reach-dist(p,o₂)*

定义 7　一个对象 p 的局部可达密度:

$$lrd_{MinPts}(p) = 1 / \left(\frac{\sum o \in N_{MinPts}(p) reach-dist_{MinPts}(p, o)}{|N_{MinPts}(p)|} \right)$$

对象 p 的局部可达密度是基于 p 的 **MinPts** 邻居的平均可达距离的倒数。

对象 p 的局部可达密度越高，越可能属于同一簇，密度越低，越可能是离群点。如果 p 和周围邻域点是同一簇，那么可达距离之和较小，密度较高;如果 p 和周围邻域点较远，那么 p 和它们之间的可达距离会取较大值，密度较小，p 是离群点。

定义 8　对象 p 的局部异常因子:

$$LOF_{MinPts}(p) = \frac{\sum o \in N_{MinPts}(p) \dfrac{lrd_{MinPts}(o)}{lrd_{MinPts}(p)}}{|N_{MinPts}(p)|}$$

对象 p 的局部异常因子表示 p 的异常程度。如果这个比值越接近 1，说明 p 与邻域点的密度相差不多，p 和邻域同属一簇;如果这个比值越小于 1，说明 p 的密度高于邻域点密度，p 为密集点;如果这个比值越大于 1，说明 p 的密度小于邻域点密度，p 是异常点。

6.3.2　异常检测

LOF 算法是通过比较每个点 p 和邻域点的密度来判断该点是否为异常点:点 p 的密度越低，越是异常点。而点的密度是通过点之间的距离来计算的，点之间距离越远，密度越低;距离越近，密度越高。因为 LOF 算法的密度通过点的 k 邻域计算得到，而不是通过全局计算得到，所以 LOF 被称为局部异常因子。

6.3.3 应用实例

【示例 6-3】LOF 实例。

```
(1)  # coding:utf-8
(2)  import numpy as np
(3)  import matplotlib.pyplot as plt
(4)  from sklearn.neighbors import LocalOutlierFactor
(5)  np.random.seed(42)
(6)  # 生成训练数据
(7)  X = 0.3 * np.random.randn(100, 2)
(8)  X_outliers = np.random.uniform(low=-4, high=4, size=(20, 2))
(9)  X = np.r_[X + 2, X - 2, X_outliers]
(10) # 构建模型
(11) clf = LocalOutlierFactor(n_neighbors=20)
(12) y_pred = clf.fit_predict(X)
(13) y_pred_outliers = y_pred[200:]
(14) # 绘制边界
(15) xx, yy = np.meshgrid(np.linspace(-5, 5, 50), np.linspace(-5, 5, 50))
(16) Z = clf._decision_function(np.c_[xx.ravel(), yy.ravel()])
(17) Z = Z.reshape(xx.shape)
(18) plt.title("Local Outlier Factor (LOF)")
(19) plt.contourf(xx, yy, Z, cmap=plt.cm.Blues_r)
(20) a = plt.scatter(X[:200, 0], X[:200, 1], c='white', edgecolor='k', s=20)
(21) b = plt.scatter(X[200:, 0], X[200:, 1], c='black', edgecolor='k', s=20, marker='^')
(22) plt.axis('tight')
(23) plt.xlim((-5, 5))
(24) plt.ylim((-5, 5))
(25) plt.legend([a, b], ["normal observations", "abnormal observations"], loc="upper left")
(26) plt.show()
```

如图 6-11 所示，局部异常因子提供了"基于密度"的思想去检测异常。其基本思想为，如果一个点的密度与其邻居相差较多，则视为异常。

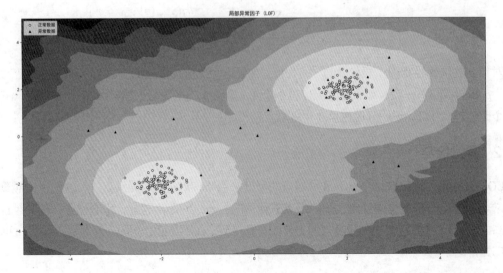

图 6-11　LOF 实例运行结果

LOF 算法适用于不同密度的数据，并且可以得出每个对象的 LOF 值，来判断其是否为一个异常点。但此方法计算较为复杂，也具有一定的局限性，并不能适用于所有的场景。

6.4　基于 One-Class SVM 的异常检测算法

本节介绍的 One-Class SVM 也是异常检测领域十分经典的算法。它代表这样一类异常检测算法：不符合描述正常数据的特征的数据就被视为异常。

以网络安全的应用为例：网络入侵形式各异，层出不穷，如果要针对这些异常（入侵事件）建立学习模型会面临两个问题。

（1）异常样本有限（入侵事件的数量不是很大）。

（2）未来的异常可能是新的，即从来没有见过的异常。

因为依赖于异常样本的方法面对新的异常数据往往很被动，所以提出了许多通过描述正常数据的特征来进行异常检测的算法。

6.4.1　基本原理

单类（One-Class）问题是为了找到一个超平面而制定的，这个超平面能够将所需的一部分训练模式从特征空间的源 F 中分离出来。

这个超平面不能在原始特征空间中被找到，因此我们需要一个映射函数：$\Phi{:}F{\rightarrow}F'$，将 F 映射到核空间 F'。当使用高斯核函数时，可以证明总能够找到这种超平面。

高斯核函数可以表示为：

$$K(x, y) = \Phi(x) \cdot \Phi(y) = \exp(-\gamma \| x - y \|^2)$$

问题可以形式化地表示为：

$$\min_{w, \xi, \rho} \left(\frac{1}{2} \|w\|^2 - \rho + \frac{1}{mC} \sum_i \xi_i \right)$$

满足条件：

$$w \cdot g\Phi(x_i) \geqslant \rho - \xi_i, \xi_i \geqslant 0 (i = 1, \cdots, n)$$

其中，w 是超平面的正交向量，C 是允许被拒绝的训练模式的比例（也就是说这部分训练模式没能被超平面分离），x_i 是第 i 个训练模式，m 是训练模式的总数，$\xi=|\xi_i, \cdots, \xi_m|$ 是一组松弛向量，用来惩罚拒绝模式，ρ 是间隔，也就是超平面和源的距离。

上述问题的解就对应着一个决策函数，对于一个测试模式 z，可以定义为：

$$f_{svc}(z) = I \left(\sum_i \alpha_i K(x_i, z) \geqslant \rho \right) \text{其中，} \sum_{i=1}^{m} \alpha_i = 1$$

I 是示性函数，如果 x 为 true，那么 $I(x) = 1$，否则为 0。

可以看出，一个模式 z 要么被拒绝，判定为 0；要么被接受，判定为 1。

因为训练样本只有一类，所以函数的目标不再是找到正负样本的最大间隔，而是寻找与源距离最大的间隔 ρ，从而刻画出训练数据的轮廓。如果一个测试样本被接受，那么视为正常，如果被拒绝，则视为异常。

6.4.2 应用实例

【示例6-4】One-Class SVM 示例。

```
(1)  # coding:utf-8
(2)  import numpy as np
(3)  import matplotlib.pyplot as plt
(4)  import matplotlib.font_manager
(5)  from sklearn import svm
(6)  xx, yy = np.meshgrid(np.linspace(-5, 5, 500), np.linspace(-5, 5, 500))
(7)  # 产生训练数据
(8)  X = 0.3 * np.random.randn(100, 2)
(9)  X_train = np.r_[X + 2, X - 2]
(10) # 产生新的正常数据
(11) X = 0.3 * np.random.randn(20, 2)
(12) X_test = np.r_[X + 2, X - 2]
(13) # 构建异常样本
(14) X_outliers = np.random.uniform(low=-4, high=4, size=(20, 2))
(15) # 构建模型
(16) clf = svm.One-ClassSVM(nu-0.1, kernel-"rbf", gamma=0.1)
(17) clf.fit(X_train)
(18) y_pred_train = clf.predict(X_train)
(19) y_pred_test = clf.predict(X_test)
(20) y_pred_outliers = clf.predict(X_outliers)
(21) n_error_train = y_pred_train[y_pred_train == -1].size
(22) n_error_test = y_pred_test[y_pred_test == -1].size
(23) n_error_outliers = y_pred_outliers[y_pred_outliers == 1].size
(24) # 绘制结果和异常边界
(25) Z = clf.decision_function(np.c_[xx.ravel(), yy.ravel()])
(26) Z = Z.reshape(xx.shape)
(27) plt.title("Novelty Detection")
(28) plt.contourf(xx, yy, Z, levels=np.linspace(Z.min(), 0, 7), cmap=plt.cm.BuGn)
(29) a = plt.contour(xx, yy, Z, levels=[0], linewidths=2, colors='DarkGray')
(30) plt.contourf(xx, yy, Z, levels=[0, Z.max()], colors='Gray')
(31) s = 60
(32) b1 = plt.scatter(X_train[:, 0], X_train[:, 1], c='white', s=s, edgecolors='k')
(33) b2 = plt.scatter(X_test[:, 0], X_test[:, 1], c='blueviolet', s=s,
(34) edgecolors='k')
(35) c = plt.scatter(X_outliers[:, 0], X_outliers[:, 1], c='red', s=s,
(36) edgecolors='k', marker='^')
(37) plt.axis('tight')
(38) plt.xlim((-5, 5))
(39) plt.ylim((-5, 5))
(40) plt.legend([a.collections[0], b1, b2, c],
(41) ["learned frontier", "training observations",
(42) "new regular observations", "new abnormal observations"],
(43) loc="upper left",
(44) prop=matplotlib.font_manager.FontProperties(size=11))
(45) plt.xlabel(
(46) "error train: %d/200 ; errors novel regular: %d/40 ; "
```

```
(47) "errors novel abnormal: %d/40"
(48) % (n_error_train, n_error_test, n_error_outliers))
(49) plt.show()
```

One-Class SVM 示例的运行结果如图 6-12 所示。

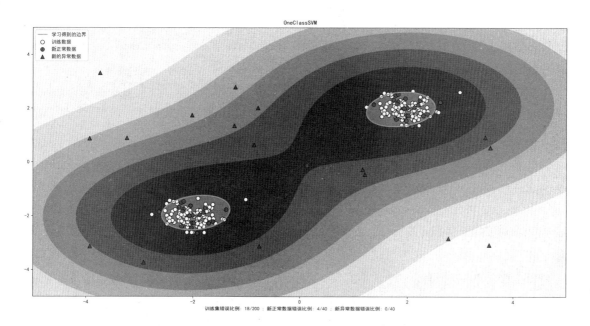

图6-12　One-ClassSVM示例运行结果

　　基于正常数据的特征进行异常检测，这种方法能够起到以不变应万变的作用，因而是异常检测领域十分重要的思想。One-Class SVM 为了实现这一思想，对原来的 SVM 求解正负样本最大间隔的目标进行改造，以实现异常检测的功能。

　　One-Class SVM 有能力捕获数据集的形状，具有良好的性能。严格来说，One-Class SVM 并不是一个异常点检测算法，而是一个新颖值检测算法，它的训练集不能包含异常样本，否则，可能会在训练模型时影响边界的选取。

　　对于高维空间中的样本数据集，One-Class SVM 能表现出更好的优越性。

6.5　基于主成分分析的异常检测算法

　　主成分分析（PCA）的原理在预处理部分已经做过详细介绍，作为一种降维方法，PCA 可以将原数据进行线性变换，并找出数据中信息含量最大的主要成分，去除信息含量较低的成分，从而减少冗余，降低噪声。

　　通常在异常检测问题中，噪声（noise）、离群点（outlier）和异常值（anomaly）是对同一件事情的不同表述。PCA 虽然是一种降维方法，但是因为它可以识别噪声，所以被广泛地应用于异常检测问题中。

　　PCA 应用在异常检测方面，主要有如下两种思路。

（1）将数据映射到低维特征空间，然后在特征空间的不同维度上查看每个数据跟其他数据的偏差。

（2）将数据映射到低维特征空间，然后由低维特征空间重新映射到原空间，并尝试用低维特征重构原始数据，比较重构误差的大小。

第一种思路。PCA 在特征值分解之后得到的特征向量反映了原始数据方差变化程度的不同方向，特征值为数据在对应方向上的方差大小。因此，最大特征值对应的特征向量为数据方差最大的方向，最小特征值对应的特征向量为数据方差最小的方向。

原始数据在不同方向上的方差变化反映了其内在特点。如果单个数据样本与整体数据样本表现出的特点不太一致，比如在某些方向上单个数据样本与其他数据样本偏离较大，这表示该数据样本是一个异常点。

对于某个特征向量 e_j，求数据样本 x_i 在该方向上的偏离程度 d_{ij} 的公式如下：

$$d_{ij} = \frac{\left(x_i^{\mathrm{T}} \cdot e_j\right)^2}{\lambda_j}$$

λ_j 表示对应特征向量 e_j 的特征值，它起到了归一化的作用，使得不同方向上的偏离程度具有可比性。

计算出数据样本在所有方向上的偏离程度之后，为了给出一个综合的异常得分，最常见的做法是将样本在所有方向上的偏离程度加起来，即：

$$Score(x_i) = \sum_{j=1}^{n} d_{ij} = \sum_{j=1}^{n} \frac{\left(x_i^{\mathrm{T}} \cdot e_j\right)^2}{\lambda_j}$$

$Score(x_i)$ 是计算异常得分的一种方式，不同的算法有不同的评分方式，这里只是给出一种简单的思路。

再介绍一种判定异常的策略，有的算法只考虑前 k 个特征向量上的偏差，在这种情况下，当 $\sum_{j=1}^{k} d_{ij} > C$ 时，认为样本 x_i 为异常。

第二种思路。PCA 提取数据的主要特征，如果一个数据样本不容易被重构出来，表示这个数据样本的特征跟整体数据样本的特征不一致，那么它更有可能是一个异常的样本。

如果假设样本 x_i 基于 k 个特征向量重构得到的样本为 x_{ik}，那么只需定义这种"重构误差"，就能进行异常检测。公式如下：

$$Score(x_i) = \sum_{k=1}^{n} (|x_i - x_{ik}|) \times ev(k)$$

$$ev(k) = \frac{\sum_{j=1}^{k} \lambda_j}{\sum_{j=1}^{n} \lambda_j}$$

上面的公式考虑了重构使用的特征向量个数 k 的影响，将 k 的所有可能做了一个加权求和，得出一个综合的异常得分。显然，基于重构误差来计算异常得分的公式也不是唯一的。

6.6　基于集成学习的异常检测算法

6.6.1　基本原理

在分类算法中，我们介绍过集成学习的原理，它是用于提高各种数据挖掘算法准确性的主流方法。集成学习结合了多种算法（基本探测器），因此拥有更强大的表现，它是通过将多种算法的输出结合起来来创建统一的输出。

典型的用于异常检测的集成学习算法包含不同的子模型，用于构建最终结果。它通常涉及三个过程。

（1）模型创建：独立地创建各个子模型，如随机子空间采样的方法。

（2）异常分数规范化：不同的方法可能会产生非常不同的异常分数。在一些情况下，异常分数按升序排列，而在另一些情况下，异常分数则按降序排列。有意义的异常分数应当使异常值得分在不同的子模型上大致相当。

（3）子模型组合：指的是最后的组合函数，被用来生成最后的异常值得分。子模型的设计及其组合方法都取决于一个特定的集成学习方法的目标。这方面取决于异常组合分析的基础理论，它将异常值检测的误差分解为两部分：偏差（Bias）和方差（Variance）。

需要注意的是，如果我们知道数据的基础分布，就可以按照对于数据的知识产生无穷无尽的训练数据。但是，我们无法了解数据的真实分布，只能访问训练数据集的单个实例。因为我们无法获取数据的真实分布，所以用有限的训练数据集所创建的模型，将不可避免地导致错误的发生。即使有无限的数据，所使用的特定模型也可能并不适合已有数据的实际分布。模型自身的限制和数据的限制导致了方差和偏差。

方差：假设训练数据集是从基础分布生成的，可以进行异常值打分。在通常情况下，只能从数据集的基础分布中抽取和访问有限的数据，因此当使用不同的数据时，即使算法相同，对于同一个数据，得到的异常值也可能不同。例如，使用 k-近邻算法在两组不同的由 100 个训练点构成的集合上表现会有所不同。这种结果的差异来自不同的训练数据集（相同的分布），是模型方差的一种表现。

偏差：注意到一个特定的异常值检测模型可能没有适当地反映"理想"的异常分数，因此算法返回的预期分数将与真实分数不同。这种预期和真实的差距就是偏差。

与一般的集成学习算法相似，子模型之间的关系有如下两类。

（1）子模型之间相互依赖，称为顺序集成（Sequential Ensembles）。

（2）子模型之间相互独立，称为独立集成（Independent Ensembles）。

在顺序集成中，将一个或多个异常值检测算法按顺序应用于全部或部分数据中。该方法的核心原则：每个算法都拥有对数据良好的理解，从而使用修改的算法或数据集来得到更精确的执行结果。因此，数据集或算法可能在顺序执行中被改变。

算法 6-4　顺序集成（数据集：D；基本算法：A_1，A_2，$\cdots$，A_r）

```
(1) Begin
(2) j = 1
(3) repeat
```

(4) 基于上次的执行结果选择一个算法 A_j

(5) 基于上次的执行结果从数据集 D 中选择一个新的数据集 $f_j(D)$

(6) 将算法 A_j 应用到 $f_j(D)$

(7) j = j + 1

(8) until(结束条件)

(9) report 过去执行结果的组合所探测到的异常

(10) end

在每次迭代中，可以根据过去的执行结果，使用不同的数据对算法进行连续改进。函数 $f_j()$ 用来创建更合适的数据，这可能来自不同的数据子集选择、属性子集选择或通用数据转换方法。上面的描述使用了非常一般的形式，并且可以从这个通用框架中实例化许多特殊情况。例如，在实际中，可能只将同一个算法应用在连续修改的数据上。

算法 6-5　独立集成（数据集：D；基本算法：A_1，A_2，$\cdots$，A_r）

```
(1)  Begin
(2)  j = 1
(3)  repeat
(4)  选择一个算法 Aj
(5)  从数据集 D 中创建一个新的数据集 fj(D)
(6)  将算法 Aj 应用到 fj(D)
(7)  j = j + 1
(8)  until(结束条件)
(9)  report 过去执行结果的组合所探测到的异常
(10) end
```

在独立集成中，算法的不同实例或数据的不同部分被应用于异常检测算法；也可以应用相同的算法，但使用不同的初始化参数，或者在算法随机的情况下设置不同的随机种子。将这些不同算法执行的结果进行整合可以获得更强大的异常探测器。

下面介绍使用 LOF 算法处理高维数据的算法。

算法 6-6　基于特征子空间采样策略的 LOF 异常检测

```
(1)  Begin
(2)  repeat
(3)  对子空间进行采样，若 D 的维数为 d，每个采样子空间的大小在 2～d
(4)  对于每个点，使用 LOF 算法得到在投影空间的 LOF 得分
(5)  Until n 次迭代
(6)  返回从不同子空间整合后的分数
(7)  End
```

这个算法可以有效应用于高维数据，通过对数据的不同子空间投影点进行异常打分，可以判断数据异常与否。

6.6.2　应用实例

本节中，我们在 UCI 的 Shuttle 数据集上给出基于集成学习的异常检测过程的一个实例。Shuttle 数据集的信息如下：

属性类型	数值型
第 1 列属性	时间
第 2 列属性	Rad Flow
第 3 列属性	Fpv Close
第 4 列属性	Fpv Open
第 5 列属性	High
第 6 列属性	Bypass
第 7 列属性	Bpv Close
第 8 列属性	Bpv Open
第 9 列属性	类别

首先通过如下代码统计一下数据的基本信息。

【示例 6-5】数据基本信息统计。

```
(1) # -*- coding: utf-8 -*-
(2) import pandas as pd
(3) import numpy as np
(4) names = [1,2,3,4,5,6,7,8,9,'Class']
(5) df = pd.read_table('./data/shuttle.txt',sep=' ',names = names)
(6) print df.groupby('Class')['Class'].count()
```

```
Class
1    11478
2       13
3       39
4     2155
5      809
6        4
7        2
```

可以看出类别 1 的数据占据主要部分，因此我们可以将类别 1 的数据视为正常数据，其余的数据视为异常数据。

接下来，我们以此数据集为基础，去掉类别信息，直接使用 LOF 算法进行异常值判断。

【示例 6-6】直接使用 LOF 进行异常值检测。

```
(1) # -*- coding: utf-8 -*-
(2) import pandas as pd
(3) import numpy as np
(4) def print_metric(o, y):
(5)     TP = 0 # 真正
(6)     FP = 0 # 假正
(7)     TN = 0 # 真负
(8)     FN = 0 # 假负
(9)     for i in range(len(o)):
(10)        if o[i] == 1 and y[i] == 1:
(11)            TN += 1
(12)        if o[i] == 1 and y[i] == -1:
```

```
(13)                    FN += 1
(14)              if o[i] == -1 and y[i] == -1:
(15)                    TP += 1
(16)              if o[i] == -1 and y[i] == 1:
(17)                    FP += 1
(18)      print "Recall:", TP * 1.0 / (TP + FN)
(19)      print "Precision:", TP * 1.0 / (TP + FP)
(20) names = [1, 2, 3, 4, 5, 6, 7, 8, 9, 10]
(21) df = pd.read_table('./data/shuttle.txt', sep=' ', names=names)
(22) df.sort_values(by=1)
(23) shuttle_class = df[10]
(24) y = shuttle_class
(25) for i in range(len(shuttle_class)):
(26)      if shuttle_class[i] != 1:
(27)              y[i] = -1
(28)      else:
(29)              y[i] = 1
(30) y = y.values   # -1（异常）和1（正常）构成的点
(31) df = df.drop([1, 10], axis=1)
(32) from sklearn.neighbors import LocalOutlierFactor
(33) from sklearn.ensemble import VotingClassifier
(34) clf1 = LocalOutlierFactor(n_neighbors=20, contamination=0.1)
(35) o = clf1.fit_predict(df)
(36) print_metric(o, y)   # 打印指标
```

```
Recall: 0.149900727995
Precision: 0.312413793103
```

注意参数 contamination 表示对于数据中异常所占比例的先验知识。Sklearn 中函数默认值为 0.1。如何设置这个参数，会对算法的结果产生很大影响。接下来我们演示使用"参数自动化"算法，选择多个参数进行集成学习后的检测方法，程序代码如下。

【示例 6-7】引入"参数自动化"的 LOF 异常检测算法。

```
(1) # -*- coding: utf-8 -*-
(2) import pandas as pd
(3) import numpy as np
(4) def vote(clf1, clf2, clf3, clf4, clf5, df):
(5)      o1 = clf1.fit_predict(df)   # 探测结果为1表示正常，为-1表示异常
(6)      o2 = clf2.fit_predict(df)
(7)      o3 = clf3.fit_predict(df)
(8)      o4 = clf4.fit_predict(df)
(9)      o5 = clf5.fit_predict(df)
(10)     o = []   # 保存投票探测结果
(11)     for i in range(len(o1)):
(12)          if o1[i] + o2[i] + o3[i] + o4[i] + o5[i] >= 0:   # 相当于投票
(13)              o.append(1)
(14)          else:
(15)              o.append(-1)
(16)     return o
(17) def print_metric(o, y):
```

```
(18)        TP = 0   # 真正
(19)        FP = 0   # 假正
(20)        TN = 0   # 真负
(21)        FN = 0   # 假负
(22)        for i in range(len(o)):
(23)            if o[i] == 1 and y[i] == 1:
(24)                TN += 1
(25)            if o[i] == 1 and y[i] == -1:
(26)                FN += 1
(27)            if o[i] == -1 and y[i] == -1:
(28)                TP += 1
(29)            if o[i] == -1 and y[i] == 1:
(30)                FP += 1
(31)    print "Recall:", TP * 1.0 / (TP + FN)
(32)    print "Precision:", TP * 1.0 / (TP + FP)
(33) names = [1, 2, 3, 4, 5, 6, 7, 8, 9, 10]
(34) df = pd.read_table('./data/shuttle.txt', sep=' ', names=names)
(35) df.sort_values(by=1)
(36) shuttle_class = df[10]
(37) y = shuttle_class
(38) for i in range(len(shuttle_class)):
(39)     if shuttle_class[i] != 1:
(40)         y[i] = -1
(41)     else:
(42)         y[i] = 1
(43) y = y.values  # -1(异常)和 1 (正常) 构成的点
(44) df = df.drop([1, 10], axis=1)
(45) from sklearn.neighbors import LocalOutlierFactor
(46) # 构造具有不同参数的探测器
(47) clf1 = LocalOutlierFactor(n_neighbors=20, contamination=0.1)
(48) clf2 = LocalOutlierFactor(n_neighbors=20, contamination=0.14)
(49) clf3 = LocalOutlierFactor(n_neighbors=20, contamination=0.18)
(50) clf4 = LocalOutlierFactor(n_neighbors=20, contamination=0.22)
(51) clf5 = LocalOutlierFactor(n_neighbors=20, contamination=0.26)
(52) o = vote(clf1, clf2, clf3, clf4, clf5, df)
(53) print_metric(o, y)   # 打印指标
```

```
Recall: 0.252150893448
Precision: 0.291954022989
```

可以看出，通过对 contamination 参数进行 5 次采样，采样间隔为 0.04，对 5 个探测器的结果进行了投票。可以看出，召回率有显著提升，而精度稍有损失。

上述代码只是演示了一种简单的参数自动选择方法，在实际应用中，还需要进一步优化，从而达到更好的检测效果。

6.7　其他有监督学习类型的检测算法

在不同的应用中，例如，系统异常检测、金融欺诈和 Web 机器人检测等案例中，一个无监督的

异常值检测方法可能会发现噪声，而这些噪声并不是分析师感兴趣的异常事件。在很多情况下，可能会出现多个不同的异常类型的实例，并且可能需要区分它们。例如，在入侵检测场景中，可能存在不同类型的入侵事件，具体的入侵类型往往是很重要的信息。

基于有监督学习的异常检测算法的目标是增强学习方法和特定领域知识之间的联系，以获取与应用相关的异常。这种知识常常包含相关异常的例子。由于异常情况比较少见，甚至罕见，这种与异常相关的例子往往是有限的。这就会为创建模型带来挑战。尽管如此，即使只有少量的数据可用于监督学习，通常情况下也可以通过一定的技术来提高异常值检测的准确性。

监督学习由正常数据和异常数据来建模。将这些例子作为训练数据，可以用来创建分类模型，从而区分正常和异常情况。

那么基于监督学习的异常检测问题与分类问题有什么不同呢？监督异常值检测问题可能被认为是一个非常困难的特殊情况的分类问题。这是因为这个问题与几个具有挑战性的特征相关，这些特征可能以孤立的方式或组合的方式存在。

类别不平衡：由于异常值被定义为数据中罕见的实例，因此很自然地就会有这样的情况：正常类别和少数类别之间数据的分配将非常不平衡。从实践的角度来看，这意味着对分类精度进行优化可能是无意义的，特别是正常（异常）实例的错误分类和异常（正常）实例的错误分类意义相差很大。换句话说，假正比假负更容易被接受。这导致分类问题具有代价敏感的性质，因此优化函数都基于代价敏感策略。例如，在某些应用场景下，有很多假正是可以被接受的，但是漏报（存在异常，但是没有探测出来）是不被允许的。

受污染的正常类别的样本（正向未标记分类问题）：在许多实际情况下，只有正常样本被标记，剩下的"正常"数据中包含一些异常数据。这在像 Web 和社交网络这样的大规模环境中很常见，其中基础数据的庞大数量使得正常类别的数据更有可能被污染。例如，考虑一个社交网络应用程序，期望确定社交网络反馈中的垃圾邮件。一小部分文件可能是垃圾邮件。在这种情况下，识别和标记一些文件为垃圾邮件是可行的，但许多垃圾邮件文件可能留在正常类别的样本中。因此，"正常"类别也被认为是一个无标签的类。然而，在实践中，无标签类主要是正常类，其中的异常可能被视为污染物。从技术上讲，这种情况可以被看作是监督学习的困难特例，也就是说正常类别数据中混有噪声和污染。但只要污染数据的比例较小，仍可以使用现成的分类器来处理。

部分训练信息：在许多应用中，存在一些新异常，而我们没有已知对应的实例。例如，在入侵检测应用程序中，可能有一些正常类和入侵类的例子，但是随着时间的推移，就会有新类型的入侵出现。在某些情况下，我们拥有一个或多个正常类的实例。一个特别常见的研究案例是 One-Class 的一类变体，只有正常数据可用（比如我们已经讲过的 One-Class SVM）。在这个特殊的情况下，训练数据只包含正常类，更接近无监督版本的异常值检测问题。

上述这些场景可能会以组合的方式出现，并且两者之间的界限也可能是模糊不清的。本节我们将讲述如何修改已有的分类算法，使之适用于异常检测问题。

6.7.1　罕见类别检测

罕见类别检测或类别失衡的问题在监督学习异常检测问题中是很常见的。人们直接使用评估指标和分类器，而没有认识到这种类别的不平衡可能会得到非常令人吃惊的结果。例如，考虑一种医学应用，希望从医学扫描的结果中鉴别肿瘤。在这种情况下，99%的检测结果可能是正常的，只有剩下 1%的情况是异常的。考虑一般的分类算法，将每个实例都标记为正常，甚至没有检查特征空间。这样的分类器将具有 99%的非常高的准确性，但在实际应用环境中却不会有用。

考虑一个 k-近邻分类器。如果测试实例的 k 个最近邻居中的 49%的训练数据是异常的，那么这个实例更可能是异常的。然而由于正常类别的数据在准确性计算中占主导地位，这个实例会被判定为正常，因此分类器将总是具有较低的准确度。

这些情况下需要适当的评估机制将异常实例的错误与正常实例的错误进行权衡。基本假设是与正常实例相比，将异常实例错误分类的成本更高。例如，欺诈交易的错误分类（可能导致巨大的损失）比错误分类正常交易更昂贵（这会导致用户被错误警告）。

代价敏感学习：修改分类算法的目标函数，对于异常类别和正常类别的数据用不同的方式有效权衡分类错误。典型的假设是，将一个罕见类错误分类会导致更高的成本。在许多情况下，只需对现有的分类模型进行较小的更改就能实现这种目标函数的变化。

自适应重采样：对罕见类别的数据进行重采样以放大稀有类别数据的相对比例。这种方法可以被认为是代价学习的一种间接形式，因为数据重采样相当于隐含地假设将罕见类别数据错误分类的成本较高。毕竟样本中特定类的实例的相对数量较大，探测结果倾向于将预测算法偏向于该类别。

设数据集为 D，类别标签用 L 表示，$L=\{1, \cdots, k\}$。不失一般性，可以假设正常数据的类别为 1，剩下的类别 2，$\cdots$，k 则是罕见的类别。属于第 i 类的样本的总数用 N_i 来表示。因此如果数据集 D 的大小为 N，则有 $\sum_{i=1}^{k} N_i = N$。类别不平衡的假设也就是 $N_1 \gg N - N_1$。

在代价敏感学习中，目标是学习一个分类器，该分类器能够在不同的类别之间实现加权准确度的最大化。

第 i 个类别的误分类代价（misclassification cost）用 c_i 表示。许多方法都使用一个 $k \times k$ 的代价矩阵来表示误分类的代价（也就是将类别 i 误分类为类别 j 的代价）。这种情况下，代价不仅依赖于误分类实例本身的类别，还依赖于该实例被误分类为其他类的类别。现在的目标就是训练一个模型，能够最小化加权误分类率。目标函数可以表示为：

$$J = \sum_{i=1}^{k} c_i \cdot n_i$$

其中 $n_i < N_i$，是第 i 类被误分类的样本总数。

与传统的分类准确度度量的区别在于目标函数中权重 c_i 的使用。c_i 的选择由特定的问题需要而定，因此是输入的一部分。c_i 的选择有一定的规律可循，例如一般 c_i 的值与 $\frac{1}{N_i}$ 成比例。

接下来举两个算法实例来展示如何将代价敏感加入到现有的算法中。

贝叶斯分类器

贝叶斯分类器的修改为代价敏感学习提供了最简单的情况。在这种情况下，改变样本的权重只会改变类别的先验概率，贝叶斯分类中的其他内容均保持不变。也就是说，未加权情况下的先验概率需要与代价相乘。

当我们获得了表现良好的贝叶斯分类器，就可以直接将其用于预测。

决策树

在决策树中，训练数据被递归地划分，以便不同类的实例在树的较低层中被连续分离出来。划分通过使用数据中的一个或多个特征来执行。通常情况下，划分标准使用各种熵度量，如基尼指数来决定选择的属性和分裂的位置。

对于一个节点，它包含不同类别的实例，这些实例的类别用 $p_1, p_2, ..., p_k$ 表示，基尼系数可以表示为：$1 - \sum_{i=1}^{k} p_i^2$。通过使用代价作为权重，可以影响基尼系数的计算，从而有选择地创建节点，属于罕见类的数据会被给予更高的重视。这种方法通常能够在正常类和异常类之间得到良好的划分。在叶子节点不完全属于一个特定类别的情况下，该叶子节点中的实例会通过误分类率来权衡。

6.7.2 基于有监督学习的异常检测实例

【示例 6-8】有监督学习算法实例。

```
(1)  # -*- coding: utf-8 -*-
(2)  import pandas as pd
(3)  import numpy as np
(4)  def print_metric(o, y):
(5)      TP = 0  # 真正
(6)      FP = 0  # 假正
(7)      TN = 0  # 真负
(8)      FN = 0  # 假负
(9)      for i in range(len(o)):
(10)         if o[i] == 1 and y[i] == 1:
(11)             TN += 1
(12)         if o[i] == 1 and y[i] == -1:
(13)             FN += 1
(14)         if o[i] == -1 and y[i] == -1:
(15)             TP += 1
(16)         if o[i] == -1 and y[i] == 1:
(17)             FP += 1
(18)     print "Recall:", TP * 1.0 / (TP + FN)
(19)     print "Precision:", TP * 1.0 / (TP + FP)
(20) names = [1, 2, 3, 4, 5, 6, 7, 8, 9, 10]
(21) df = pd.read_table('./data/shuttle.txt', sep=' ', names=names)
(22) df.sort_values(by=1)
(23) shuttle_class = df[10]
(24) y = shuttle_class
(25) for i in range(len(shuttle_class)):
(26)     if shuttle_class[i] != 1:
(27)         y[i] = -1
(28)     else:
(29)         y[i] = 1
(30) y = y.values  # -1(异常)和1（正常）构成的点
(31) # 构造训练数据
(32) dfnormal = df[df[10] == 1]  # 获取正常数据
```

```
(33) dfanomaly = df[df[10] != 1]  # 获取异常数据
(34) dfnormal = dfnormal.drop([1, 10], axis=1)
(35) dfanomaly = dfanomaly.drop([1, 10], axis=1)
(36) df = df.drop([1, 10], axis=1)  # 全部数据
(37) train = pd.concat([dfnormal[:900], dfanomaly[:100]])
(38) label = np.ones(1000)
(39) label[900:] = -1
(40) from sklearn.ensemble import RandomForestClassifier
(41) rf = RandomForestClassifier(max_depth=3, random_state=2018, class_weight='balanced_
subsample')
(42) rf.fit(train, label)
(43) o = rf.predict(df)
(44) print_metric(o, y)
```

```
Recall: 0.894109861019
Precision: 0.951073565646
```

这里用于训练的数据中，正常样本有 900 个，异常样本有 100 个。使用随机森林算法的时候，我们可以指定权重，也可以简单地使用 class_weight='balanced_subsample' 进行样本平衡处理。通过与之前实验结果的对比可以发现，使用监督学习得到的结果远好于非监督学习，因而业界有许多人认为在实际异常探测应用时，监督学习的作用是无监督学习所不能够替代的。

6.7.3　异常检测应用实例——时空异常检测

前面我们介绍了大量的基础知识，本节来关注一个具体的异常探测领域——时空异常检测问题。

空间数据是一种上下文数据类型，可以将空间数据的属性区分为两种数据类型：

行为属性：这是对感兴趣的目标进行度量的属性。例如，这个属性可能对应于海面温度，风速，车速，疾病爆发数量，图像像素的颜色等。在给定的应用程序中可能有多个行为属性。在许多应用中，行为属性是非空间的，因为它测量了一些在给定空间位置的数据。但是，在某些数据类型（如轨迹）中，行为属性又可能是空间的。

上下文属性：在许多空间数据类型中，上下文属性是空间的，尽管它在某些偶然的情况下可能不是空间的。海面温度，风速和汽车速度通常是在特定空间位置的情况下进行测量的。空间上下文通常以坐标表示，对应于两个或三个坐标数值。

空间数据与时间序列数据在上下文方面有许多相似之处。事实上，空间和时间属性往往可能以行为和上下文属性的组合形式出现。这些数据也被称为时空数据。在一些应用中，例如飓风跟踪，上下文属性既是空间的也是时间的。

时空数据应用的一些例子如下。

（1）气象数据：在不同的地理位置测量众多天气参数，可用于预测异常天气模式。

（2）交通数据：移动物体可能与许多参数相关联，如速度、方向等。在很多情况下，这些数据也是时空的，因为它有一个时间分量。发现移动物体的异常行为有很多应用。例如，异常滑行轨迹的发现可以用来发现贪婪和不诚实的出租车司机。

（3）地球科学数据：不同空间位置的土地覆盖类型可能是行为属性。这种模式的异常提供了有关人类活动异常趋势的见解，如植被减少或其他异常植被趋势。

就空间数据而言，行为属性的突变会违反空间连续性，从而被用来识别上下文异常。例如，考

虑一个气象应用程序，实时测量海面温度和压力。在一个非常小的局部地区的海面温度出现高温点，这可能是这个地区地表下火山活动的结果，如图 6-13 所示。在这种情况下，空间连续性被违反，这正是我们感兴趣的。

图 6-13　海平面温度异常

在时空数据中，空间和时间连续性都可以用于建模。例如，一个小型局部区域内的几辆汽车的速度突然变化可能表明发生了事故或其他异常事件。同样，不断演变的事件，如飓风和疾病的爆发本质上也是时空的。

空间数据有两个主要特征，通常在异常点探测问题中被利用。

（1）空间自相关：这对应于行为属性的事实，即空间邻域的数值彼此密切相关。 然而，不像时间数据，时间序列的未来值是未知的，而空间数据在各个方向上的值都可以直接使用。请注意空间自相关与时间序列中的时间自相关完全类似。

（2）空间特异性：行为属性取决于特殊的空间位置。

下面介绍非常具有代表性的时空异常检测方法：基于邻域的检测算法。

基于邻域的算法在许多任务中可能非常有用。在这些算法中，数据点在空间邻域中的突然变化被用于检测异常值。这些算法取决于空间邻域的具体定义，通常将这些邻域值组合成一个函数来计算期望值，并计算期望值与期望值的偏差来衡量异常程度。

多维邻域：在这种情况下，邻域被定义为数据点之间的距离。

基于图的邻域：在这种情况下，邻域由空间对象之间的连接关系来定义。空间连接关系可能由领域专家来定义。在空间对象的位置可能不对应于确切坐标（例如，县或邮政编码）的情况下，基于图的邻域可能更有用，并且图表示提供了更一般的建模工具。

虽然传统的多维离群点检测方法（例如 LOF）也可以用来检测空间数据中的异常值，但这些方法并不区分上下文属性和行为属性。因此，这些方法并未针对空间数据中的异常值检测问题进行优化，特别是异常值在特定语境下被定义的情况。

许多方法利用上下文属性来确定 k 个最近邻居，以及行为属性的偏差值，从而用于预测异常值。对于具有行为属性值 $f(o)$ 的给定空间对象 o，设 o_1, o_2, ..., o_k 是它的 k 个最近的邻居，对象的行为属性的预测值 $g(o)$ 可以使用邻域的平均值来计算：

$$g(o) = \sum_{i=1}^{k} f(o_i) / k$$

也可以使用邻域中心点来减少极端值的影响。对于空间对象 o，$f(o)$-$g(o)$ 代表了预期值和实际值的偏差。

一个值得注意的问题叫作"局部异常"。据观察，在异常分析中，局部数据方差的重要性是不同的。例如，考虑一个海平面温度监控的实例。在一些空间区域中，温度的改变比其他区域更明显。通常情况下，高方差区域的异常分数需要被缩减。例如，不应该使用 $f(o)$-$g(o)$，而应该使用一个标准化的值 $\dfrac{f(o) - g(o)}{L(o)}$，其中 $L(o)$ 表示 o 附近的空间局部的值。比如 $L(o)$ 可以是 o 的空间邻居的标准差。

为了刻画与对象 o 的空间偏差，提出了许多方法，比如 SLOM 算法就基于 LOF 算法实现了空间异常探测。

在基于图的方法中，空间邻近度使用节点之间的链接来建模。因此，节点与行为属性相关联，并且相邻节点之间的行为属性的强烈变化被识别为异常值。在单个节点不与特定的坐标相关联，但可能对应于任意形状区域的情况下，基于图的方法可能特别有用。在这种情况下，节点之间的链接可以基于不同的邻域关系建模。

基于图的方法以自然的方式定义空间关系，因为语义关系也可以用来定义邻域。通常情况下，空间领域专家可能会构建邻域图。如果两个对象的位置语义相同，则可以通过边相互链接，比如建筑物、餐馆或办公室。在许多应用程序中，链接可能根据邻近关系的强度进行加权。例如，考虑一个疾病爆发实例，空间对象对应于县区。在这种情况下，链接的权重可以对应相邻县区之间的距离。

令 S 为给定节点 o 的邻居集合。那么利用空间连续性的性质，基于 o 的邻居节点就能得到一个预测值。o 和邻居之间的权重可以被用来计算加权平均数。对于给定空间节点 o，其属性值为 $f(o)$，令 o_1, o_2, $\cdots$, o_k 为其 k 个基于关系图的邻居。令链接(o,o_i)的权重为 $w(o,o_i)$。那么，基于链接的加权平均数可以用于计算对象 o 的平均值：

$$g(o) = \frac{\sum_{i=1}^{k} w(o,o_i) \cdot f(o_i)}{\sum_{i=1}^{k} w(o,o_i)}$$

同样的，$f(o)$-$g(o)$ 代表了预期值和实际值的偏差。我们使用这个偏差来寻找异常值。

6.7.4　Spark 异常值检测实例

某个工业设备制造公司生产一种零件，其中有一项重要的参数能够反映零件的质量。由于数据量很大，并且也没有规定的参数"标准值"，我们需要使用三西格玛原则进行异常探测，这样有助于找到异常数据，提高产品质量。

解决问题的步骤分为两步：

（1）求解原始数据集的平均值 μ 和标准差 δ。

（2）返回数值超过 $(\mu-3\times\delta, \mu+3\times\delta)$ 的加工数据，这些数据被判定为异常。

【示例 6-9】Spark 应用实例 1。

```
(1)  # -*- coding: utf-8 -*-
(2)  import pyspark
(3)  from pyspark import SparkContext as sc
(4)  from pyspark import SparkConf
(5)  import math
(6)  conf = SparkConf().setAppName("calculate avg and std").setMaster("local[*]")
(7)  sc = SparkContext.getOrCreate(conf)
(8)  '''
(9)  从本地读取文件
(10) '''
(11) fileRDD = sc.textFile("data/metrics")   # 文件路径
(12) '''
(13) 将每行的数值转化为 float 类型
(14) '''
(15) numberRDD = fileRDD.map(lambda x: float(x))
(16) '''
(17) 计算平均值和方差
(18) '''
(19) avg = numberRDD.sum() * 1.0 / numberRDD.count()
(20) difRDD = numberRDD.map(lambda x: (x - avg) * (x - avg))
(21) std = difRDD.sum() * 1.0 / numberRDD.count()
(22) delta = math.sqrt(std)
(23) print avg,delta
```

通过上述代码，我们可以统计出数据的平均值和方差，并将其作为步骤（2）的输入。

【示例 6-10】Spark 应用实例 2。

```
(1)  # -*- coding: utf-8 -*-
(2)  import pyspark
(3)  from pyspark import SparkContext as sc
(4)  from pyspark import SparkConf
(5)  conf = SparkConf().setAppName("Anomaly detection").setMaster("local[*]")
(6)  sc = SparkContext.getOrCreate(conf)
(7)  def ThreeSigmaDetecion(numberRDD,avg,std):
(8)      return numberRDD.filter(lambda x: x> avg+3*std or x< avg-3*std)
(9)  '''
(10) 从本地读取文件
(11) '''
(12) fileRDD=sc.textFile("data/metrics")
(13) '''
(14) 将每行的数值转化为 float 类型
```

```
(15) '''
(16) numberRDD = fileRDD.map(lambda x: float(x))
(17) '''
(18) 查找满足条件的 item，我们使用三西格玛原则探测异常值
(19) '''
(20) anomalyRDD = ThreeSigmaDetecion(numberRDD, avg,delta)
(21) print(anomalyRDD.collect())
```

注意参数 avg，delta 在实际运行时务必替换成步骤（1）计算出来的数值。

6.8 习题

1. 现在要解决这样一个实际应用问题：在网络入侵检测中，需要提取各种数据特征：例如 URL 参数个数、参数值长度的均值和方差等，来探测非法 URL。现在给出切比雪夫不等式如下：

$$P\big(|X-\mu|\geqslant k\sigma\big)\leqslant\frac{1}{k^2}$$

请利用切比雪夫不等式设计一种异常检测方法，以有效探测 URL 参数值长度异常。

2. 本章介绍了异常探测问题和分类问题的区别，请举出 5 个例子，说明每个例子适用于哪类问题。

3. 请查看 Sklearn 中隔离森林算法实现的源码，并说明在 Sklearn 中如何计算隔离森林的异常得分。

4. 本章介绍了使用聚类方法进行异常探测的思想：离群点往往属于小的或者稀疏的簇，或者不属于任何簇；而正常数据往往属于大的或者稠密的簇。请应用 K 均值算法实现一种异常探测算法。

5. 在基于统计的异常探测问题中，有一种非参数方法称为直方图异常检测法。

如题图 6-1 所示，按照数据范围进行划分，将数据分配到相应的直方图中，可以统计出每个直方图中数据所占的比例。

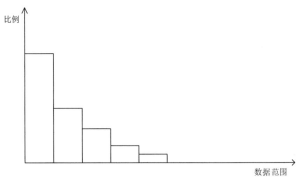

题图 6-1

请设计一种算法，利用直方图进行异常探测，给出构造直方图和检测异常点的详细步骤，并给出异常得分的计算公式。

6. 在互联网应用中，有一种技术叫作用户行为检测。通过对用户行为进行分析，我们能找到用

户异常行为事件，这种异常是我们关心的。比如，在网上交易平台中，假如我们探测到了某个在线用户行为存在异常，那么很可能发生了用户账号被盗等非法事件；在电商平台中，对于每个客户，我们都记录了客户的浏览记录，包括用户浏览和搜索的商品信息，假如一个客户突然购买了一件与他之前浏览很不相关的物品，我们就会非常在意这次异常事件。问题是，哪些算法适用于用户行为检测，请分析原因，并查阅相关资料。

7. 许多异常检测算法都定义了一系列的阈值，超过阈值就认为是异常。例如在多元离群点的检测方法中，我们通过 $p(x)$ 来判断新样本是否为异常：

$$\begin{cases} if \ p(x) > C, \text{输出异常} \\ else, \text{输出正常} \end{cases}$$

其中 C 为阈值，请思考如何通过训练数据来确定 C 的值。（提示：使用交叉验证等方法）

8. 我们简单介绍过基于距离和近邻进行异常检测的思想，如果一个点与其最近邻居的距离都超出了阈值，则认为该点是异常。请设计算法，应用 KNN 和阈值规则进行异常检测，并给出阈值设定的方法（请充分思考 KNN 算法中 K 值的设定和阈值如何选取）。

9. 请使用独立集成技术，将隔离森林算法和 LOF 算法进行结合得到一种新算法，并重点关注如何处理隔离森林的异常得分和 LOF 算法的异常得分。

10. 请通过实际编程来解决一个问题：

许多有关异常检测的论文（比如我们介绍过的隔离森林算法）都使用到了 Shuttle 数据集。

通常认为数量很少的某类数据是异常数据。因此在 Shuttle 数据集中类别为 2、3、5、6、7（约占 7%）的数据是异常数据。

（1）请分别使用隔离森林、One-Class SVM 和 LOF 算法进行异常检测，并计算精度 *precision*、召回率 *recall* 和 *F* 度量。比较各个算法的表现，并分析原因。

（2）使用集成学习的方法将两种或三种异常算法进行集成，并计算精度 *precision*、召回率 *recall* 和 *F* 度量。

附录 《大数据分析与挖掘》配套实验课程方案简介

大数据技术强调理论与实践相结合，为帮助读者更好掌握本书相关知识要点，并提升应用能力，华为技术有限公司组织资深专家，针对本书内容开发了独立的配套实验课程，具体内容如下。详情请联系华为公司或发送邮件至 *haina@huawei.com* 咨询。

实验项目	实验内容	课时
华为云实验资源准备	华为云平台基本操作学习，实验环境配置	4
数据预处理与统计分析	数据抽取-清洗-数据处理 MapReduce 实现-统计描述结果-数据质量分析-特征提取	4
FP-growth 算法实践	Spark 集群部署-FP-growth 代码操作	6
分类算法实践	数据采集-清洗-计算-分类算法实现	6
聚类算法实践	数据采集-清洗-计算-聚类算法实现	4
流数据挖掘	数据流挖掘、聚类处理、分析、展示	8

参考文献

[1] J Ginsberg，MH Mohebbi，RS Patel，L Brammer，MS Smolinski. Detecting influenza epidemics using search engine query data[J]. Nature，2009，457（7232）：1012-1015.

[2] 韩建彬. 大数据分析与数理统计的比较[J]. 信息与电脑（理论版），2018，（5）：134-137.

[3] Joanes D. N.，C. A. Gill. Comparing Measures of Sample Skewness and Kurtosis. The Statistician，1998，47（1）：183-189.

[4] Paul T. von Hippe. Mean，Median，and Skew: Correcting a Textbook Rule. Journal of Statistics Education，2005，13（2）：965-971.

[5] Chapman P，Clinton J，Kerber R，et al. CRISP-DM 1.0 step-by-step data mining guide. SPSS，2000.

[6] R. Agrawal，T. Imielinski，A. Swami. Mining Association Rules between Sets of Items in Large Databases. Proceedings of 1993 ACM SIGMOD International Conference on Management of Data，Washington D.C.：ACM Press，1993：207-216.

[7] R. Agrawal，R. Srikant. Fast Algorithms for Mining Association Rules. Proceedings of 1994 International Conference on Very Large Databases，Santiago Chile：VLDB Press，1994：487-499.

[8] A. Savasere，E. Omiecinski，S. Navathe. An Efficient Algorithm for Mining Association Rules in Large Databases. Proceedings of 1995 International Conference on Very Large Data Bases，ZurichSwitzerland：VLDB Press，1995：432-443.

[9] Han J，Pei J，Yin Y. Mining Frequent Patterns without Candidate Generation. Proceedings of 2000 ACM SIGMOD International Conference on Management of Data，Dallas Texas：ACM Press，2000：1-12.

[10] J. Han，Y. Fu. Mining Multiple-Level Association Rules in Large Databases. IEEE Transactions on Knowledge and Data Engineering，1999，11（5）：798-805.

[11] R. Agrawal，R. Srikant. Mining Sequential Patterns. Proceedings of 1995 International Conference on Data Engineering，Taipei：IEEE Press，1995：3-14.

[12] Jian Pei，Jiawei Han，BehzadMortazavi-Asl，et al. Mining Sequential Patterns by Pattern-Growth: The PrefixSpan Approach. IEEE Transactions on Knowledge and Data Engineering，2004，16（11）：1424-1440.

[13] R. Agrawal，R. Srikant. Mining Sequential Patterns. Proceedings of 1995 International Conference on Data Engineering，Taipei：IEEE Press，1995：3-14.

[14] R. Srikant，R. Agrawal. Mining Sequential Patterns: Generalizations and Performance Improvements. Proceedings of 1996 Extending Database Technology，Avigon France：EDBT Press，1996：3-17.

[15] J. Han，J. Pei，B. Mortazavi-Asl，et al. FreeSpan: Frequent Pattern-Projected Sequential Pattern Mining. Proceedings of 2000 ACM SIGMOD International Conferenceon Knowledge Discovery in Databases，Boston MA：ACM Press，2000：355-359.

[16] R. Srikant，R. Agrawal. Mining Quantitative Association Rules in Large Relational Tables[C].

Proceedings of 1996 ACM SIGMOD International Conference on Management of Data, Montreal Canada: ACM Press 1996: 1-12.

[17] B. Oezden, S. Ramaswamy, A. Silberschatz. Cyclic Association Rules. Proceedings of 1998 International Conference on Data Engineering, OrlandoFL: IEEE Press, 1998: 412-421.

[18] C. C. Aggarwal, C. Procopiuc, P. S. Yu. Finding Localized Associations in Market Basket Data. IEEE Transactions on Knowledge and Data Engineering, 2002, 14 (1): 51-62.

[19] R. Rastogi, K. Shim. Mining Optimized Association Rules with Categorical and Numeric Attributes[N]. IEEE Transactions on Knowledge and Data Engineering, 2002, 14 (1): 29-50.

[20] Tom. M. Mitchell. Machine Learning. NEW YORK: McGraw Hill Higher Education, 1997.

[21] Leo Breiman, Jerome H. Friedman, Richard A. Olshen, et al. Classification and Regreesion Trees. Calif: Wadsworth International Group, 1984.

[22] J. L. Kolodner. Case-Based Reasoning. San Mateo: Morgan Kaufmann, 1993.

[23] Agnar Aamodt, Enric Plaza. Case-Based Reasoning: Foundational Issues, Methodological Variations, and System Approaches. AI Commun, 1994, 7 (1): 39-59.

[24] Cox D R. The Regression Analysis of Binary Sequences. Journal of the Royal Statistical Society, 1958, 20 (2): 215-242.

[25] Gan J, Tao Y. DBSCAN Revisited: Mis-Claim, Un-Fixability, and Approximation. Proceedings of 2015 ACM SIGMOD International Conference on Management of Data, Melbourne Victoria: ACM Press, 2015: 519-530.

[26] D. Hawkins. Identification of Outliers. Springer, 1980.

[27] Liu F T, Kai M T, Zhou Z H. Isolation-Based Anomaly Detection. ACM Transactions on Knowledge Discovery from Data, 2012, 6 (1): 1-39.

[28] Breunig MM, Kriegel HP, Ng RT, et al. J. LOF: Identifying Density-Based Local Outliers. Proceedings of 2000 ACM SIGMOD International Conference on Management of Data, Dallas Texas: ACM Press, 2000: 93-104.

[29] Perdisci R, Gu G, Lee W. Using an Ensemble of One-Class SVM Classifiers to Harden Payload-based Anomaly Detection Systems. Proceedings of 2007 International Conference on Data Mining, Omaha Nebraska: IEEE Press, 2007: 488-498.